Computer Science Library-1

コンピュータサイエンス入門 [第2版]

—コンピュータ・ウェブ・社会—

増永良文　著

サイエンス社

Computer Science Library
編者まえがき

コンピュータサイエンスはコンピュータに関係するあらゆる学問の中心にある．コンピュータサイエンスを理解せずして，ソフトウェア工学や情報システムを知ることはできないし，コンピュータ工学を理解することもできないだろう．

では，コンピュータサイエンスとは具体的には何なのか？この問題に真剣に取り組んだチームがある．それが米国の情報技術分野の学会である ACM（Association for Computing Machinery）と IEEE Computer Society の合同作業部会で，2001 年 12 月 15 日に Final Report of the Joint ACM/IEEE-CS Task Force on Computing Curricula 2001 for Computer Science（以下，Computing Curricula と略）をまとめた．これは，その後，同じ委員会がまとめ上げたコンピュータ関連全般に関するカリキュラムである Computing Curricula 2005 でも，その中核となっている．

さて，Computing Curricula とはどのような内容なのであろうか？これは，コンピュータサイエンスを教えようとする大学の学部レベルでどのような科目を展開するべきかを体系化したもので，以下のように 14 本の柱から成り立っている．Computing Curricula では，これらの柱の中身がより細かく分析され報告されているが，ここではそれに立ち入ることはしない．

- Discrete Structures (DS)
- Programming Fundamentals (PF)
- Algorithms and Complexity (AL)
- Architecture and Organization (AR)
- Operating Systems (OS)
- Net-Centric Computing (NC)
- Programming Languages (PL)
- Human-Computer Interaction (HC)
- Graphics and Visual Computing (GV)
- Intelligent Systems (ItS)
- Information Management (IM)
- Social and Professional Issues (SP)
- Software Engineering (SE)
- Computational Science and Numerical Methods (CN)

一方，我が国の高等教育機関で情報科学科や情報工学科が設立されたのは 1970 年代にさかのぼる．それ以来，数多くのコンピュータ関連図書が出版されてきた．しかしながら，それらの中には，単行本としては良書であるがシリーズ化されていなかったり，あるいはシリーズ化されてはいるが書目が多すぎて総花的であったりと，コンピュータサイエンスの全貌を限られた時間割の中で体系的・網羅的に教授できるようには構成されていなかった．

そこで，我々は，Computing Curricula に準拠し，簡にして要を得た教科書シリーズとして「Computer Science Library」の出版を企画した．それは，以下に示す18巻からなる．読者は，これらがComputing Curricula の14本の柱とどのように対応づけられているか，容易に理解することができよう．これは，最近気がついたことだが，大学などの高等教育機関で実施されている技術者養成プログラムの認定機関にJABEE（Japan Accreditation Board for Engineering Education，日本技術者教育認定機構）がある．この認定を"情報および情報関連分野"のCS（Computer Science）領域で受けようとしたとき，図らずも，その領域で展開することを要求されている科目群が，実はこのライブラリそのものでもあった．これらはこのライブラリの普遍性を示すものとなっている．

① コンピュータサイエンス入門
② 情報理論入門
③ プログラミングの基礎
④ C言語による 計算の理論
⑤ 暗号のための 代数入門
⑥ コンピュータアーキテクチャ入門
⑦ オペレーティングシステム入門
⑧ コンピュータネットワーク入門
⑨ コンパイラ入門
⑩ システムプログラミング入門
⑪ ヒューマンコンピュータ インタラクション入門
⑫ CGと ビジュアルコンピューティング入門
⑬ 人工知能の基礎
⑭ データベース入門
⑮ メディアリテラシ
⑯ ソフトウェア工学入門
⑰ 数値計算入門
⑱ 数値シミュレーション入門

執筆者について書いておく．お茶の水女子大学理学部情報科学科は平成元年に創設された若い学科であるが，そこに入学してくる一学年40人の学生は向学心に溢れている．それに応えるために，学科は，教員の選考にあたり，Computing Curricula が標榜する科目を，それぞれ自信を持って担当できる人材を任用するように努めてきた．その結果，上記18巻のうちの多くを本学科の教員に執筆依頼することができた．しかしながら，充足できない部分は，本学科と同じ理念で開かれた奈良女子大学理学部情報科学科に応援を求めたり，本学科の非常勤講師や斯界の権威に協力を求めた．

このライブラリが，我が国の高等教育機関における情報科学，情報工学，あるいは情報関連学科での標準的な教科書として採用され，それがこの国の情報科学・技術レベルの向上に寄与することができるとするならば，望外の幸せである．

2008年3月記す

お茶の水女子大学名誉教授
工学博士　**増永良文**

第2版まえがき

コンピュータやウェブに対するリテラシを身に着けることなくこれからの社会を生き抜こうとすることは，羅針盤なしで大海に漕ぎ出でんとするに等しい．

これまで，コンピュータは複雑な計算や大量のデータ処理をこなし，インターネットは世界を繋ぐ巨大な通信網であったが，本書の初版が出版されてから15年たった現在，その状況は大きく変わっている．データは石油に代わる資源として認識されてデータサイエンスが興隆し，ウェブによりビジネスモデルの根幹が変革して巨大なIT企業を生み出している．また，ウェブが人々の日常生活に深く浸透していることも言うまでもない．人工知能に目を向ければ，深層学習の出現により機械学習に対する期待感は大きく高まり，さまざまな分野での課題解決と持続可能な社会実現に向けた貢献が期待されている．量子コンピュータの実現も絵空事ではなくなっている．

本書は，このような認識に立って初版を徹底的に書き改めた．その心意気と羅針盤としての内容は，章構成を見ていただき，本文に少しばかり目を通せば得心していただけるのではないかと思う．本書の章構成は初版と同じく14章構成としているが，その理由は大学や高等専門学校での半期の授業が15コマからなることに配慮しているからである．1コマに1章を対応させればほぼシラバスができ上がると思う．ただ，各章の内容は決して薄くはないので，それを1コマの時間枠にどのように収めるかは講義担当者次第である．加えて，今回の改訂にあたり章末問題は期末試験問題を想定して充実させ全問に解答例を与えている．ただ，これは言うまでもないことであるが，本書はあくまで入門書であって詳細には立ち入れなかったところも多い．そのような箇所はぜひ各自で補っていただきたい．これは講義担当者のみならず学生諸君や一般読者に対するお願いでもある．

本書が我が国の高等教育機関の教育の一翼を担えるのであれば大変うれしく思う．末筆ながら，これまで筆者を支えてくださった多くの方々に心より感謝の意を表する．

2022年11月吉日

増永良文

初版まえがき

今や，コンピュータサイエンス（computer science）と称する学問分野は，サイエンスやテクノロジといった既存の固定化された枠組みを超えて，社会との関係性を密に有する広大な学問分野を形成しつつある．本書は，あえてそれを 1 冊の入門書にまとめ上げるという無謀な試みに挑戦した結果として生まれた．この雲を掴むような，得体の知れない作業をどのように行うべきなのか，は長年筆者の頭を離れることがなかったが，やはり，まず書かなければならないことはコンピュータのことであろう．それも，やはり仕組みや動作原理，を避けては通りたくない．しかし専門書ではない．入門書ではあるが，さまざまな「なぜ?」に答えられるまで，読者にとっては分かった気持ちになれるような書き方にしなければならない．それが，逆に入門書のあり方だろう．コンピュータのことを紹介し終わったら，やはり取り上げないといけない重要項目は，インターネットとウェブだろう．テクノロジもさることながら，ウェブ上で展開されるオンラインショッピングや検索サイトの仕組みを知っておくことは，なんでも便利だけで済ませていては気づかない落とし穴にはまらないためにも必須であろう．そして，コンピュータやウェブを基盤とした現代社会では何が問題なのかも押さえるべきところは押さえておかないと，コンピュータサイエンスを学んだことにはならないのではないか．このような認識で章構成を考えに考えた結果，目次にあるとおり，14 章となった．

第 1 章は，コンピュータサイエンスとは何かを述べたものであるが，それに続く章は大別すると次の通りである．まず，第 2 章から第 9 章までが，いわゆる極めてオーソドックスなコンピュータサイエンスの学術的トピックを取り上げている．これらの章を精読していただくと，コンピュータの発祥から今日に至るコンピュータ発展の経緯や，その動作原理，機能，そして応用が見えてくるはずである．

第 10 章から最終の第 14 章まではインターネットとウェブを取り上げた．そこでは，前半はどちらかというとインターネットのテクノロジ中心でそれを学ぶ姿勢で書き上げ，情報倫理とセキュリティを挟んで，第 13 章と 14 章でウェブの発祥から現在の姿を紹介した．冒頭にも書いたが，コンピュータサイエンスは今や我々が住んでいる実社会との関連性を云々（うんぬん）しなければその学問的存在意義がないほどに広大な範囲をカバーする基礎学問となっているという認識から，特に第 14 章ではウェブマイニングを例にとり，コンピュータサイエンスと社会との関係性を筆者らが行ってきた研究を通してそれを論じている．

全般を通して，書き方が，やや硬派な感じがしないところがないわけではないが，それはモノの原理を紹介しているからである．本書を読んだだけで理解できることを心がけて執筆にあたったので，少し辛抱して読んでいただけると有難い．本書が，情報科学科，情報工学科，経営情報学科，そして目新しいところとしては生命情報学科や社会情報学科など，高専や大学などさまざまな高等教育機関の情報関連学科や学部において標準的な教科書として採用されることがあり，我が国のさらなる発展に寄与することができれば，望外の幸せである．

末筆ながら，これまで筆者を支えてくださった，実にさまざまな方々に，今日私がここにあるのは偏（ひとえ）にそのような方々のおかげと，特に名前を挙げることはしないが，心より感謝の気持ちを表したい．

2007 年 8 月 29 日

増永良文

目　次

本書を教科書としてお使いになる先生方のために，本書に掲載されている図・表をまとめたPDFを講義用資料として用意しております．必要な方はご連絡先を明記のうえサイエンス社編集部（rikei@saiensu.co.jp）までご連絡下さい．

第1章 コンピュータの誕生と発展

1.1 コンピュータの誕生

1.1.1 ENIAC

コンピュータ（computer）は「迅速で複雑な計算を実行したり，データをコンパイルして相互に関連付けたりする電子的機械（electronic machine）」であると Webster's New World Dictionary は説明している．もし電子的という制約を外して，機械的あるいは自動的に計算を行う器具や機械の発明となれば，古くは約 3,000 年前の中国のそろばんに歴史を遡（さかのぼ）ることができるし，もう少し「計算機」的なイメージをいだくならば，パスカル（B. Pascal，数学者，1623–62）の可算機（adder），ライプニッツ（G.W. Leibniz，数学者，1646–1716）の 2 進法で四則演算を行える計算機，バベッジ（C. Babbage，1791–1871）の解析エンジン（analytic engine）の構想や開発に遡ることができる．

現代のコンピュータの理論的な基礎を与える汎用計算機構築の可能性を証明したのは英国の数学者チューリング（A.M. Turing, 1912–54）で，その論文[1]は 1937 年に発表された．表題に，Entscheidungsproblem とあるが，これはドイツ語で，英語では decision problem（決定問題．つまり，ある問題に解はあるのかないのかを Yes か No で問う問題）を意味する．彼はこの論文で，記号形式で提示されたいかなる数学的問題も原理的に解くことのできる機械を記述した．これを**チューリング機械**（Turing machine）という．

電子的に自動計算機を開発しようとした最初の試みとして，1944 年にハーバード大学のエイケン（H. Aiken）らが開発したリレー式計算機 Mark I（マーク ワン）がある．しかし，世界で初めての**電子計算機**（electronic computer）は米国のペンシルバニア大学（University of Pennsylvania）のエッカート（J.P. Eckert）とモークリー（J.W. Mauchly）らが 1946 年に完成させた **ENIAC**（エニアック）（Electronic Numerical Integrator And Computer）である[2]．ENIAC 開発の背景には大砲の砲弾の軌跡（弾道）を高速に計算したいという米国陸軍の要求があったことはよく知られている．当時，卓上計算機で 1 つの弾道計算を行うのに 40 時間かかっていたという．さまざまな風向や気温や湿度などを想定して1つ1つ弾道計算をするのだが，弾道表の作成には，何百という砲弾の軌道を計算しなくてはならないので，新たな大砲1門の弾道表を作成するには1ヶ月を要したという．モークリーは，毎秒1,000回の乗算を実行できる電子式機械では弾道表は数分以内で作成できるだろうと論証したという．当初，このような目的で開発されたENIACであったが，その完成には手間取り，元々の目的である大砲の弾道計算には役立たなかったといわれている．1945年の試運転期間にENIACが行った最初の仕事は，熱核連鎖反応，すなわち水素爆弾の研究のための離散計算であり，計算は1946年のENIACの正式の完工式まで継続して行われたという．図1.1にENIACの外観を，表1.1にその諸元を示す．

図1.1 世界で初めての電子計算機ENIAC[2]

表1.1 ENIACの諸元

大きさ	横幅45 m，高さ3 m，奥行1 m．床面積15,000平方フィート
重さ	30トン
消費電力	150 kW
素子数	真空管17,480本，リレー約1,500個
演算速度	加減算5,000回/秒，乗算350回/秒

ENIACの演算素子として使われた**真空管**（その当時の電子工学の中心テーマは真空管にあった）は当時まだ相当に不安定で，長時間の演算中に予期せぬ故障が起きたという．ENIACは，17,480本の真空管を毎秒100,000パルスの割合で動作させる設計になっていたので，これは毎秒18億回の故障が発生する可能性があるということである．言うまでもないが，デジタル計算では，1つの故障が演算すべき数字を全く変えてしまう．ENIACの信頼性に関しては，ENIACの開発当時，真空管の故障率は1,000時間あたり0.5%であったので，全体の故障率では1時間あたり9%の割合で故障が起きることになり，信頼度99%の期間を求めると約6.7分である，つまり，数分すると故障が起きて真空管の信頼性の低いことが大きな問題であったという．それ故，ENIACの開発にあたっては，以前よりもはるかに精密に真空管の信頼性を研究することに努力が集中されたという．その結果，ENIACは最終的に12時間を越えて長時間安定して動作するようになったという．

図1.2にENIACに使われた真空管の外観と3極真空管の構造を示す．一般に，真空管は同図(a)に示されたごとく，外形は電球をスリムにしたような形で，中は真空で，そこには何枚かの電極が設置されている．コンピュータの演算素子としては3極真空管が用いられ，それは同図(b)に示されたごとく，プレート（plate，陽極），グリッド（grid，制御格子），カソード（cathode，陰極）からなる．ヒータ（heater）で温められたカソードから電子がプレートに向かって飛ぶが，その量をカソードとプレートの中間にあるグリッドの電圧を制御して変化させる．その結果，プレート電圧が制御できて，スイッチのON，OFFを実現する．したがって，3極真空管を使うとコンピュータが（2進数で）四則演算を計算するために必要なANDゲート，ORゲート，NOTゲートやNANDゲートなどを実現できる．なお，リレーは，動作原理は異なるが，3極真空管と同様な働きをする演算素子である．

(a)　ENIACに使われた真空管の外観[3]　(b)　3極管の構造

図1.2　ENIACに使われた真空管の外観と3極真空管の構造

1.1.2　EDVAC

ENIACの最大の問題点はそれが「プログラム内蔵方式ではなかった」ことである．つまり，ENIACに計算をさせようとすると，図1.1に垣間見られるように，（壁面の）配電盤を用いてプログラミングを行わなくてはならず，この手作業によるENIACのプログラムの配線は大きな負担であり，また配線ミスを犯し易いことは誰の目にも明らかであった．

そこで，配線によるのではなく，コンピュータを自動的に制御する方法として考案されたのが**プログラム内蔵方式**（stored program method）で，これはそのような問題点を解決すべくENIACチームに加わった世界的な数学者フォン・ノイマン（J. von Neumann）の発案によるものであった．そして，今日のコンピュータの原型となったプログラム内蔵方式の電子計算機**EDVAC**（エドバック）（Electronic Discrete Variable Automatic Computer）がENIACを開発したペンシルバニア大学で開発された．1950

年のことである．このプログラム内蔵方式という発想は歴史に残るもので，EDVAC以降，今日に至るまですべてのコンピュータがこの方式をとっているといっても過言ではない．プログラム内蔵方式のコンピュータのことを**ノイマン型コンピュータ**ともいう．

1.1.3　第1世代コンピュータ

歴史的に見て，当初，コンピュータ開発は軍事利用が主目的であったが，当然のこととして，商用のコンピュータを開発してコンピュータ産業を興そうとする機運が高まった．コンピュータ産業の初期の牽引者はレミントンランド（Remington Rand，後にスペリーランド（Sperry Rand）となり，現在はユニシス（Unisys））のUNIVAC事業部とIBM（International Business Machines Corporation）であったが，レミントンランドは，ペンシルバニア大学を離れたエッカートとモークリーが興したエッカート・モークリーコンピュータ（Eckert-Mauchly Computer Corporation）を1950年に買収し，世界で初めての商用電子計算機**UNIVAC-I**（ユニバック）（Universal Automatic Computer I）を開発して，1951年にその第1号機を米国統計局に納入した．国勢調査に関する数値解析が主な仕事であったという．IBMからは1952年に**IBM 701**が発売された．その後，コンピュータは科学技術計算や事務計算の分野に急速に普及していくことになる．これらのコンピュータに共通していることは**演算素子**に**リレー**（relay，継電器）や**真空管**（vacuum tube）が使われていたということで，このようなコンピュータを**第1世代コンピュータ**（the first generation computer）という．

1.2　第2世代・第3世代・第4世代コンピュータ

1.2.1　第2世代コンピュータ

1948年，米国のベル研究所（Bell Laboratories）のショックレイ（W. Shockley）ら3人が**トランジスタ**（transistor）を発明した．トランジスタは3極真空管と動作原理が似ていて論理回路を実現する素子として使用できた．加えて，トランジスタは真空管と比べて，小型である，消費電力が少ない，信頼性が高い，演算速度が速い，価格が安い，といった特長を有していたので，トランジスタを論理素子に使ったコンピュータが瞬く間に市場を席巻することとなった（トランジスタの動作原理やダイオードとトランジスタを用いた論理回路の実現は第4章で詳述する）．図1.3

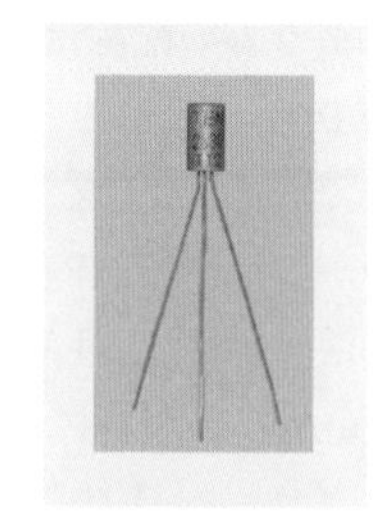

図1.3　トランジスタの外観

に初期のトランジスタの外観を示す．この実物は直径5 mm，縦1 cmにも満たない円柱状の本体から足が「3本」出ている．コンピュータの中枢部分である**中央処理装置**（Central Processing Unit，**CPU**）にトランジスタを使ったコンピュータを**第2世代コンピュータ**という．第2世代コンピュータの先駆けは，IBMが1958年に発表したIBM 7090（科学用）とIBM 1401（事務用）である．

1.2.2　第3世代コンピュータ

さて，トランジスタから始まった半導体技術（semiconductor technology）は急速に発展し，米国のテキサスインスツルメンツ（Texas Instruments, Inc.）のキルビー（Jack St. Clair Kilby）は1958年に**集積回路**（Integrated Circuit，**IC**）を発明した．ICはトランジスタに比べて小型，高速，高性能という特長を有するので，瞬く間にICをプロセッサに使ったコンピュータが出現した．これを**第3世代コンピュータ**という．第3世代コンピュータの先駆けであり代表的機種となったコンピュータは，IBMが1964年に発表した**IBM System/360**シリーズである．当時，コンピュータの価格対性能比の経験則として，「性能は価格の2乗に比例する」という**グロッシュの法則**（Grosch's law）が叫ばれた時代だったので，予算に見合った機種が選択できるようにコンピュータをシリーズ化してラインアップするという世界で初めての販売手法がとられたのもこのIBM System 360シリーズからである．ちなみに，グロッシュの法則に従えば，同じ性能を得るには，小型機を多数購入するよりも，1台の大型機を購入する方が価格対性能比が良いということになり，これはコンピュータを大型化する風潮を招いた．ただし，この法則が意味を持ったのは第3世代までである．

ICはその名の通り，コンピュータの論理演算に必要な多数の電子素子（ダイオード，トランジスタ，抵抗器など）を，**シリコンウェハ**（silicon wafer）と呼ばれるシリコンの薄板上で，数ミリから10数mm角を1つの単位として集積し，特定の動作をするように作成された電子回路である．図1.4 (a)にシリコンウェハから切り出された**プロセッサダイ**（processor die, dieは「さいの目に切ったもの」の意）と呼ばれる集積回路1個を，同図(b)

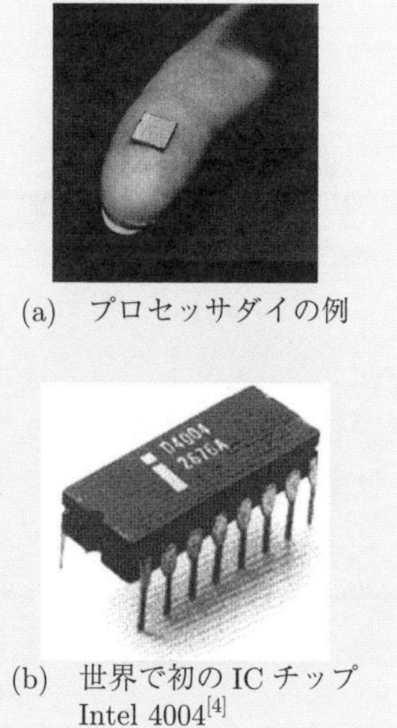

(a)　プロセッサダイの例

(b)　世界で初のICチップ Intel 4004[4]

図1.4　プロセッサダイとICチップ
（(b) 写真提供 インテル）

にダイをパッケージングして組み立てられてでき上がったICチップ（chip）の例として，1971年にインテルが世界で初めて作り上げた**4004マイクロプロセッサ**を示す．

ICはそこに集積されているトランジスタの数，これを**集積度**（components per chip）という，により，次のように分類される．

- **小規模集積回路**（**SSI**，Small Scale IC．集積度2〜100）
- **中規模集積回路**（**MSI**，Medium Scale IC．集積度100〜1,000）
- **大規模集積回路**（**LSI**，Large Scale IC．集積度1,000〜100,000）
- **超大規模集積回路**（**VLSI**，Very Large Scale IC．集積度100,000〜10,000,000）
- **超々大規模集積回路**（**ULSI**，Ultra Large Scale IC．集積度10,000,000〜）

LSIとVLSIはその集積度が異なるだけであるが，LSIまでのICを使用したコンピュータを第3世代コンピュータという．

1.2.3 第4世代コンピュータ

さて，プロセッサにVLSI（あるいはULSI）を使ったコンピュータを**第4世代コンピュータ**という．1979年に発表された**IBM 4300**シリーズをもってその嚆矢（こうし）とする．それ以来長い年月を経ているが，現在我々が使用しているコンピュータはスーパーコンピュータも含めて第4世代コンピュータである．第4世代コンピュータを特徴付けるVLSIとその製造技術については，4.4節で紹介する．

なお，日本でもコンピュータ開発の初期よりさまざまな取組みがあり，その概略を本章末コラム「我が国のコンピュータ開発」で紹介している．

1.3 さまざまなコンピュータ

コンピュータは演算素子の発展に呼応して第1世代から第4世代まで分類されることを知った．しかし，コンピュータをその用途という観点から見てみると，さまざまに展開していることが分かる．この背景には，演算素子の小型化，低電力化，高性能化，低廉化などの要因に加えて，プログラミング技術，コンピュータネットワーク技術，ヒューマンコンピュータインタラクション技術，データベース技術，人工知能技術などの進歩とも相まっている．本節では多様なコンピュータを概観する．

なお，**量子コンピュータ**については，暗号解読と絡めて14.4節末で言及する．

1.3.1 ワークステーション

ワークステーション（work station）はもっぱら個人が作業を行うための高性能なコンピュータとして開発された経緯を有し，1973年に発表されたゼロックスPARC（パーク）

(Xerox Palo Alto Research Center) の **Alto**（アルト）[5] をもって嚆矢とする．現在は，パーソナルコンピュータ（PC）の性能向上が著しく，ワークステーションとPCとの区別がつきかねる状況となっているが，現在のPCに見られる多くのユーザフレンドリーな機能，たとえば，ウインドウ，マウス，**WYSIWYG**（ウィジーウィッグ）（1.4節）の実現などはAltoで初めて実装されたものが多く，その歴史的貢献は多大である．それを概観する．

Altoという名称はゼロックスPARCがカリフォルニア州のパロアルト市（Palo Alto）にあり，その名前の一部をとって付けたといわれている．Altoは市販されることはなく，研究・開発用で，MIT（Massachusetts Institute of Technology）やスタンフォード大学やCMU（Carnegie-Mellon University）などに寄贈されたという．開発チームの中には（子供のための）ノートブック型PCの原型として有名な **Dynabook** を構想したケイ（A.C. Kay）もいた．Altoは当時DEC（Digital Equipment Corporation）が開発していたPDP-11に対抗するコンピュータとして開発されたので，オペレーティングシステム (OS) はPDP-11が採用したUNIX-BSDを使わないこととし，その代わりに当時ゼロックスPARCでケイらが開発していたオブジェクト指向プログラミング言語 **Smalltalk** を作業環境のみならずOSとしても使うこととしたという．Altoの仕様は，CPUは16ビット，主記憶容量は256 kB (キロバイト)，ディスク容量は2.5 MB，モニタは72 ppi (points per inch) のビットマップディスプレイ（ディスプレイ上の1点1点がメモリと対応させてあり，プロセッサから自由に読出し，書込みができる表示装置)，ポインティング機器としてのマウス，文書の印刷には300 ppi (pixels per inch) のレーザプリンタが用意され，ゼロックスの他のコンピュータとネットワーク結合するためにイーサネット (Ethernet) が開発されたという．これらの技術は世界初の導入であった．Altoの外観は図1.5に示されている通りであるが，ビットマップディスプレイなので英字や数字はもとより漢字も編集・表示することができた（文書の縦長イメージに合わせたのであろう，画面は縦長である)．Altoの開発でもう1つ特筆すべきことは，ゼロックスPARCはAlto上で稼動する文書エディタ（document preparation system）として **Bravo** を開発したことである．1974年のことで，Bravoは

図1.5　Altoの外観（中央右にマウスが写っている）[5]

世界で初めてWYSIWYGと呼ばれるユーザインタフェースを実現したこととなった．これは現在のPCではごくあたり前のことであるが，当時としては画期的なことであった．

1.3.2　パーソナルコンピュータ，タブレット，スマートフォン

パーソナルコンピュータ（Personal Computer，**PC**）は文字どおり，個人の知的生産のための道具としてのコンピュータをいう．パソコンと略されることが多い．価格，性能，大きさ，共に個人向けである．PCにはデスクトップ型とノートブック型がある．ノートブック型（ノートPC）は持ち運べるのが特徴である．文書作成やプレゼンテーションのためのアプリケーションソフトウェアの充実やインターネット接続機能により，PCで文書作成，製図，表計算，データベース，プレゼンテーション，ゲーム，インターネット（電子メール・ウェブ情報検索・SNS）などが行える．軽量で薄型で携帯することを想定したノートPCを**モバイルPC**ともいう．

さて，世界で最初のPCはどれか，ということについては少し説明を要する．まず，PCの祖先，あるいは原型は，1973年に米国のゼロックスPARCが開発したワークステーション**Alto**であるというのが定説である．しかしながら，Personal Computerという名前を製品名に付けたコンピュータは1981年にIBMが発売した**IBM PC**（model 5150）[6]である．その外観を図1.6に示す．それはIntel 8088（動作周波数4.77 MHz）のマイクロプロセッサを使い，主記憶は16 kB～640 kB，オペレーティングシステム（OS）は**DOS**（ドス）（Disk Operating System）であった．パーソナルコンピュータという言葉は，上述のようにAltoまで遡れるが，このIBM PCが大成功を収めたが故に，以後このIBM PCと互換（compatible）なコンピュータをもってPCというようになった．

図1.6　IBM PC（model 5150）[6]

なお，IBM PCは16ビットのマイクロプロセッサを使用していたが，その後の技術革新で，32ビット，64ビットのマイクロプロセッサを搭載するPCが普通となって高性能化し，メインメモリの大容量化，無線LANやBluetoothによる無線接続の一般化，ハードディスクドライブ（HDD）からソリッドステートドライブ（SSD）への移行，液晶バックライトなどの低消費電力化等が進み，PCはあらゆる状況でなくてはならない存在となっている．

関連して，タブレットとスマートフォンについて言及しておく．

■ タブレット

タブレット（tablet）とは「平たい板」の意であるが，コンピュータ分野ではタブレットコンピュータ，すなわち雑誌や定形用紙のような平らな長方形の形をしたモバイルコンピューティングデバイスを指す．通常はタッチスクリーンで制御され，インターネットへのアクセス，ビデオの視聴，ゲームのプレイ，電子書籍を読む，文書の作成などに使用される．タブレット PC あるいはタブレット端末ともいわれる．タブレットの嚆矢は 2001 年に発表された Microsoft Windows XP Tablet PC Edition がインストールされたタブレットを言うようだが，2010 年にアップル（Apple, Inc.）が発表した **iPad** でそれが定着した．

■ スマートフォン

スマートフォン（smartphone）はタブレットに似た機能を持った携帯電話である．通話機能にプラスして，無線 LAN や Bluetooth による接続，さまざまなセンサーの搭載，さまざまなアプリケーションのダウンロードにより，電子メール，チャット，ビデオ通話，ウェブ情報検索，動画の閲覧，テレビの受信，音楽の受信・配信，ゲーム，写真やビデオの撮影と交換，そしてしてキャッシングサービスやショップやイベントの予約や決済など多彩な機能を有する情報機器となっている．ただし，個人情報の漏洩（ろうえい）など，セキュリティの確保，遺失などには十分に注意する必要がある．

1.3.3 マイクロコントローラ

マイクロコントローラ（MicroController Unit，MCU）とは 1 つの IC（集積回路）チップにコンピュータの基本機能一式を搭載した電子部品のことをいう．略して**マイコン**ともいわれる．現在，家庭用，産業用を問わず電子制御を必要とするあらゆる機器に組み込まれている．家庭用では電子レンジ，冷蔵庫，炊飯器，洗濯機，掃除機，エアコン，電話機，デジタルカメラ，ラジオ，テレビ，ビデオデッキ，ゲーム機，スマートフォン，温水洗浄便座など．産業用では，自動車のさまざまな制御装置，カーナビ，航空機，船舶，宇宙船，人工衛星，エレベータ，各種鉄道車両，ロボット，信号機，自動販売機，POS レジ，パチスロ機，金融機関の端末，医療用機器，等々，マイクロコントローラが組み込まれていない機器を見付ける方が困難な状況である．この状況はこれからも変わらないであろう．

1.3.4　スーパーコンピュータ

スーパーコンピュータ（super computer）は超大量のデータを超高速に解析する目的で開発された．1976年の米国クレイリサーチ（Cray Research, Inc.，現クレイ）が開発したCray-1がスーパーコンピュータの嚆矢として知られている．スパコンと略されることも多い．スーパーコンピュータは当初一般に数十Mflops/s（mega floating-point operations per second）以上の性能を有するコンピュータを指していた．Cray-1は80 Mflops/s（メガフロップス／秒）の性能を有していたという．しかし，スーパーコンピュータの性能競争は激烈であり，その性能向上は著しく，瞬く間にその性能はGflop/s（ギガフロップス／秒）オーダ，Tflop/s（テラフロップス／秒）オーダ，Pflop/s（ペタフロップス／秒）オーダへと向上していった．プログラミング言語としては科学技術計算が主体となるのでFortran，C，C++などをサポートしている．生命科学（たとえば，ヒトゲノムプロジェクト），分子科学，理論物理学（たとえば，素粒子論），航空機や建築物の構造解析，気象や自然現象の解析・予測，社会・経済現象のシミュレーションなどの分野で用いられている．

日本は世界でも有数のスーパーコンピュータ開発・生産国であり，米国のクレイリサーチに対抗して日立製作所，富士通，日本電気が製品を発表してきた経緯がある．特に，文部科学省の次世代スーパーコンピュータ計画の一環として，理化学研究所と富士通が共同開発した**京**（K computer）は，浮動小数点数演算を1秒あたり1京回行う処理能力（10 Pflop/s）に由来し命名され，2012年に完成した．引き続き，更なる性能向上を目指して開発が続行され，その性能が約100倍程度向上した**富岳**が2021年に運用開始となった．

注意しておくと，京や富岳はスーパーコンピュータといえどもノイマン型コンピュータである．また，スーパーコンピュータは計算処理と冷却に多大な電力を消費するので，大量の熱エネルギーを排出することに留意しておく必要がある．このため，持続可能性を求める世界的潮流に合わせて，**グリーンテクノロジ**（＝省エネルギー，低炭素社会の実現）の導入など大きな社会的・技術的課題を背負っている．

1.3.5　ウェアラブルコンピュータとウェアラブルデバイス

ウェアラブル（wearable）とは「身に着ける」という意味である．いつでもどこでも自分の身に着けておけるコンピュータを**ウェアラブルコンピュータ**という．図1.7にザイブナー（Xybernaut Corporation）が世界に先駆けて1999年に商品化したウェアラブルコンピュータMobile Assistant（MA）-IVとそれを装着して喜ぶ本書著者を示す．これは最も初期のウェアラブルコンピュータであったが，写真から分かるように，コンピュータはベルトで身体に装着され，OSはWindows 98で稼動していた．腕に装着するキーボードはあるが，ユーザはコンピュータと原則として音声とポインティング機器でやり取りをする．そのために，マクロフォンとイヤフォンが付いている．コンピュータの画面はヘッドセットに装着されているシースルーディスプレイ（see-through display）で視認でき，60 cm 前方に 15 インチのカラーの VGA（640×480 ピクセル）画面が表示された．

ウェアラブルコンピュータの装着により，歩いているときでも，働いているときでも，ウェブ，メール，データベース，文書，マニュアル，注文書，設計図などにアクセスでき，手が自由に使えるので，仮想現実（VR）や拡張現実（AR）と組み合わせると，作業の現場で配線などを間違いなく行えるようなアプリケーションがサポートできる．いつでもどこでも，またさまざまな手段でコンピューティングが可能な状況をいう**ユビキタスコンピューティング**の実現に資するであろう．ここに，ユビキタス（ubiquitous）とは神の遍在を表す語である．

ウェアラブルデバイスとは身に着けられる IT 機器の総称で，腕時計型，リストバンド型，眼鏡型など多様な形状をしている．健康管理，スポーツ，医療などの分野で普及している．その背景として，半導体技術の進展により機器の小型化や軽量化が進みユーザの装着時の負担や違和感が軽減されたこと，Wi-Fi や Bluetooth などの通信技術の発達によりそれを安価に搭載できるようになりスマートフォン経由でインターネットにアクセスできるようになったこと，そしてデータマイニング技術と VR や AR 技術の発達に伴い多様なデータ分析結果をユーザフレンドリーに提示できるようになったことなどをあげられる．今後，さまざまな分野での多様な展開が見込まれる．

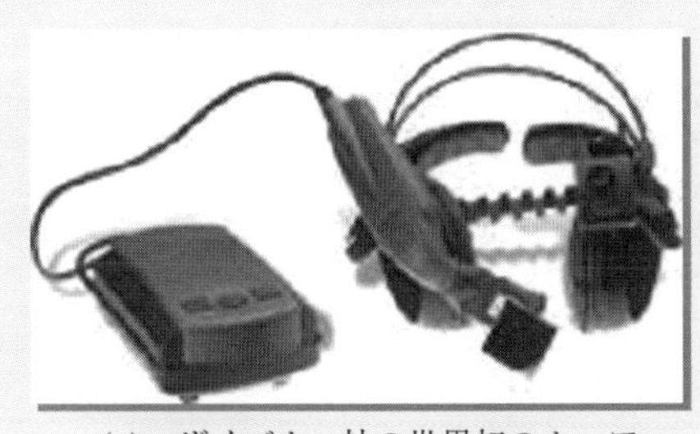

(a)　ザイブナー社の世界初のウェアラブルコンピュータ MA-IV

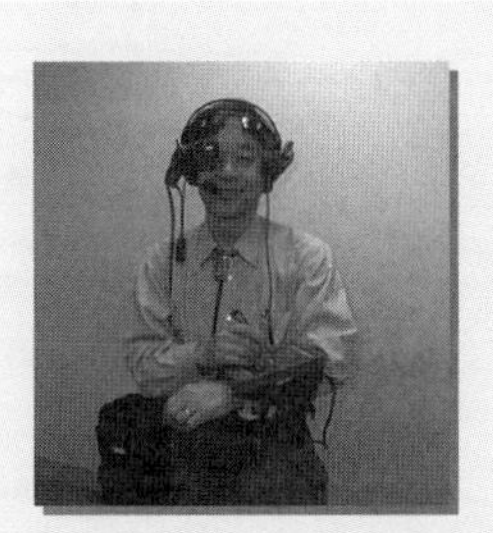

(b)　それを装着して喜ぶ本書著者

図 1.7　ウェアラブルコンピュータ

1.4 WYSIWYG

1.4.1 WYSIWYGとは

前節でさまざまなコンピュータを垣間見たが，PCの出現がもたらした大きな技術革新がWYSIWYG（ウィジーウィック）の実現である．ここに，**WYSIWYG**とは“What you see is what you get.”の略で，あなたがディスプレイ上で見ているもの（＝文書など）がプリンタで印刷されて出てくるものですよ，という意味である．WYSIWYGは1974年にゼロックスPARCが開発したワークステーションAlto上で稼動する文書エディタBravoで初めて実現されたが，出力イメージを直接視認できないコマンドベースの文書作成法と対比すると，その画期的な意味合いが分かろうというものである．たとえば，LaTeX（ラテフ）はコマンドを打ち込んで文書を整形していくエディタの代表格であるが，図1.8にWYSIWYGエディタとLaTeXによる文書作成画面を比較して示す．上がWYSIWYGエディタによる文書作成画面で，画面にその印刷イメージがそのまま現れているが，下のLaTeXによる編集画面から文書の印刷イメージを想像することは難しい．

WYSIWYGは何も文書作成画面についてだけ有効な概念ではない．人とコンピュータの係わり方全般に渡る根本的な考え方に大きな影響を与えた．そのような意味で

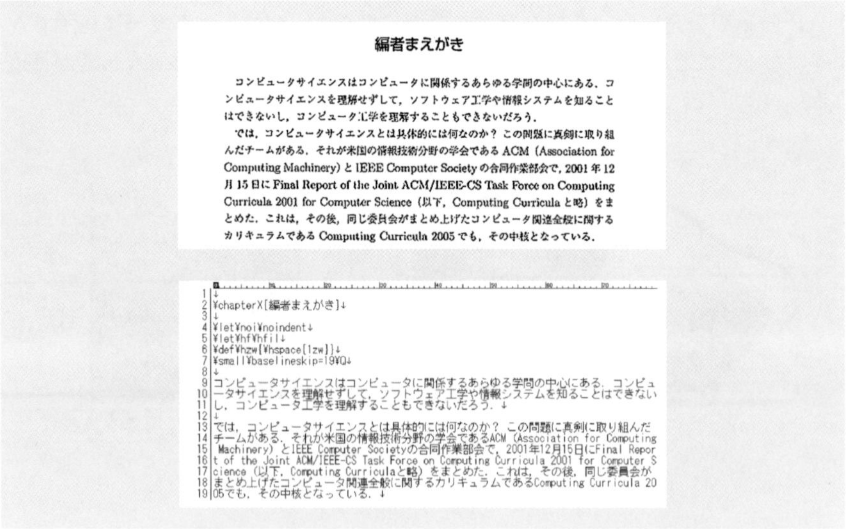

図1.8 WYSIWYGとそうでないエディタによる文書作成画面の比較

WYSIWYG が取り沙汰されたのは，ゼロックス PARC が 1973 年に開発した Alto に端を発し，1982 年に世に出したオフィスワーク用の商用ワークステーション Star であり，また 1984 年にアップルコンピュータ（Apple Computer, Inc.）が世に出した PC である **Macintosh**（略して，Mac という）であった．図 1.9 に最も初期の Macintosh を示す．

図 1.9 1984 年に発売された最初の Macintosh[7]

Mac が主としてターゲットとしたユーザは家庭や学校，あるいは創造的な職業に就いている者であって，この PC の提供するグラフィカルユーザインタフェースはあらゆる操作において徹底して WYSIWYG を実現してみせて好評を博した．現在，Macintosh 系 OS のみならず Windows 系 OS がインストールされているコンピュータを立ち上げると，画面に文書ファイルを表す**アイコン**（icon，プログラムやファイルなどを象徴的に表す絵），フォルダのアイコン，インターネット接続をするためのプログラムのアイコン，不要となったプログラムやファイルなどを捨てるためのゴミ箱を示すアイコンなど実にさまざまなアイコンが表示される．ユーザはマウスを使って不要となったファイル（アイコン）をゴミ箱（アイコン）に**ドラッグ**（drag，引きずる）して捨てれば，実際にコンピュータでもそのファイルが削除されるように機能する．この機能をドラッグ・アンド・ドロップ（drag-and-drop）という．これは，グラフィカルユーザインタフェース技術に裏打ちされて，机の上（desktop）と見立てられたコンピュータ画面に点在するアイコンをマウスで操作することにより，あたかも普段事務処理をしているような感覚でコンピュータ処理を行えるという発想なので，**デスクトップメタファ**（desktop metaphor）といわれる．この真髄が WYSIWYG であり，Star や Mac が 1980 年代前半に開発したということである．

1.4.2 HCI—CUI と GUI

さて，WYSIWYG の実現にはグラフィカルユーザインタフェース（GUI）の技術が必須である．そのためには，人とコンピュータの係わり合い方，つまり**ヒューマンコンピュータインタラクション**（Human-Computer Interaction, **HCI**）についてその基礎を理解しておくことが必要と考えられる．そこで，本節では HCI の 2 つのアプローチ，CUI と GUI について述べる．

■ CUI

CUIはコマンド（command，命令文）を入力する操作体系の呼称で Character User Interface の略である．Command Line Interface（CLI）と呼ぶこともある．コンピュータに行わせたい作業を（マウスではなく）キーボードを使ってコマンドを入力して操作する形式をいう．コマンドを覚えれば操作は容易である．しかし，いちいちコマンドをプロンプトに促されて打ち込まねばならないので大変である．その欠点を克服するために，CUI によってはスクリプト言語を搭載したものがあり，そういったものをうまく使用することによって，省力化，高速化を図ることができる．CUI をサポートする OS は（一般に GUI を使用する OS に比べて）シンプルで，使用するリソースが少ないという利点がある．**UNIX** 系の OS や本来 IBM の PC 向けに開発された OS である **DOS** で稼動するコンピュータの多くが CUI をサポートしている．

■ GUI

GUIは Graphical User Interface の略である．ディスプレイ上の対話型オブジェクトの状態を視覚的に表現し，画面上を自由にポイントして行動を指定するもので，それまで主流であったコマンドを入力して実行する CUI に比べ直観的に操作できるのが特長である．コンピュータグラフィックス（Computer Graphics，CG）とポインティング機器（マウスなど）を使用し，ウインドウ，アイコン，メニュー，マウスにより入出力操作を行う．CUI に比べて，視認性，操作性に優れる．GUI の機能は OS が提供する．歴史的に Macintosh 系 OS に始まり，その後 Windows 系 OS が提供するユーザインタフェースも GUI である．先に述べたが，ゼロックス PARC で開発された Alto が初の GUI 採用のコンピュータ環境とされる．その後，Xerox Star，Apple Lisa が GUI を採用するが，非常に高価だったためほとんど売れることなく販売中止となったという．本格的に普及したのは 1984 年の **Macintosh**（図1.9）登場以降である．

表1.2に CUI と GUI の比較を示す．

■ 人とコンピュータ

本章では，コンピュータの誕生から始まり，さまざまなコンピュータを概観してきた．コンピュータはあくまで人間の道具の 1 つにしかすぎないとはいえ，コンピュータは我々の身近な生活や社会インフラの隅々にまで入り込んでおり，人とコンピュータの係わり方が文字通り真摯に問われる状況となっている．改めて，コンピュータのしくみに精通し，情報活用能力をとことん身に着けることが求められている[8]．

表 1.2 CUI と GUI の比較

	CUI (Character User Interface)	GUI (Graphical User Interface)
情報の表示	文字	コンピュータグラフィックス
対話方式	プロンプトに促されてキーボードからコマンドを入力.	アイコンをマウスで操作. ウィンドウやメニューを操作.
OS	UNIX 系 OS DOS	Macintosh 系 OS Windows 系 OS
長所	コマンド覚えるだけですむ．OS が必要とするリソースが少なくてすむ.	視認性に優れ，操作が直観的で使い易い．現在主流のインタフェース.
欠点	コマンドを覚えたり操作するのが難しい.	どのような操作が可能なのかわからない (実際 Windows では 1,500 もの操作が可能という).

第 1 章の章末問題

問題 1　コンピュータの開発の歴史について，次の問いに答えなさい (各問 50 字程度).

(問 1)　世界で初めて開発されたコンピュータについて述べなさい.

(問 2)　ノイマン型コンピュータとはどのような特徴を有するのか説明しなさい.

(問 3)　コンピュータはこれまで 4 世代に渡って進化してきた．どのような進化をしてきたのか，その概略を述べなさい.

問題 2　マイクロコントローラとは何か説明してみなさい (100 字程度).

問題 3　WYSIWYG について次の問いに答えなさい.

(問 1)　何の略か答えなさい.

(問 2)　何と発音するか答えなさい.

(問 3)　どういうことをいっているのか，簡単な例を挙げて説明しなさい.

(問 4)　それを最初に実現したのは何というコンピュータか答えなさい.

問題 4　人とコンピュータとの係わりを HCI (Human-Computer Interaction) という．CUI と GUI について次の問いに答えなさい.

(問 1)　CUI と GUI はそれぞれ何の略語か示しなさい.

(問 2)　現在の主流は CUI と GUI のどちらか答えなさい.

(問 3)　次の文は CUI と GUI の違いを表しているが，空欄 (ア)~(オ) を埋めて，文を完成させなさい.

CUI は情報の表示に文字を使うが，GUI は (ア) を使う．対話方式であるが，CUI は (イ) に促されてキーボードから (ウ) を入力するが，GUI では (エ) をマウスで操作する．視認性，操作性に優れるのは (オ) である.

コラム　我が国のコンピュータ開発

我が国はコンピュータ製造先進国であった．これまで日立製作所，日本電気，富士通，東芝，三菱電機といった会社がさまざまなコンピュータを製造してきた．歴史的には，リレー式電子計算機 **ETL MARK-1** を 1952 年に電気試験所（現，産業技術総合研究所）が，富士通が 1954 年に実用機 **FACOM 100** を開発した．真空管式の電子計算機は，富士写真フィルムが 1956 年に **FUJIC** を，東京大学と東芝が共同開発で 1959 年に **TAC** を開発した．これらは我が国のコンピュータ開発の黎明期にあたる．その後の我が国のコンピュータ開発をいわゆるメインフレームと呼ばれる大型コンピュータの開発とそれらを用いた情報システムの開発という側面からピックアップすると次のようになろう．IBM が IC 技術を使って第 3 世代コンピュータとして System/360 を発表した 1964 年には，富士通は中型汎用機 **FACOM 230** を発表，日立は日本初の大型汎用電子計算機 **HITAC 5020** を完成，東芝はマイクロプログラム式科学技術用電子計算機 **TOSBAC 3400** を京都大学と共同開発，日立と国鉄は共同してリアルタイム座席予約システム MARS-101 を完成している．IBM が VLSI チップを使って第 4 世代コンピュータとして IBM 4300 を発表した 1979 年に目を移すと，日本電気は **ACOS システム**，富士通は **FACOM M シリーズ**，日立製作所は **HITAC M シリーズ**，三菱電機は **COSMO シリーズ**，電電公社は **DIPS-11 シリーズ**などを発表し，我が国のコンピュータ業界は活況を呈していた．1990 年には日立が世界最高速の超大型汎用機 M-880 プロセッサグループを発表，日本電気が世界最高速の汎用コンピュータ ACOS システム 3800 を発表，富士通が世界最高速超大型汎用機 FUJITSU M-1800 モデルグループを発表した．スーパーコンピュータ分野での我が国の開発実績は 1.3.4 項で紹介した通りである．なお，我が国のコンピュータの誕生と発展の歴史をより詳しく知りたければ，（一社）情報処理学会のコンピュータ博物館[9]を訪問するとよい．

第2章 情報システム

2.1 情報システム

2.1.1 情報システムとは

情報システム（information system）の定義は曖昧であるが，**情報処理システム**（information processing system）の定義は「情報処理の促進に関する法律」（昭和45年法律第90号）[10]という我が国の法律で与えられていて，それは「情報処理の促進に関する法律の一部を改正する法律」（令和元年法律第67号）[11]で改正され施行されている．改正された法律の冒頭部分を見てみると分かるが（アンダーラインを施した部分が改正された部分），「情報処理システム」を定義した第二条3項は2019（令和元）年の法律の改正で新設されたということである．

第一章　総則

（目的）

第一条　この法律は、電子計算機の高度利用及びプログラムの開発を促進し、プログラムの流通を円滑にし、情報処理システムの良好な状態を維持することでその高度利用を促進し、並びに情報処理サービス業等の育成のための措置を講ずること等によつて、情報処理システムが戦略的に利用され、及び多様なデータが活用される高度な情報化社会の実現を図り、もつて国民生活の向上及び国民経済の健全な発展に寄与することを目的とする。

（定義）

第二条　この法律において「情報処理」とは、電子計算機（計数型のものに限る。以下同じ。）を使用して、情報につき計算、検索その他これらに類する処理を行うことをいう。

2　この法律において「プログラム」とは、電子計算機に対する指令であつて、一の結果を得ることができるように組み合わされたものをいう。

3　この法律において「情報処理システム」とは、電子計算機及びプログラムの集合体であつて、情報処理の業務を一体的に行うよう構成されたものをいう。

4　この法律において「情報処理サービス業」とは、他人の需要に応じてする

情報処理の事業をいい、「ソフトウェア業」とは、他人の需要に応じてするプログラムの作成の事業をいう。

注意したいこととして，この法律では「情報処理システム」は定義されているが，「情報システム」は定義されていない．2つの用語の違いであるが，一般に情報システムは情報処理システムを含むより広義な概念と考えられる．なぜならば，情報 (information) という言葉には情報処理の結果を享受する人々や社会の営為までもが包含されていると考えられるからである．本書では情報システムという用語をそのような意味を込めて使っている．

さて，インターネットが世界の隅々まで張り巡らされ，コンピュータが大いに発展してさまざまな情報機器が世の中に氾濫する時代において，人々は日常生活，教育，組織，産業，行政などのあらゆる場面において情報システムと共にあるといっても過言ではない．そこで，これまで伝統的に情報システム構築に心血を注いできた企業がどのような情報システムを構築してきたかに目を向けると，その主たる機能の違いや運用法の違いから基幹系システムと情報系システムの2つに分類されることが多い．**基幹系システム**は，企業の主たる業務の情報処理を支えるためのコンピュータシステムであり，銀行業では勘定系システム，製造業では受注・生産・配送計画システムや会計システム，運輸では運行管理システムなどを指す．一方，**情報系システム**は，主たる業務に付随した情報処理を行うためのコンピュータシステムであり，経営判断をサポートする目的で基幹系や別途構築したシステムのデータベースを分析して報告書を作成するシステムや人事管理システム，企業内ネットワーク／電子メール／ウェブ／デジタル会議システムなどを指す．

実は，情報システムは我々の身近なところで大活躍している．そのような事例を2つ挙げてみると，1つはJRが世界に誇る旅客販売総合システム—MARS—であり，もう1つはこれまた我が国が世界に誇る文化—KARAOKE—を支えるカラオケマシーンであろう．現在，コンピュータに求められている機能をあえて2つに大別すると，1つは言うまでもなく高性能で高信頼の計算処理能力であるが，もう1つは大量のデータの格納と処理ができるデータベースの力である．MARSは大規模なホストコンピューティング（2.2節）の成功事例と捉えられる．一方，カラオケマシーンはマイクロコントローラ（1.3.3項）とデータベースの融合があって初めて実現できた身近な情報システムの典型と捉えられよう．

2.1.2 旅客販売総合システム—MARS—

新幹線は我が国のハイテクの象徴として長らく捉えられてきた．安全でしかも正確な運行は世界に類を見ないといわれている．ではなぜ，そのようなことが可能なのか？ そこには，自然災害やさまざまな障害発生で時々刻々と変化するダイヤ（ダイヤグラムの略で，列車運行図表のこと）に的確に対応した運行システムと列車座席予約システムである**MARS**（マルス）(Multi Access Reservation System) がある．ここではMARSで大事な機能を果たしているデータベースにも注視しつつ，MARSを概観してみる[12]．

「みどりの窓口」でお馴染みのMARSはJRがまだ日本国有鉄道（国鉄）の1960年代に列車座席予約システムとして誕生した．MARSは日本のオンラインシステムの代名詞として，2017年の時点で1日約180万枚のJR旅客鉄道会社各社の列車座席の販売を一手に担っており，駅のみどりの窓口や旅行代理店など，全国に設置された端末は約10,000台にもなるとのことで，メインフレームをホストコンピュータとして，列車の指定席券，乗車券類はもとより，航空券・旅館券等，多様なチケットを扱い，しかも信頼性の高いリアルタイム処理を行っている．1960年のMARS 1に始まり，2004年にMARS 501，2020年にはMARS 505へと進化している．

図2.1にMARSシステムの構成概念図を示す．MARSは大別すると座席在庫管理システム（SRS）と列車データ作成管理システム（ASTD）からなる．ASTDの役目はMARSの中核であるSRSに，何月何日何時にどの列車をどのように走らせるかという「列車データ」を供給することである．そのために，ASTDは，JR旅客鉄道各社がネットワーク（JRネット）経由で送信してくる各社の列車データをデータ作成サーバ経由で受け取り集約して，「手配書データベース」を構築する．そのMARSの命ともいえるデータベースを管理しているのがMARSの開発に当初から深く係わってきた日立製作所が開発したHiRDB（ハイアールディービー）というリレーショナルデータベース管理システム（8.4節）である．社会基盤化したようなMARSをがっちり支えているのが，

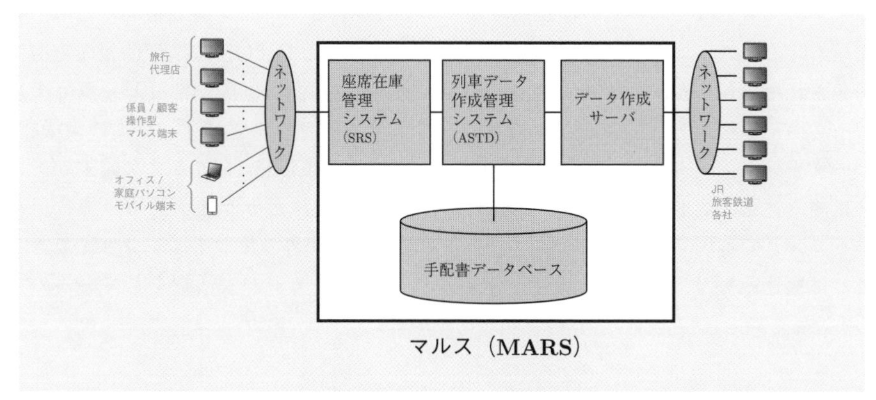

図2.1 MARSの構成概念図

高機能で高信頼のコンピュータとデータベースシステムというわけである．

他に，銀行や信用金庫などのオンラインシステム，クレジットカード会社のオンラインシステム，証券会社のオンラインシステム，コンビニ ATM のオンラインシステムなどもホストコンピューティングの好例である．それらは高性能で高信頼なコンピュータと大規模なデータベースシステムがあって初めて実現されている．

2.1.3 カラオケマシーン

我が国を象徴する文化に**カラオケ**がある．Karaoke や karaoke machine は世界の誰もが知る共通語で，英語の辞書にもちゃんと収録されている．読者の中にもカラオケ大好き人間が大勢いるのではないかと拝察する．そのカラオケであるが，今や昔，8 トラックカラオケや LD カラオケの時代を経て，現在は通信カラオケが全盛の時代である．数十万曲を収める楽曲データベースを蓄積したサーバにカラオケボックスに設置してあるカラオケ端末リモコンがブロードバンドの公衆通信回線（たとえば，光通信回線）を介して繋（つな）がっている．サーバはシステムの中核なので，24 時間 365 日止まることなく稼動していないといけないので，そこに設置されているコンピュータはデータベースを含めて障害時対策には万全が期されていると考えられる．

さて，ここで注目したいのは，サーバではなくカラオケ端末リモコンである．実はカラオケ端末リモコンにはマイクロコントローラとデータベースシステムが組み込まれていて，この巨大な情報システムを支えていることはあまり知られていない．現在我が国の業務用カラオケ業界は 2 社がしのぎを削っている状況と聞いているが，そのうちの 1 社のカラオケ端末リモコンには組込み型（embedded）リレーショナルデータベース管理システム Entier（エンティア）（日立製作所）が搭載され，そのお陰でカラオケシステムが情報システムとして円滑に動いている．どういうことかというと，そもそも，カラオケの利用者は「歌いたい曲が簡単かつすぐに見付かる」ことを重視するため，楽曲検索時のレスポンスの速さが最重要課題となる．そこで，OS は携帯情報端末用に開発された Android で稼動して，少ないメモリで動作し，国際標準リレーショナルデータベース言語 SQL（8.3 節）をサポートする他，データ暗号化，全文検索機能，データ圧縮，データベース差分更新機能などを有する Entier をカラオケ端末リモコンに組み込むことにより，検索機能やレスポンスに優れたカラオケ端末リモコンをマイコン上で実現できたというわけである．読者諸君がカラオケをエンジョイできる裏では組込み型リレーショナルデータベース管理システムが大活躍をしているのである．

2.2 ホストコンピューティング

安価なワークステーションやPCではなく，高価・高性能・高機能コンピュータ1台，これを**メインフレーム**（main frame）あるいは**ホストコンピュータ**（host computer）という，を稼動させ，それに専用通信回線を介して多数の端末（terminal）からユーザがアクセスして所望の処理をするというコンピュータシステム構成を**ホストコンピューティング**という．図2.2にホストコンピューティングの概念を示す．

端末は単にホストコンピュータとの文字列のやり取りと指示のみを行う機能を持たされているだけなので**ダム端末**（dumb terminal）とも呼ばれる．システム設計上のポイントは各ユーザにあたかもホストコンピュータを「専有」しているかのような錯覚を持たせることであり，そのために**TSS**（Time Sharing System，**時分割システム**）技術が使われた（6.2.1項）．TSSは1960年代から1970年代に開発された古い技術であるが，たとえば，n人が1台のコンピュータを同時に使用したいとすれば，n人にCPUが順番に細切れで割り当てられて，あたかも自分ひとりがそのコンピュータを占有しているかのような状況を作りだす技術をいう．これをHCIの観点から分析すると，人が端末からコンピュータ操作をする場合，思考時間（thinking time）があり，その間は端末からの操作はなくCPUが遊んでいる状態となるので，その間に他のユーザにCPUを使わせればよいという人間の行動科学を考慮した技術と考えられる．更に，当時はメインフレームがとても高価で，その導入について「性能は価格の2乗に比例する」という**グロッシュの法則**（1.2.2項）があり，何としてでも高価なメインフレームを遊ばせることなく徹底的に使用しなければならないという至上命題が背後にあったといえよう．TSSによりソフトウェア開発の生産性も大きく向上したという．

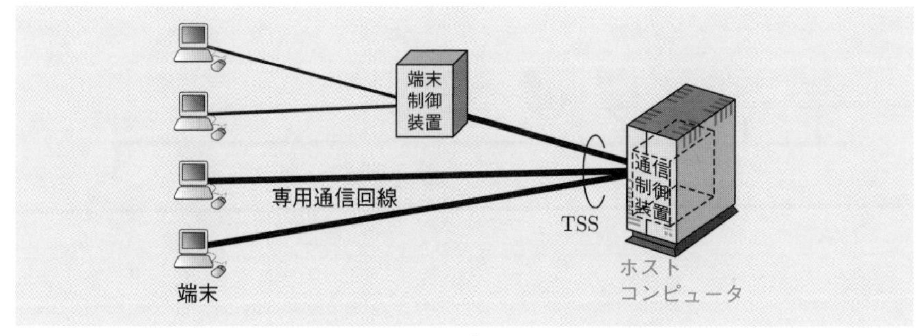

図2.2 ホストコンピューティングの概念

TSSはその後，端末がPCとなり，GUIがサポートされ，そこではユーザにとって必要なアプリケーションプログラムが走るので，現在は，安定性と信頼性の高いメインフレームのデータをPCにダウンロードしたり処理結果をアップロードしたり，あるいはメインフレームの高度な計算能力を利用したりと，メインフレームとPC群のインターネットあるいは専用通信回線での連携という形に進化している．

2.3 クライアント／サーバコンピューティング

コンピュータが進化するにつれて，グロッシュの法則も当てはまらないようになると，1台の大型コンピュータに頼って処理をするのではなく，コンピュータネットワーク技術の進歩とも相まって，処理を複数のコンピュータがそれぞれに役割分担して行う**分散コンピューティング**（distributed computing）が広く受け入れられることとなった．**クライアント／サーバコンピューティング**（Client/Server computing, C/S computing）はその代表格で，これは，現在，企業のビジネス分野で最も多く採用されているコンピュータの利用形態である[13]．

そこでは，**サーバ**（server）と呼ばれるコンピュータでビジネスに必要とされるアプリケーションとデータベースを稼動させる．一方，利用者は**クライアント**（client）と呼ばれ，クライアント（のコンピュータ）とサーバはLANを介して結合され，クライアントはサーバの提供する機能を利用する．図2.3に典型的な**クライアント／サーバシステム**（Client/Server system，**C/S システム**）の概念図を示す．ここで図示したシステムはサーバ群とクライアント群からなるので**2階層 C/S システム**（two-tiered C/S system）と呼ばれる．

2階層C/Sシステムでは通常，PCをクライアントに，より大型で高性能・高信頼

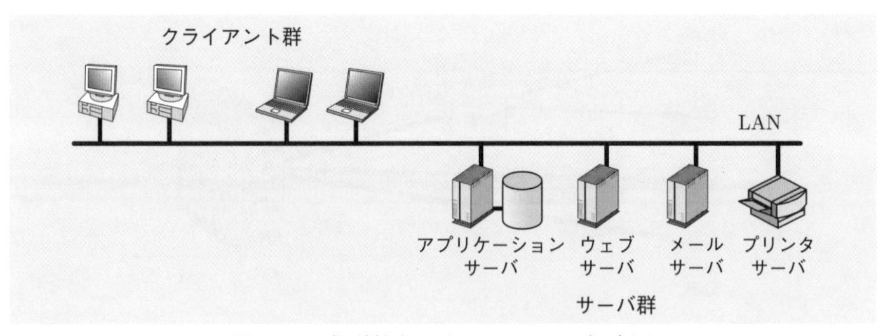

図2.3 典型的なC/Sシステムの概念図

のコンピュータをサーバとして設置する．サーバには一般にデータベースアクセスを前提としたクライアントからのアプリケーション処理要求に応えるアプリケーションサーバに加えて，ウェブサーバ，メールサーバ，プリンタサーバなどを設置することもある．また大学の情報処理センタなどでは，Windows サーバと UNIX サーバを並置し，クライアントはどちらか使いたい方の OS にアクセス可能とするシステム構成も採られる．

さて，C/S システムは，図2.3に示したように，通常，複数の PC をクライアント群とし，サーバ群と LAN で結合された 2 階層のシステム構成をとることが多いが，2 階層 C/S システムでは，必要な機能はクライアントかサーバにしか分散のしようがないので，次のような二者択一となる．

(i) クライアントにできるだけ多くの機能を持たせる．
(ii) クライアントにはほとんど機能を持たせない．

明らかに，(i) ではクライアントにグラフィカルユーザインタフェースの機能だけでなく，アプリケーション機能や（状況によっては）データベース機能を持たせたり，ハードウェア的には入出力装置や記憶装置を持たせたりする．このようなクライアントを**重量クライアント**（fat client，あるいは thick client）という．この場合，クライアントのメンテナンスが大変となり，情報漏洩などセキュリティの点でも問題となるが，明らかにサーバの負担は軽くなるので，サーバは小型にできる．一方，(ii) ではクライアントはデータを受信して表示はできるが処理はできない，いわゆるダム端末となり，静かなオフィスの実現に役立ち，メンテナンスも楽になり，セキュリティも向上する．このようなクライアントを**軽量クライアント**（thin client）というが，この場合，明らかにサーバの負担は重くなり，高性能・高機能の（高価な）サーバが必要となる．

では，どうすればよいのか？ この問題を解決するために C/S システムを 3 階層で実現する方式が考案された．**3 階層 C/S システム**（three-tiered C/S system）である．この概念を図2.4に示す．そこには，C/S システムを構築しようとする際に考慮しなければならない 3 つの機能（ロジック，logic）—プレゼンテーションロジック，アプリケーションロジック，データ管理ロジック—が，それぞれクライアント，アプリケーションサーバ，データベースサーバに割り振られる様子が描かれている．クライアントとアプリケーションサーバ間ではクライアントの処理要求に応じてメッセージとデータがやり取りされ，アプリケーションサーバとデータベースサーバ間ではリレーショナルデータベース（第 8 章）をアクセスするための SQL 文がやり取りされる．

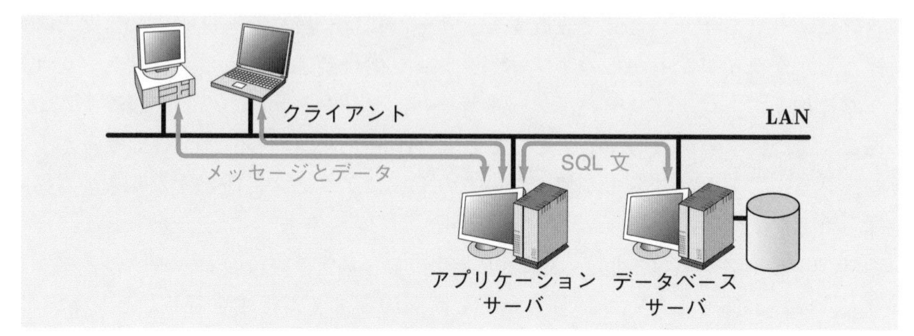

図2.4 3階層 C/S システム

2.4 データセンタとクラウドコンピューティング

従来，多くの企業は情報システムを自社で保有して情報処理を行ってきた．これを**オンプレミス**（on-premises）という．ここで，premises とは建物，施設といった意味である．しかしながら，IT の発展に伴い企業のビジネスモデルが**データ資源**（9.1節）への依存度を強めるにつれ，オンプレミスの限界が明らかとなってきた．たとえば，地震や風水害といった自然災害から自社のサーバルームを守れるのか，電源断などの障害に万全を期すことができているか，物理的なセキュリティ（監視カメラや指紋認証システム）やサイバー犯罪に巻き込まれないためのインターネットセキュリティに万全を期すことができるのか，そもそも巨大化した情報システムのための電力設備や空調施設を自社で設置することができるのか，はたまた持続可能性を求める世界的潮流に合わせてグリーンテクノロジ（＝省エネルギー，低炭素社会の実現）をどのように導入・達成できるのか，などさまざまな問題に直面することとなった．

このような問題に対するソリューションとして，大別して，2つの選択肢が存在する．

- データセンタ
- クラウドコンピューティング

2.4.1 データセンタ

データセンタ（data center）とは「インターネット用のサーバやデータ通信，固定・携帯・IP 電話などの装置を設置・運用することに特化した建物の総称を指します」（日本データセンター協会）[14] とされているが，その実態についてのイメージがより湧き易いように幾つか補足する．

- 電源が落ちてはデータセンタの機能が失われるので，電力会社からは複数系統で受電することが望ましく，停電時に備えて非常用発電装置を備える．しかしながら，非常用発電装置が給電を開始するまでには少しの時間遅れがあるので，その間の電力を補うために無停電電源装置（Uninterruptible Power Supply, UPS）を備えて，ユーザの稼動信頼性をできうる限り高める．

- 機器の故障やメンテナンスで一部機器が停止しても提供している機能が維持されるように冗長性を備えた構成とする．
- インターネットや専用通信線で外部のクライアントと接続するための高信頼の高速通信回線を備える．
- 建物は，地震や風水害などの被害に遭わない堅固な地盤を選んで高い耐震・免震構造とすると共に，火災発生時には窒素や二酸化炭素などによる消火設備を備える．
- 物理的セキュリティを達成するための強固な認証システムを備える．サイバー犯罪に巻き込まれないようにインターネットセキュリティのための対策を講じる．アクセス管理を徹底する．
- データセンタとして機能するに十分な広さや設備を備える．
- グリーンテクノロジを随所に導入する．

データセンタが提供するサービスは，大別して，ハウジングとホスティングの2種類がある．

ハウジング

ハウジング（housing）とはオンプレミスで運用してきた自社のサーバをデータセンタに置くサービスのことをいう．具体的には，ハウジングの言葉通り，自社のサーバや関連機器をデータセンタ内にあるサーバの収納ラックや機器の設置スペースを借りて，そこに設置する．新規にサーバなどの機器を購入する必要がないので初期投資を抑えることができるが，機器の運用・保守は引き続き自社で行う必要がある．

ホスティング

ホスティング（hosting）とはデータセンタで用意しているサーバ及びネットワーク機器を有償で借りて自社の業務を行うことをいう．そのようなサーバはレンタルサーバとも呼ばれる．ハウジングと異なり，基本的にすぐに利用を開始することができ，運用・保守はデータセンタ側で行うため自社で行う管理業務などの負担が少ない反面，ハードウェアやソフトウェアはあらかじめデータセンタが用意したものを使用することになるので，ハウジングに比べ自由度は低いといえる．

ここで，データセンタ構築の歴史について一言述べておくと，その構築には高速・高信頼度のインターネット環境が大前提であり，したがって，その必要性が強く認識され始めたのは2010年代である．データセンタは各国がしのぎを削って大規模なデータセンタを設置しているが，我が国でも数多くのデータセンタが稼動している．我が国に特有な事情として，地震が他国と比べて多いこと，一方，電力に関してはその供給が安定しており他国と比べて停電が圧倒的に少ないことなどを挙げられる．データセンタの運用には大量の電力を必要とするが，一方で，データセンタの活用促進で豊かで低炭素社会の実現に寄与できるのではないかとも考えられる．加えて，データセンタの国際ネットワーク化は必須で，そのための光海底ケーブル敷設も必須である．IT化が顕著に進む現在，データ資源がこれまでの産業構造を一変させる新しい資源として認識されているが，データ資源の管理・運用に果たすべきデータセンタの役割は極めて大きい（データ資源については第9章で論じる）．

2.4.2 クラウドコンピューティング

クラウドコンピューティング（cloud computing）とはインターネットを雲（cloud）にたとえて表現したウェブ時代の新しいコンピューティングの形態をいう（インターネットは果てしないので雲の形で描かれることが多い）．インターネットにより可能となる新しいコンピューティングへのパラダイムシフトを表象している．インターネットが高速になりかつ広域をカバーしていることに加えて，モバイル端末などが高機能化し，ユビキタスコンピューティングが現実のものとなった状況において，オンプレミスの価値はこのような観点からも再検討されるようになったという背景がある．図2.5にクラウドコンピューティングの概念を示す．

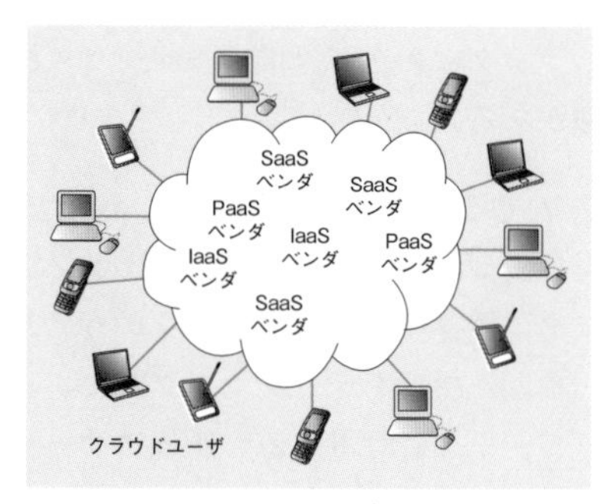

図2.5 クラウドコンピューティングの概念

企業や団体や個人などのクラウドユーザは次に示すサービスを受けられる．

- サービス型インフラストラクチャ（Infrastructure as a Service，IaaS）
- サービス型プラットフォーム（Platform as a Service，PaaS）
- サービス型アプリケーション（Software as a Service，SaaS）

IaaSは，元々はHardware as a Service（HaaS）として提唱された概念で，サーバ，記憶装置，ネットワーク機器などコンピューティング環境を構築するために必要なインフラをインターネット経由で提供するサービスをいう．**PaaS**はプラットフォーム，つまりソフトウェアを開発・実行するために必要なオペレーティングシステム，ユーティリティ，プログラムの実行環境（プログラミング言語やランタイムライブラリなど)，データベース管理システム，GUI などを提供するサービスをいう．**SaaS** はさまざまなアプリケーションソフトウェアを提供する．ユーザアカウントを持っていればインターネット経由で常時そのサービスを利用できる．ユーザはソフトウェア自体を購入する必要はなく，それが提供する機能を買うということである．

IaaS の代表的ベンダとしては Amazon EC2（サーバ）や Amazon S3（記憶装置）が，PaaS の代表的ベンダとしては Google App Engine が，SaaS の代表的ベンダとして Salesforce.com などが知られている．クラウドユーザはそれらのベンダと契約してコンピューティング環境を構築し，その規模や利用時間に応じて課金される．ユーザは PC やタブレットなどでクラウドにアクセスする．

クラウドコンピューティングのメリットとしては，必要に応じた規模のコンピューティング環境を自由に実現できる，契約すれば短時間でコンピューティング環境が整う，利用した資源や時間分だけの課金である，保守やバックアップやセキュリティの業務から開放される，自前でハードウェアやソフトウェアを調達し人材を確保する必要がないこと，などを挙げられる．一方，デメリットとしては，クラウドユーザが利用金額を支払えないとサービスが停止される，ネットワーク障害やクラウドベンダの障害あるいはクラウドベンダのサービス停止などでクラウドユーザの機能が停止してしまう，といった危険性がある，コンピューティングは「雲の中」で行われるためにアプリケーションがどこでどのように実行されているのかなどを掴(つか)みにくくシステム管理の面で不安・不満が生じるかもしれない，クラウドベンダのデータセンタにアーカイブされているデータの流出やユーザ ID，パスワードあるいは個人情報の流出，あるいはインターネット経由でのアクセス時の情報漏洩などセキュリティに不安が付きまとう，などを挙げられる．

なお，クラウドコンピューティングは 2004 年に上場したグーグル（Google LLC）の CEO であるシュミット（E.E. Schmidt）が 2006 年に「データサービスやアーキテクチャは雲のような存在であるサーバ上に存在し，ブラウザやアクセス手段，機器によらず雲にアクセスすることができる」と発言して注目を浴びたことに由来するという．その後，2006 年にアマゾン（Amazon.com, Inc.）が企業向けのクラウドサービスとして Amazon EC2/S3 の提供を開始，2008 年にグーグルが Google Cloud Platform の提供を開始，2010 年にマイクロソフト（Microsoft Corporation）が Microsoft Azure の提供を開始してクラウドコンピューティング市場が活性化した．

末筆ながら，クラウドコンピューティングを**クラウドソーシング**（crowd sourcing）と混同しないように注意する．ちなみに，インターネットを介して企業が不特定多数の人々（crowd）に業務を発注する形態をクラウドソーシングという．

第2章の章末問題

問題1 企業の情報システムはその主たる機能の違いや運用法の違いから基幹系システムと情報系システムの2つに分類されることが多い．それらはどのようなシステムを指すのか説明してみなさい（それぞれ100字程度）．

問題2 3階層C/Sシステムについて次の問いに答えなさい．

(問1) 典型的な3階層C/Sシステムの概念図を示しなさい．

(問2) 3階層C/Sシステムを構築しようとする際に考慮しなければならない3つの機能（ロジック）とは何か，それをクライアントやサーバとの関係で説明しなさい（100字程度）．

問題3 データセンタが提供するサービスには，大別して，ハウジングとホスティングの2種類がある．それらはどのようなサービスか説明してみなさい（それぞれ100字程度）．

問題4 クラウドコンピューティング（cloud computing）はウェブ時代の新しいコンピューティングの形態をいうが，そのサービスの1つにSaaSがある．SaaSとは何か説明しなさい（100字程度）．

第3章 コンピュータと2進数

3.1 コンピュータと2進数

我々は10進数の世界に生きている．たとえば，モノを数えるときには0, 1, 2, 3, 4, 5, 6, 7, 8, 9, 10, 11, ... という具合に10を単位にしている．しかし，コンピュータは2進数の世界で生きている．なぜならば，コンピュータではさまざまな処理の基本が，電子素子に「電流が流れているかいないか」の2値に基づいているからである．したがって，コンピュータでは0, 1の次は2ではなく10である．ただ，この10は10進数の10（ジュウ）ではなく，2進数の10（イチゼロ）である．そのことを区別するために(あるいは区別することが必要なときには)，2進数の10を$(10)_2$で，10進数の10を$(10)_{10}$で表す．このとき下付き文字の2や10を**基数**（radix）という．言うまでもないが，10進数の2がなぜ2進数では10になるかというと，$(2)_{10} = 1 \times 2^1 + 0 \times 2^0 = (10)_2$であるからである．一般に，10進数の数字$m$は2進数の世界では，$(m)_{10} = a_{n-1} \times 2^{n-1} + a_{n-2} \times 2^{n-2} + \cdots + a_1 \times 2^1 + a_0 \times 2^0$となる係数$a_{n-1}, a_{n-2}, \ldots, a_1, a_0$（ここに，$a_{n-1} = 1$かつ$a_i$（$i = n-2, \ldots, 0$）は1か0）が表す2進数$(a_{n-1}, a_{n-2}, \ldots, a_1, a_0)_2$として表される．表3.1に**数**の10進数表現と2進数表現の対応を例示する．

表3.1 数の10進数表現と2進数表現

10進数表現	2進数表現
0	0
1	1
2	10
3	11
4	100
...	...
10	1010
11	1011
...	...

さて，コンピュータにおける数の表現について考える．数は，人間はマイナス無限大からプラス無限大まで，実際には数え上げることはできないかもしれないが，概念上は限りなくプラス無限大に近い大きな数や限りなくマイナス無限大に近い小さな数を頭の中で考えることができる．しかし，コンピュータにはそれはできない．コンピュータの中で表現できるものは数えることができるが，そうでないものは無きに等しい．現在のコンピュータはプログラム内蔵方式に基づいて動作しているが，そこではプログラム

もデータも**主記憶**(main memory)に格納される．主記憶には容量に限界があり，したがって，表現できる数に上限もあり下限もあることになる．たとえば，1語(**word**，コンピュータが動作する際に主記憶をアクセスする単位)が1バイト(byte = 8 bits)で32語からなる主記憶を持つ**トイコンピュータ**(toy computer，おもちゃのようなコンピュータ)を考えてみる．図3.1にこのトイコンピュータの主記憶を示す．

このトイコンピュータは第5章でコンピュータの動作原理を学ぶときに再度現れるが，1語(図では横の並びとして表されている8ビット(= 1バイト)長のビットの並び)を**命令**(instruction)として使った場合には上位3ビットを**命令部**，下位5ビットを**アドレス部**として使うというモデルなので，2^5 (= 32) 個の番地を振れる．したがって，0番地から始まり31番地がこの主記憶の最大番地となる(コンピュータは2進数の世界なので，ものの始まりは0ビットが並ぶ，つまり0が基点なので，番地も0番地から始まる．また，横並びでビット列を表した場合，左が**上位ビット**，右に行くにしたがって**下位ビット**となる．これは2進数を一般に $a_{n-1} \times 2^{n-1} + a_{n-2} \times 2^{n-2} + \cdots + a_1 \times 2^1 + a_0 \times 2^0$ と表すことに対応させているからである)．

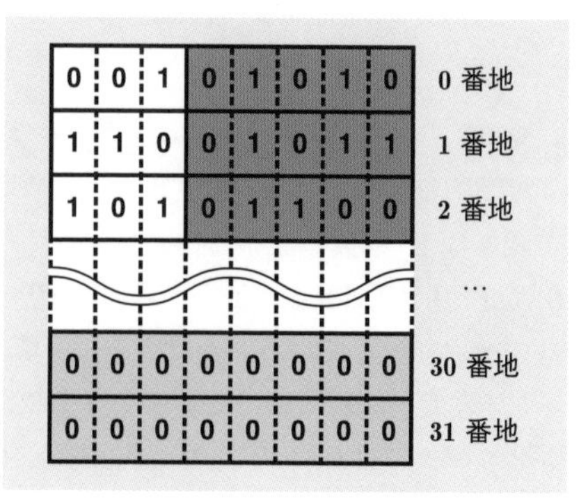

図3.1 1語が1バイトの主記憶の例

さて，そうすると，命令ではなくデータを表現する場合には1語(= 8ビット)使えることになる．しかし，数の正負も取り扱いたいので，8ビットを丸々数の表現そのものに使うわけにはいかない．そこで，1語の**最上位ビット**は数の正負を表すビットとする．そうすると，7ビットが数の大きさを表すために使えるから，$1 \times 2^6 + \cdots + 1 \times 2^1 + 1 \times 2^0 = 127$ により，最大127の数字まで表せる．したがって，最上位ビットが0のとき正を，1のとき負を表すことにすれば，このトイコンピュータでは −127〜+127の数字を扱えることになる．なお，最上位ビットが1ではなく0のとき正とするのは，$(01111111)_2 = (127)_{10}$ であり自然であるからである．この様子を図3.2に示す．

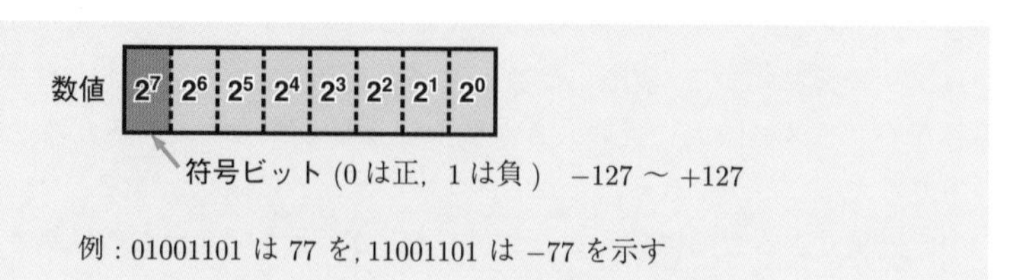

図3.2 トイコンピュータにおける数の表現

3.2　補数を用いた四則演算の実現

算術演算の基本は加減乗除の四則演算である．本節の狙いは「補数を使うことで，四則演算はすべて加算のみで行えること」を示すことにある．つまり，コンピュータを作るにあたっては，補数をとることのできる補数器を作っておけば，後は加算器を用意するのみで四則演算が実現できるというわけである．この体系を見てみる．

3.2.1　加　　算

$6 + 7 = 13$ という加算を 2 進数の世界で行う概念は，$(6)_{10} = (0000110)_2$，$(7)_{10} = (0000111)_2$ であるので，次のようになる．

$$0000110 + 0000111 = 0001101 \ \ (= (13)_{10})$$

つまり 0000110 と 0000111 を**加算器**（adder）に入力すれば出力として 0001101 が出力されるというわけである．この様子を図3.3に示す．

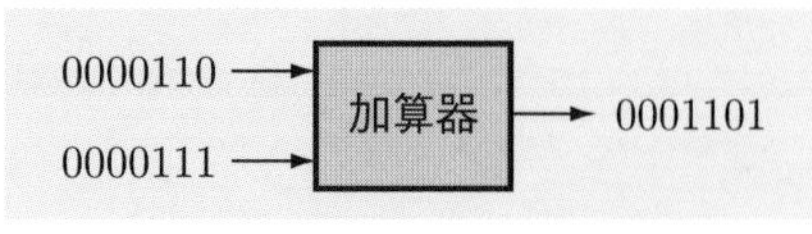

図3.3　加算器による加算の例

本章で想定しているトイコンピュータで表せる数字の大きさは -127〜$+127$ であった．しからば，加算器に $(50)_{10} = (0110010)_2$ と $(100)_{10} = (1100100)_2$ を入力したらどうなるであろうか？ 期待する加算の結果は 150 であるがこれはこのトイコンピュータで表現できる数の大きさの上限を超えている．出力されるのは，$(22)_{10} = (0010110)_2$ である．これは上位 8 ビット目に繰り上がった本来 $(128)_{10} = (10000000)_2$ が $(150)_{10}$ から差し引かれた数，つまり $(22)_{10}$ を出力としたというわけである．このような現象を**オーバフロー**（overflow，あふれ）という．

加算器は論理回路を素子として用いて作り上げることができるが，これについては 3.4 節で示す．

3.2.2　乗　　算

$$n \times m = \underbrace{n + n + \cdots + n}_{m\ 回}$$

図3.4　乗算と加算の関係

乗算は加算で計算できることは直観的に分かる．なぜならば，$n \times m$ を計算するということは，n を m 回足せばよいからである．この様子を図3.4に示す．乗算は加算に還元されるとはいえ，上記のようにただ単純に加算を必要回数分だけやればよいという考え方は愚直である．コンピュータでは数は 2 進数展開されているという観点に立ち戻ると，少しスマートな解法が見付かる．たとえば，7×5 を計算したいとしよう．図3.4に示した単純な考え方に基づいて加算器を用いると図3.5 (a) に示したような計算過程になるが，少し賢く考えると，$(5)_{10} = (101)_2$ なので，$7 \times 5 = 7 \times (1 \times 2^2 + 0 \times 2^1 + 1 \times 2^0)$ だから，7×5 の計算は図3.5 (b) のように加算器を1個だけ使ってできることが分かる．ただし，この場合，$(7)_{10}$ を表すビット列 $(111)_2$ を 2^2 倍する，つまり左に2ビットだけ移動する**シフタ**（shifter）を用意する必要がある．

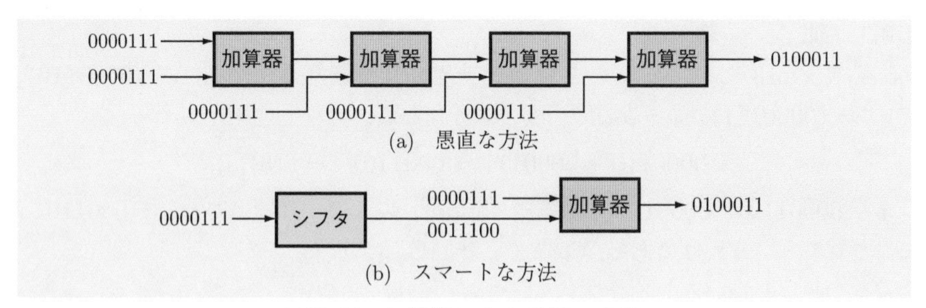

図3.5 加算器による乗算の実現

3.2.3 補数と減算

「引き算を足し算で実現する」ことを考える．考え方は次の通りである．

今，$n - m$ を計算したいとしよう．このとき，m よりも大きな数を N とすれば，$n - m = n + (N - m) - N$，ここに $N - m > 0$ となり，「$-N$」の部分を実際には行わなくてよいように工夫できれば，引き算は n と $N - m$ の足し算だけで実現できることになる．このとき，$N - m$ を m の N に対する**補数**（complement）という．

さて，その仕掛けであるが，今，我々が考えているコンピュータは図3.1に示したように1語8ビットの主記憶を持ち，図3.2に示したようにデータを表す語の最上位ビットは符号ビットである．そこで，N を $(128)_{10} = (10000000)_2$ とおく．そうすると $n + (N - m)$ なる計算結果から N をマイナスするということは，$n + (N - m)$ なる計算結果が $(127)_{10}$ を超えて最上位8ビット目に桁上げがあったとすれば，そこから N を引くということで答えは**正**とすればよいのであり（実際には N を引くという操作は行わないことに注意する．桁上げがあれば答えは正という判断だけを要求される），一方，桁上げがなければ答えは**負**になるはずで，その場合は $n + (N - m)$ なる計算結果の補数をとった値を $n - m$ の計算結果として返せばよい．補数をとる装置を**補数器**（complementer）という．

$13-5=8$ を計算する例

我々のトイコンピュータでは $N=(128)_{10}=(10000000)_2$ である．したがって，5 の N に対する補数は $(1111011)_2$ となる．$(13)_{10}=(1101)_2$ なので，$(1101)_2+(1111011)_2$ を計算すると，この場合結果は $(10001000)_2$ となり，最上位 8 ビット目への桁上げがあることが分かる．つまり，答えは正で $(1000)_2=(8)_{10}$ となることが分かる．

$5-13=-8$ を計算する例

我々のトイコンピュータでは $N=(128)_{10}=(10000000)_2$ である．したがって，13 の N に対する補数は $(1110011)_2$ となる．$(5)_{10}=(101)_2$ なので，$(101)_2+(1110011)_2$ を計算すると，この場合結果は $(1111000)_2$ となり，最上位 8 ビット目への桁上げがないことが分かる．桁上げがないと $N=(128)_{10}=(10000000)_2$ をそれから引くことはできないから，結果の $(1111000)_2$ の N に対する補数をとる．この場合，補数は $(10000000)_2-(1111000)_2=(1000)_2=(8)_{10}$ なので，答えは負で $-(1000)_2=-(8)_{10}$ となることが分かる．

3.2.4 除　　算

除算は基本的には引き算で実現できる．上述の通り，引き算は補数を使うと足し算で実現できるから，除算も加算だけで実現できることになる．まず，簡単に $20\div 10=2$ を計算してみる．そのために $20-10$ を実行する．つまり $20-10=20+(N-10)-N$ を実行する．その結果は $(10)_{10}=(1010)_2$ であり，続いて $10-10$ を実行する．その結果は 2 回減算したら余りが 0 になったので 2 が答えとされる．もし，$23\div 10$ の場合は 3 回目の減算で余りが負となることが分かるから，答えは 2 となる（余りは無視される）．

3.2.5 小 数 の 表 現

上記では整数を扱ってきたが，**小数**を扱うことも勿論可能である．一般に小数は次のように表される．

$$a_{n-1}\times 2^{n-1}+\cdots+a_1\times 2^1+a_0\times 2^0+a_{-1}\times 2^{-1}+\cdots+a_{-m}\times 2^{-m}$$

たとえば，$(12.375)_{10}$ を 2 進数で表現すると，

$$12.375=8+4+\frac{1}{4}+\frac{1}{8}$$

なので，$(1100.011)_2$ となる．これは **2 進浮動小数点表示**では $(.1100011)_2\times 2^4$ となる．$(.1100011)_2$ を**仮数部**，2^4 を**指数部**という．

3.3 論理回路

論理回路（logic circuit）とは論理演算を行う電気回路のことをいう．1つ以上の2値入力（オンまたはオフなどの2つの状態のいずれかをとる）と単一の2値出力がある．特定の機能を実行する論理回路を**論理ゲート**（logic gate）と呼ぶ．最も基本的な論理ゲートには，論理関数AND，OR，及びNOTを実行するANDゲート，ORゲート，及びNOTゲートがある．論理ゲートはダイオードやトランジスタなどを使用して実現できる（4.2節）．なお，論理回路はその出力が過去の入力には依存せず，現在の入力によって一意的に決まる**組合せ回路**（combinatorial circuit）の一種である．ちなみに，出力が現在の入力のみならず過去から現在までの入力の系列によって決まる回路は順序回路（sequential circuit）といわれて区別される．論理ゲートには他に，論理関数NAND，NOR，XOR，及びXNORを実行するNANDゲート，NORゲート，XORゲート，及びXNORゲートがある．なお，

$$X \,\mathrm{AND}\, Y = (X \,\mathrm{NAND}\, Y)\,\mathrm{NAND}(X \,\mathrm{NAND}\, Y),$$
$$X \,\mathrm{OR}\, Y = (X \,\mathrm{NAND}\, X)\,\mathrm{NAND}(Y \,\mathrm{NAND}\, Y),$$
$$\mathrm{NOT}\, X = X \,\mathrm{NAND}\, X$$

なので，NANDゲートのみでANDゲート，ORゲート，NOTゲートを作ることもできるが（NORについても同様），本書では，ANDゲート，ORゲート，及びNOTゲートを基本論理ゲートと呼び，以下，それらを説明する．

3.3.1 ANDゲート

ANDゲート（AND gate）は2入力（XとYとする）1出力（Zとする）の組合せ回路で，表3.2 (a) に示される入出力関係を持つ．このような表を**真理値表**（truth table）という．つまり，入力のXとYの両方が1（=ON）とならなければ，出力は1（=ON）にならないという論理演算素子である．$Z = X \,\mathrm{AND}\, Y$と書く．

3.3.2 ORゲート

ORゲート（OR gate）は2入力（XとYとする）1出力（Zとする）の組合せ回路で，表3.2 (b) に示される入出力関係を持つ．つまり，入力のXあるいはYのうち少なくとも1つが1（=ON）になれば，出力も1（=ON）になるという論理演算素子である．$Z = X \,\mathrm{OR}\, Y$と書く．

3.3.3 NOTゲート

NOTゲート（NOT gate）は1入力（Xとする）1出力（Zとする）の組合せ回路で，表3.2 (c) に示される入出力関係を持つ．つまり，入力Xが1（=ON）にな

れば，出力は 0（=OFF）になり，0 になれば 1 になるという論理演算素子である．$Z = \mathrm{NOT}\, X$ と書く．

表3.2　AND ゲート，OR ゲート，NOT ゲートの真理値表

X	Y	Z
0	0	0
0	1	0
1	0	0
1	1	1

(a)　AND ゲート

X	Y	Z
0	0	0
0	1	1
1	0	1
1	1	1

(b)　OR ゲート

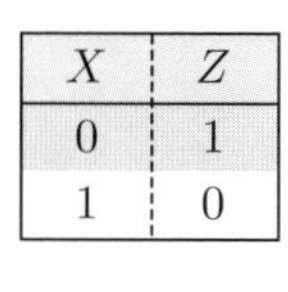

X	Z
0	1
1	0

(c)　NOT ゲート

図3.6 に MIL 規格の MIL-STD-806 が規定した **MIL 論理記号**（MIL logic symbols）を用いてこれらの論理ゲートを表す．

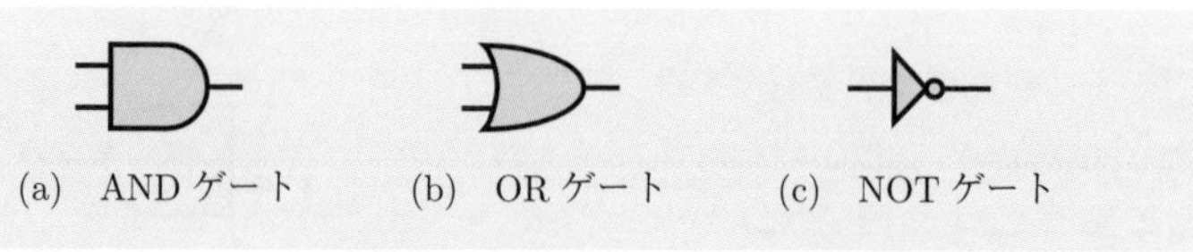

図3.6　AND ゲート，OR ゲート，NOT ゲートを表す MIL 論理記号

3.4　四則演算の論理回路による実現

3.2 節で，補数を用いることで四則演算はすべて加算のみで行えることを示した．そこで，前節で示した AND ゲート，OR ゲート，そして NOT ゲートを用いることで，実際に「足し算」をする論理回路，つまり加算器（adder）を作れることを示して，四則演算はすべて論理回路で実現できることを示す．以下，順に，半加算器，全加算器，n ビット加算器（= 加算器）と作成していく．

3.4.1　半　加　算　器

半加算器（half adder）とは 1 桁の 2 進数の足し算をする論理回路である．1 桁の 2 進数を X と Y で表せば，半加算器の真理値表，つまり半加算器が行わなくてはならないこと，は表3.3 に示す通りである．表中，$\boldsymbol{C}$ は桁上がり（carry，2^1 の位．上位ビット）を，$\boldsymbol{S}$ は和（sum，2^0 の位．下位ビット）を表すビットである．

表3.3　半加算器の真理値表

X	Y	C	S
0	0	0	0
0	1	0	1
1	0	0	1
1	1	1	0

したがって，1 桁の 2 進数の足し算をする半加算器は表に示される真理値表を満た

す論理回路を作成する問題に帰着されたことが分かる．

さて，この回路は X と Y の値の4つの組合せに対して C，S がそれぞれその真理値表を満たすように動作すればよい．つまり，C を実現するには表3.4の真理値表を満たす論理回路を見付ければよい．

一方，下位ビット S を実現するには表3.5の真理値表を満たす論理回路を見付けて，それら2つの回路を合体すればよい．

表3.4 上位ビット C の真理値表

X	Y	C
0	0	0
0	1	0
1	0	0
1	1	1

表3.5 下位ビット S の真理値表

X	Y	S
0	0	0
0	1	1
1	0	1
1	1	0

さて，表3.4の真理値表を満たす論理回路を見付けることから始める．これは非常に簡単で，1つのANDゲートで実現できることは明らかである．したがって，図3.7に示す論理回路となる．

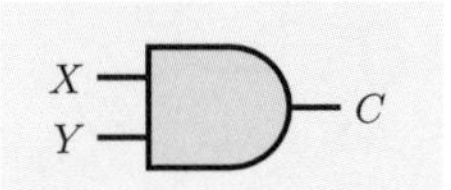

図3.7 上位ビット C を実現する論理回路

次に，下位ビット S の実現を考える．この論理回路の実現はそれほど直観的ではない．しかしながら，出力が入力の X と Y が共に（0か1に）揃ったときに0となり，そうでないときは1となる特徴に着目すると，図3.8に示す論理回路に気が付くはずである．

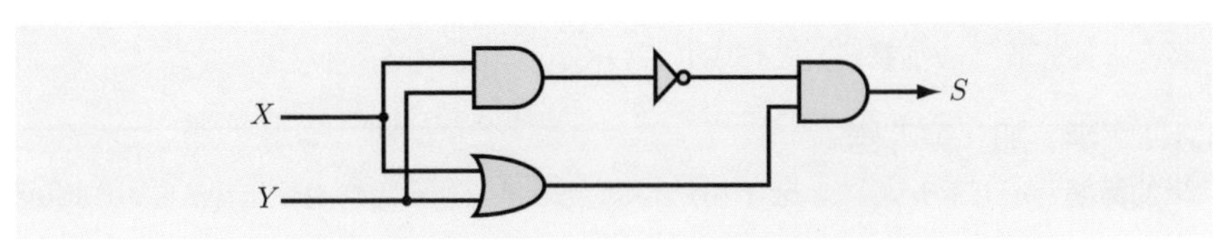

図3.8 下位ビット S を実現する論理回路

したがって，1桁の2進数の足し算をする半加算器は図3.7及び図3.8を合体すればでき上がり，それは図3.9のようになる．

このように，半加算器はANDゲート，ORゲート，NOTゲートを用いて作り上げられることを知った．

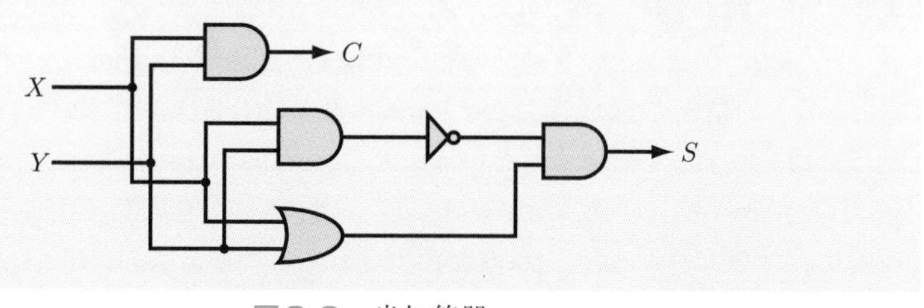

図3.9　半加算器

3.4.2 全 加 算 器

全加算器（full adder）は下位ビットからの桁上げ入力を勘案して，1 桁の 2 進数の足し算をする論理回路である．1 桁の 2 進数を X と Y，下位ビットからの桁上げ入力を Z で表せば，全加算器の真理値表，つまり全加算器が行わなくてはならないこと，は表3.6に示す通りである．表中の C と S は表3.3に同じである．

表3.6　全加算器の真理値表

X	Y	Z	C	S
0	0	0	0	0
0	0	1	0	1
0	1	0	0	1
0	1	1	1	0
1	0	0	0	1
1	0	1	1	0
1	1	0	1	0
1	1	1	1	1

全加算器は 2 個の半加算器と 1 個の OR ゲートを用いて，図3.10に示される論理回路で実現できる．たとえば，入力が $X = 0$，$Y = 1$，$Z = 1$ のとき，出力が $C = 1$，$S = 0$ となることが確かめられよう．

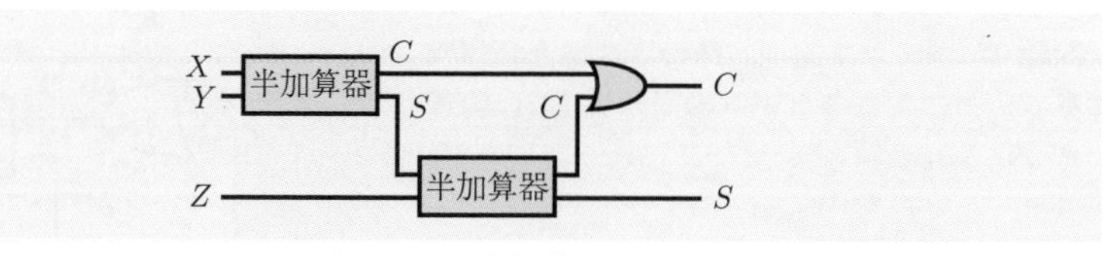

図3.10　全加算器

3.4.3 加 算 器

さて，一般に n ビットの2進数の和を計算する**加算器** (adder)，これを n ビット加算器という，の構成を図3.11に示す ($n = 3$ の場合を図示している)．このとき，たとえば，$101 + 011$ を計算するということは，$X = 101$，つまり $X_0 = 1$，$X_1 = 0$，$X_2 = 1$，$Y = 011$，つまり $Y_0 = 1$，$Y_1 = 1$，$Y_2 = 0$ として図に示した3ビット加算器に各々を入力すると，1000が出力される，つまり $S_0 = 0$，$S_1 = 0$，$S_2 = 0$，$C = 1$ となり，所望の計算が行われていることが確かめられる．

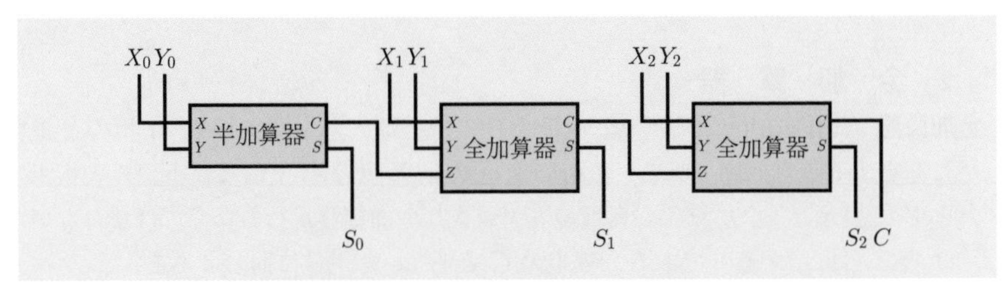

図3.11 n ビット加算器 ($n = 3$ の場合)

第3章の章末問題

問題1 コンピュータでは減算は補数を使うと加算で実行可能である．これはどういうことかを，$13 - 5$ を補数を使って計算することで確認してみたい．次の問いに答えなさい．ここに，想定するコンピュータでは1語 (= 8ビット) で数字を表し，最上位ビットは符号ビットとする．

(問1) 13を2進数で表しなさい．

(問2) $N = (10000000)_2$ に対する5の補数を求めなさい．

(問3) $13 + (N - 5)$ の計算結果を示しなさい．

(問4) 問3で得られた結果を説明しなさい．

問題2 10進数10.0625を2進数で表現しなさい．

問題3 論理関数NANDとはNot ANDの略である．次の問いに答えなさい．

(問1) NANDの真理値表を作成しなさい．

(問2) NANDゲートをNOTゲートとANDゲートを使って実現しなさい (MIL論理記号を使用すること)．

問題4 図に示す論理回路の真理値表を作成しなさい．ここに各ゲートの記号はMIL論理記号で描かれている．

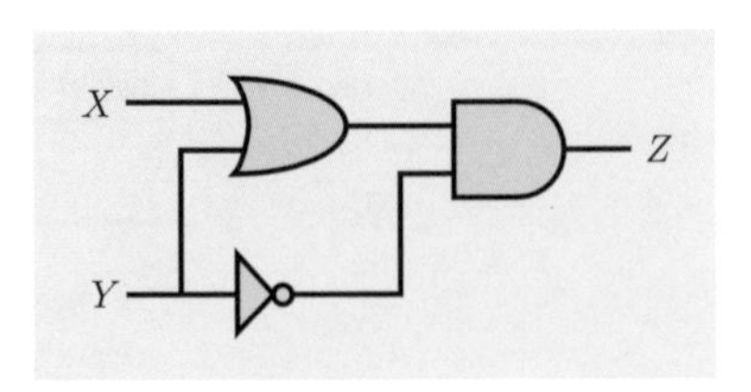

第4章 マイクロプロセッサ

4.1 論理演算素子としてのダイオードとトランジスタ

コンピュータでの処理は論理的で，1か0かのデジタルな世界である．すなわち，論理回路を構成する基本素子には電流が流れているか（ONの状態，あるいは1の状態），流れていないか（OFFの状態，あるいは0の状態）のどちらかの状態を実現できる**スイッチング素子**（switching element）としての機能が求められる．第1世代コンピュータではリレー（継電器）や真空管がこのための素子として使われた．第2世代以降はダイオードとトランジスタがこのための素子として使われているが，第2世代コンピュータでは部品としてのダイオードやトランジスタを組み立ててプロセッサ（= CPU）を作り上げていた．しかし，第3世代や第4世代コンピュータでは，プロセッサはダイオードやトランジスタはその他の部品と一体化されてIC（集積回路）として製造されることとなった．そして，ICの発展形であるマイクロプロセッサ（microprocessor）には現在，数十億個のダイオードやトランジスタが集積されている．本節では，まずダイオードとトランジスタが電流をON/OFFできるスイッチとして動作する仕組みを概観する[15]．

4.1.1 ダイオード

ダイオード（diode）とは，一方通行で電流を流す整流器の役目を果たす半導体素子である．図4.1 (a) に示すように，それはn型半導体とp型半導体を接合してでき上がる．ここに，n型半導体とp型半導体は，純粋なシリコンは電気を通さないが，ある種の不純物を加えるとその結晶構造が変化して導電性を持つことになる結果として生まれる．たとえば，ホウ素が入った

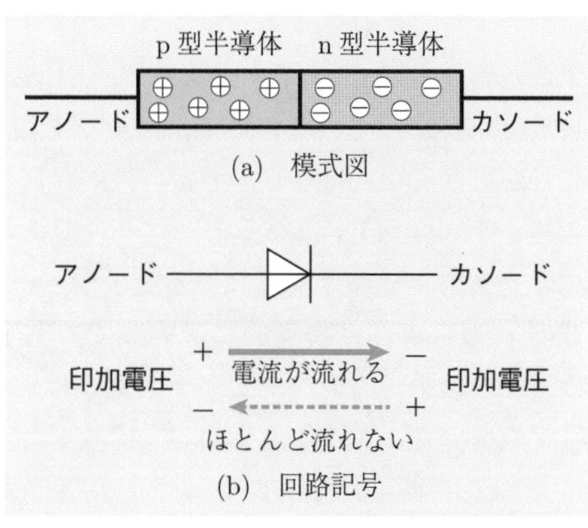

図4.1 ダイオードの模式図と回路記号

シリコンはプラス（positive，正孔が多く電子が少ないので，正孔が電荷を運ぶ半導体）の性質を持つp型半導体となり，リン（燐）が入ったシリコンはマイナス（negative，正孔より電子が多いので，自由電子が電荷を運ぶ半導体）の性質を持つn型半導体となる．シリコンはこのように不純物を加えることにより導電性を有するようになるので**半導体**（semiconductor）と呼ばれる．このとき，n型半導体の**カソード**に負電位を，p型半導体の**アノード**に正電位をかけるとダイオードに電流が流れるが，逆にするとほとんど電流は流れない（全く流れないわけではない．つまりこの向きの抵抗が極めて高くなるということである）．これは，カソード側は（n型半導体なので）電子が多く，アノード側に正電位がかかると電子がそちらに移動を開始し，逆にアノード側の正孔はカソード側の負電位に引かれて移動を開始するので，その結果，アノード側からカソード側に電流が流れることになるという理屈から理解できよう．図4.1 (b)に日本産業規格JIS C0617-5電気用図記号に準拠したダイオードの回路記号を示す．

4.1.2 トランジスタ

トランジスタ（transistor）には，バイポーラ（bipolar）トランジスタ，電界効果（field effect）トランジスタなど，実現方式の違いにより幾つかのタイプがあるが機能としては同じである．ここでは，最も基本的なバイポーラトランジスタである**NPN型バイポーラトランジスタ**を例にとり，トランジスタが電子的なスイッチとして働く原理を理解する．図4.2 (a)にNPN型バイポーラトランジスタの模式図を示す．この図の下方のn型半導体の部分を**エミッタ**（emitter，E），中央のp型半導体の部分を**ベース**（base，B），上方のn型半導体の部分を**コレクタ**（collector，C）という．図4.2 (b)にJIS C0617-5に準拠したその回路記号を示す．エミッタの矢印は電流を流す向きを示している．つまり，電流はベースからエミッタに，またはコレクタからエミッタに流れる．トランジスタがスイッチング素子としての機能することを説明するために図4.3を示す．スイッチAがOFFの場合，ベースであるp型半導体に正電位がかかっていないので，エミッタ側の電子がコレクタの正電位に引かれ電子の流れができることはなく，その結果，コレクタとエミッタ間に電流は流れない．一方，スイッチAがONになると，ベースであるp型半導体に正電位がかかり，その結果エミッタ側のn型半導体にある電子がベースであるp型半導体に流れ込み，更にベースのp型半導体は物理的に薄いので，電子がベースを突きぬけてコレクタに流れ込む．その結果，コレクタとベース間には逆方向の電圧がかかっているので電子の流れはできないが，エミッタからコレクタに電子の流れができて（つまり，コレクタからエミッタに電流が流れて），トランジスタが導通状態になり，回路2に電流が流れてランプが点く．スイッチAをOFFにするとその電流の流れは止まり，消灯する．すなわち，スイッチ A の ON/OFF で回路 2 が ON/OFF する．これが**スイッチング**（switching）である．トランジスタのベース（B）に正電位がかかるかかからないかで回路 2 に電流が流れるか流れないかの制御ができるという意味で，ベース（B）はゲート（gate，水門）の役目をしていることを注意しておきたい．なお，第 1 世代のコンピュータの演算素子に使われたリレーも同じ動作をする．

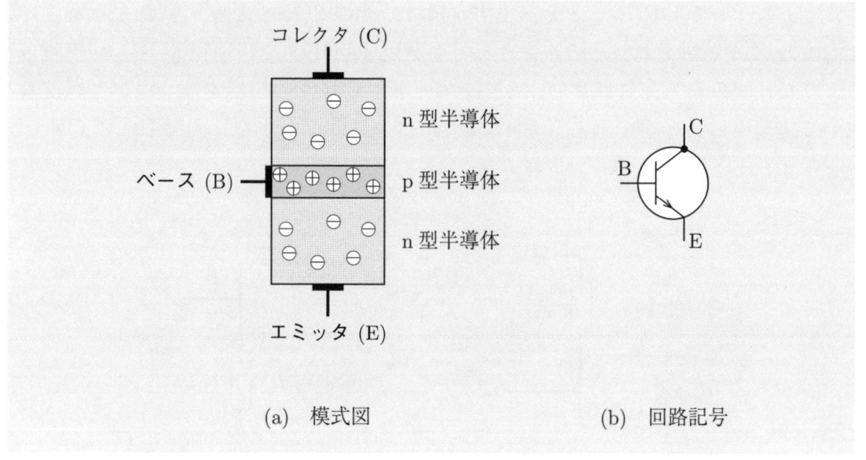

図4.2　NPN 型バイポーラトランジスタの模式図と回路記号

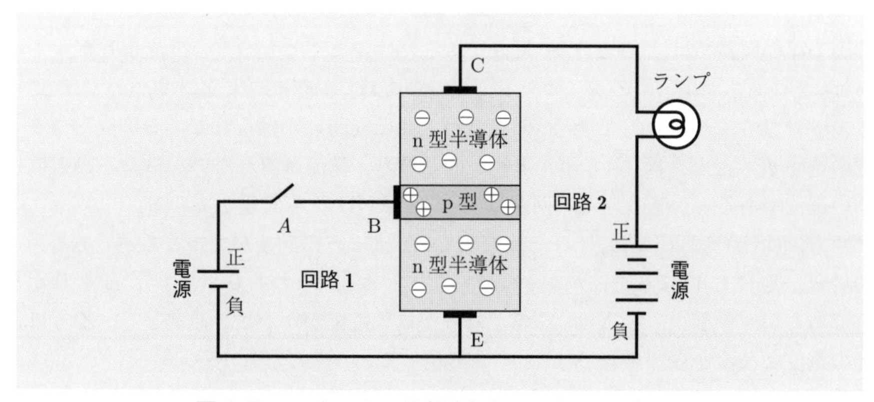

図4.3　スイッチング素子としてのトランジスタ

4.2 論理ゲートの実現

論理ゲートはダイオードやトランジスタなどを使用して実現できる．本節では AND ゲート，OR ゲート，NOT ゲートについてその実現法を見ていく．

4.2.1 AND ゲートと OR ゲートの実現

AND ゲートや OR ゲートを実現するには，その 2 入力 X，Y にかかる電位に応じて出力 Z が制御され，その結果として論理積（AND）や論理和（OR）が実現されるような仕組みを考えればよい．AND ゲートや OR ゲートはダイオードと抵抗器を用いて実現することができる．図4.4 (a) に AND ゲートを，同図 (b) に OR ゲートを示す．

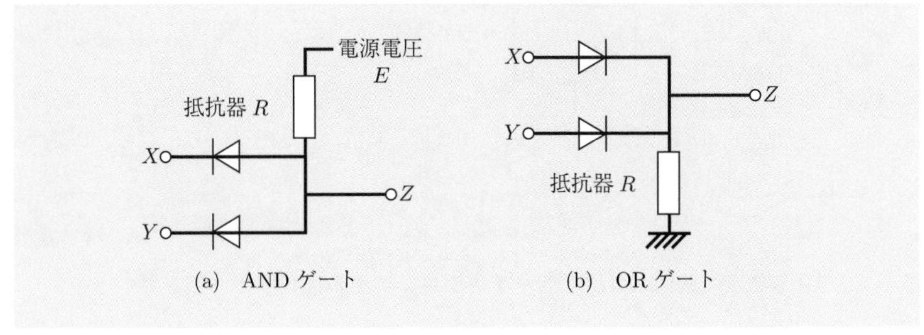

図4.4 ダイオードによる AND ゲートと OR ゲートの実現

図 (a) の回路では，X と Y の両方，あるいは少なくとも一方の電位が 0 ボルトならば，2 つあるいは一方のダイオードに電流が流れて，その結果 Z の電位は（ほぼ）0 ボルトになる．しかし，X と Y の電位が，共に回路にかけられている電位，つまり電源電圧 E（たとえば，+5 ボルト）と同じなら，電流は流れないから，Z の電位はその電位である．つまり，この回路は $Z = X \text{ AND } Y$ を実現している．

一方，図 (b) の回路では，(a) と比較してダイオードの向きが 2 つとも逆である．この場合，X にも Y にも電位がかかっていないとき（すなわち 0 ボルト），Z も 0 ボルトであるが，少なくとも X か Y のどちらかに正電位がかかると通電して，Z もほぼその電位となるから，$Z = X \text{ OR } Y$ を実現していることが分かる．

4.2.2 NOT ゲートの実現

NOT ゲートはダイオードだけでは実現できない．ここでは，NPN 型バイポーラトランジスタ 1 個を使った NOT ゲートの実現を 図4.5 に示す．トランジスタのベースに入力として正電位がかかるとトランジスタは導通状態になり，トランジスタの両端の電圧がほぼ0ボルトになることで，出力の電位がほぼ0ボルトになる（OFFの状態）．一方，トランジスタのベースの入力の電位が0ボルトでは導通状態でなくなることからトランジスタの両端に電圧がかかり出力は電源電圧 E とほぼ同じとなる（ONの状態）．つまり，出力 $Z = \mathrm{NOT}\,X$ となりNOTゲートが実現されている．

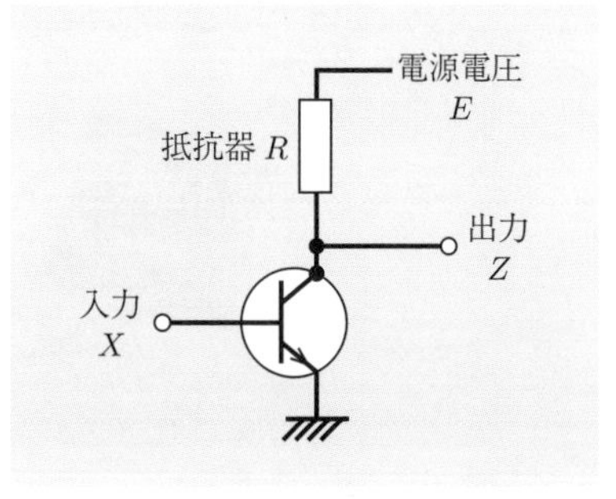

図4.5　トランジスタによるNOTゲートの実現

4.3 マイクロプロセッサ

1つの集積回路（IC）として製造されたCPUのことを**マイクロプロセッサ**（microprocessor）という．CPUといわずにマイクロプロセッサというのは，それが超小型（micro）に作り上げられていることを表すためである．集積回路としてのCPUが多数形成されたシリコンウェハをさいの目に切った（数ミリ角の）小片を**プロセッサダイ**（processor die，単にダイ）とか**半導体チップ**（semiconductor chip，単にチップ）という．プロセッサダイは微細なので，外部と電気信号のやり取りをし易くする，衝撃や湿度や熱から守る，逆に内部で発生した熱を効率良く放熱する，部品として使い易くする，検査し易くする，などさまざまな目的を達成するために小さなパッケージに封入される（パッケージ化される）．ムカデのような型をした最も基本的で歴史の古いDIP（dual inline package）やSOP，BGAなどさまざまなパッケージ法がある．プロセッサダイをパッケージ化することでマイクロプロセッサができ上がる．

さて，世界で初めてのマイクロプロセッサはインテル（Intel Corp.）が1971年に世に出した**4004マイクロプロセッサ**である．マイクロコンピュータ（microcomputer）用のCPUとして開発され，その外観は図1.4 (b) に示したが，4ビットのCPUで，パッケージは16ピンのDIP型，2,300個のトランジスタが集積され，動作周波数は750 kHzであった．その後，1993年に**Pentium**（ペンティアム）**プロセッサ**が世に出ているが，これはインテルブランドを確立したマイクロプロセッサで，この1個の**VLSIチップ**，すなわち形成された集積回路がVLSIの半導体チップ，に310万個ものトランジスタが集積されている．当時，Pentiumという名称は，高速・高性能の代名詞となり，米国では漫画やテレビのトークショーでも使われ，広く一般的に用いられる言葉となった．図4.6にPentiumプロセッサのパッケージとそこに封入されているプロセッサ

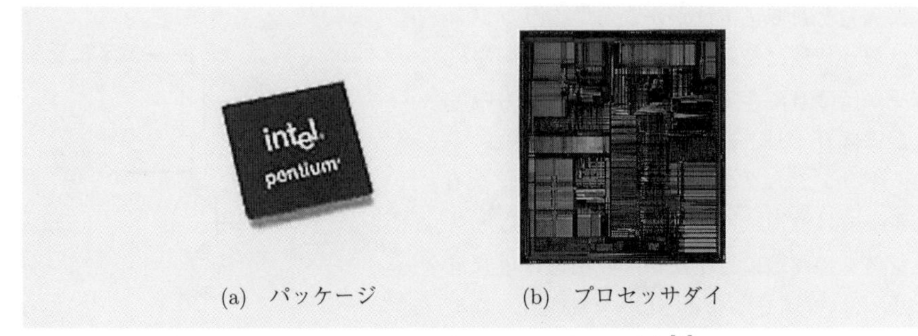

(a) パッケージ (b) プロセッサダイ

図4.6 Intel Pentium プロセッサ（1993年）[4]の
パッケージとプロセッサダイ（写真提供 インテル）

ダイを示す．その後もインテルはマイクロプロセッサを開発し続け，2000年には新世代デスクトップPC向けのマイクロプロセッサとしてPentium 4プロセッサを世に出した．Pentium 4プロセッサは4,200万個のトランジスタを集積し，動作周波数がGHz時代に突入したPC向けマイクロプロセッサとして，高度なマルチメディア処理やビデオ編集をより高速に行い，インターネット時代のリッチなコンテンツ（＝映像や音声などデータ量の大きいコンテンツのこと）を快適に処理できると謳（うた）った．その後，2006年に発表されたCore 2 Duoプロセッサでは2億9,100万個のトランジスタが集積されている．2021年にインテルは世界初の商用マイクロプロセッサであるIntelの4004を発表してから50周年を迎えたが，同年に発表された「第12世代インテルCoreプロセッサー・ファミリー」では，数十億個のトランジスタが集積され，動作周波数は最大5.2 GHzであるという[16]．かつて，1つのマイクロプロセッサに集積されるトランジスタの数について，インテルの共同設立者で元社長だったムーア（Gordon E. Moore）は1965年に「半導体チップを構成するトランジスタの集積度が24ヶ月で2倍に倍増する」ことを予測した．これを**ムーアの法則**と呼んでいるが，この法則はさまざまな技術革新のお陰で，まだ実績と符合しているという．

動作周波数

プロセッサの性能を表す指標の1つに**動作周波数**（operating frequency）がある．たとえば，2 GHzとか3 GHzとかいう表示である．動作周波数が2 GHzでは，1秒間に20億回**クロック**（clock，同期信号のこと）が刻まれるということを表している．これはプロセッサの動作基準となる時間の単位で，プロセッサの処理する命令はこの1クロックの整数倍の処理時間で実行されることになっている．この意味では動作周波数が高い方が性能の良いプロセッサ（を有するコンピュータ）であるといえる．ただし，1クロックあたりの処理内容はコンピュータにより異なるため，機種が変わると単純な比較はできない．ちなみに，インテルが1971年に世界で初めて開発した4004マイクロプロセッサの動作周波数は0.75 MHz（= 750 kHz）であったが，技術革新はすさまじく，Pentium 4やCore 2 Duoプロセッサでは GHzに突入し，最新の第12世代インテル Coreプロセッサー・ファミリーでは，最大5.2 GHzと謳っていることは上述の通りである．

4.4　マイクロプロセッサの製造技術

マイクロプロセッサ製造技術を概観する[4]．この技術を特徴付けるキーワードは「**○○ミクロン製造プロセス**」である．そのために，**VLSIチップ**をどのように製造するのかその概要を見てみる（実際の工程では数百ステップに及ぶという）．

(1)　直径が20 cmや30 cmの純粋な**シリコン**のインゴッド（ingot）を製造する．

(2)　シリコンインゴッドを約1 mmの厚さで輪切りにしてシリコンウェハを切り出す．

(3)　シリコンウェハの上に化学薬品とガスの使用，及び紫外光の照射により層状に3次元的にマイクロプロセッサを実現するための電子回路を形成する．1枚のシリコンウェハ上に格子状に数百～数千のVLSIが形成される．

(4)　シリコンウェハをダイヤモンドカッターで切って，VLSIを切り出す．切り出されたVLSIをプロセッサダイとかVLSIチップという（図4.6 (b)）．

(5)　切り出されたVLSIチップをパッケージに封入してマイクロプロセッサとする（図4.6 (a)）．

VLSIチップの製造で必ず押さえておかなければならない事柄に，**微細化**の一途を辿（たど）る製造プロセス技術がある．0.18ミクロン，0.13ミクロン，90 nm（ナノメートル），65 nmと順次微細化された数字が取り沙汰され，たとえば，**0.13ミクロン製造プロセス**という表現をとるが，これはどういうことか見てみる．ちなみに，1ミクロン（μm，マイクロメートル）とは100万分の1メートルを示し，1ナノメートル（nm）とは10億分の1メートルを示す長さの単位である．日本人の髪の毛の直径は約80ミクロン，インフルエンザウイルスの直径は約100ナノメートル（= 0.1ミクロン）である．なお，**ミクロン**という単位は1967年の国際度量衡（どりょうこう）総会で廃止されて，**マイクロ**という表現の方が望ましいとされているが，半導体業界では因習的にミクロンという表現をとっている．

さて，VLSIチップの製造プロセスで述べたように，マイクロプロセッサの中身は1つのダイとして製造されるので，面積の限られたシリコンウェハの上で（したがって，面積の限られたダイの上で）ダイオードやトランジスタをどれだけ沢山詰め込んで高性能な集積回路を作り上げられるかは，半導体の上に「どこまで細い線を描けるか」が勝負となり，マイクロプロセッサの製造プロセス技術はそれとの戦いとなった．たとえば，0.13 ミクロンプロセス技術というのは半導体上に 0.13 ミクロン幅の線を描ける技術をいう（したがって，髪の毛の直径に約 600 本の線が引けることになる）．微細化は一体どこまで可能なのかについては鋭意研究・開発が行われてきた．かつて 20〜30 nm が限界寸法ともいわれていたが，その後の技術革新により 10 nm〜14 nm でダイを製造している（インテル）．この微細化はマイクロプロセッサの性能向上のために突き詰めていかねばならない技術だが，一方で，同じ性能のチップを限られた面積のシリコンウェハ上でどこまで大量に製造することを可能にすることができるかという挑戦でもある．たとえば，同じ面積のシリコンウェハを使って 0.13 ミクロンプロセス技術で製造した場合は 0.18 ミクロンプロセス技術で製造した場合に比べて製造量は 1.9 倍（=(18 ÷ 13) の 2 乗）となる．もしシリコンウェハの直径を 20 cm から 30 cm にして，かつ 0.18 ミクロンから 0.13 ミクロンプロセス技術を使って製造すれば製造量は 4.3 倍になる．これが，性能向上に加えて，マイクロプロセッサ製造会社が製造プロセス技術で微細化をひたすら追求する理由である．この様子を図4.7に示す．なお，言うまでもないことであるが，生産性を上げるもう 1 つの因子は，歩留まりの向上に加えて，単位時間あたりに処理できるシリコンウェハの枚数を増やすことである．

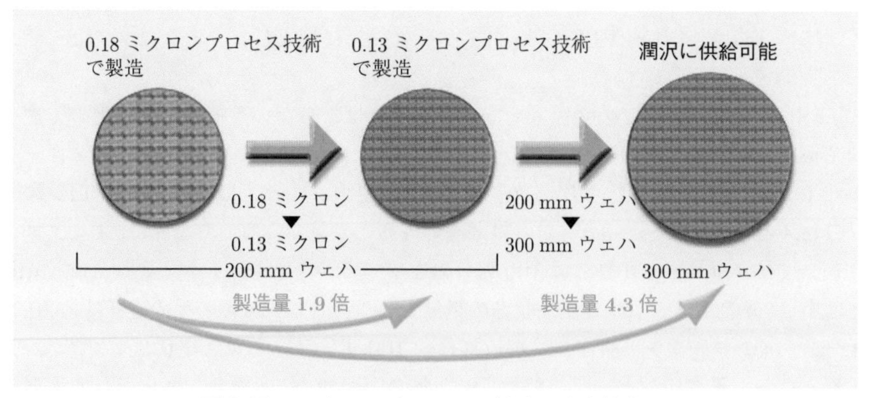

図4.7 マイクロプロセッサ製造の生産性向上

第 4 章の章末問題

問題 1　右図に示されている回路について，次の問いに答えなさい．

(問 1)　この回路はどのような論理ゲートを実現しているか答えなさい．

(問 2)　この回路の動作を説明しなさい（200 字程度）．

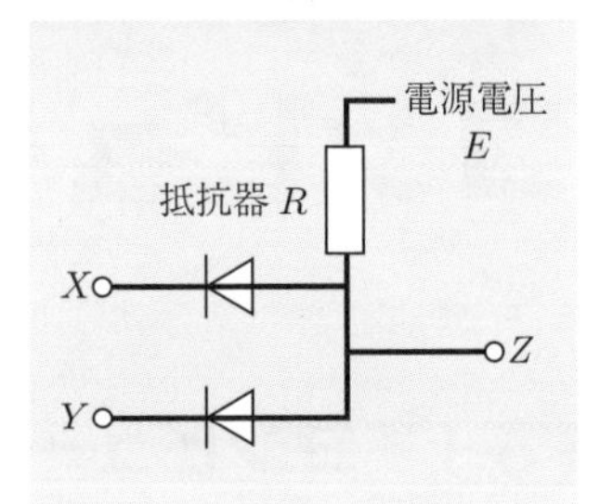

問題 2　右図に示されている回路について，次の問いに答えなさい．

(問 1)　この回路はどのような論理ゲートを実現しているか答えなさい．

(問 2)　この回路の動作を説明しなさい（100 字程度）．

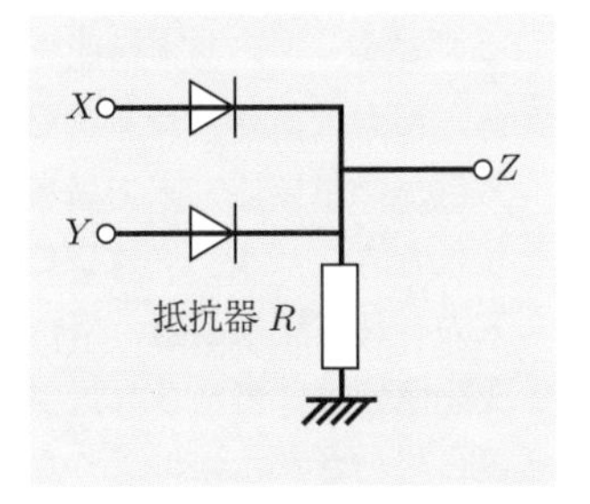

問題 3　右図に示されている回路について，次の問いに答えなさい．

(問 1)　この回路はどのような論理ゲートを実現しているか答えなさい．

(問 2)　この回路の動作を説明しなさい（200 字程度）．

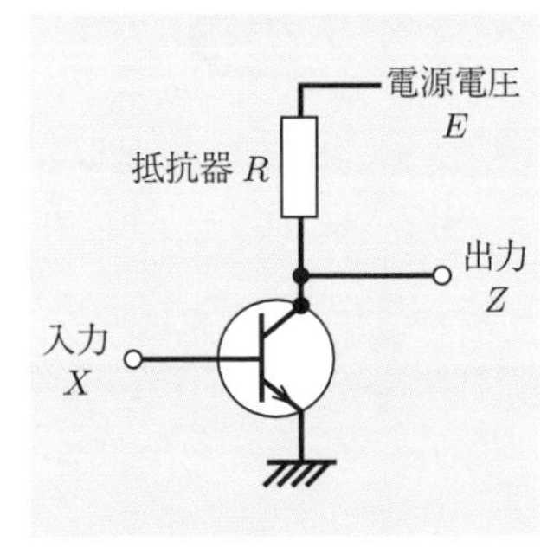

問題 4　VLSI チップの製造は「微細化」の歴史でもある．次の問いに答えなさい．

(問 1)　たとえば，「0.18 ミクロン製造プロセス」という表現があるが，これはどういうことか説明しなさい（50 字程度）．

(問 2)　同じ面積のシリコンウェハを使って 0.13 ミクロンプロセス技術で製造した場合は 0.18 ミクロンプロセス技術で製造した場合に比べて製造量は何倍になるのか答えなさい．

(問 3)　シリコンウェハの直径を 20 cm から 30 cm にして，かつ 0.18 ミクロンから 0.13 ミクロンプロセス技術に変更して製造すれば製造量は何倍になるのか答えなさい．

第5章
コンピュータの動作原理

5.1　コンピュータの基本構成

コンピュータの基本構成を図5.1に示す．中央処理装置（CPU），記憶装置，入力装置，出力装置からなり，CPUは制御装置と演算装置からなるので，制御装置，演算装置，記憶装置，入力装置，出力装置をコンピュータの5大装置という．

現代のコンピュータは**プログラム内蔵方式**なのでプログラムやデータは入力装置から入力され**主記憶装置**に格納される．主記憶装置に入りきらないような大量な場合は，**2次記憶装置**に格納され，主記憶装置と2次記憶装置の連携であたかも広大な主記憶装置に格納されたかのような状況を仮想的に作りだす．**CPU**は演算装置と制御装置からなる．**入力装置**はプログラムやデータを入力するためのキーボードなどを指すが，他にマウス，ジョイスティック，ライトペン，データグローブ，トラックボール，タッチパネル，イメージスキャナ，光学式文字読取装置（OCR），マイクロフォン，ビデオカメラなどもそうである．**出力装置**は結果を表示するためのディスプレイやプリンタ，

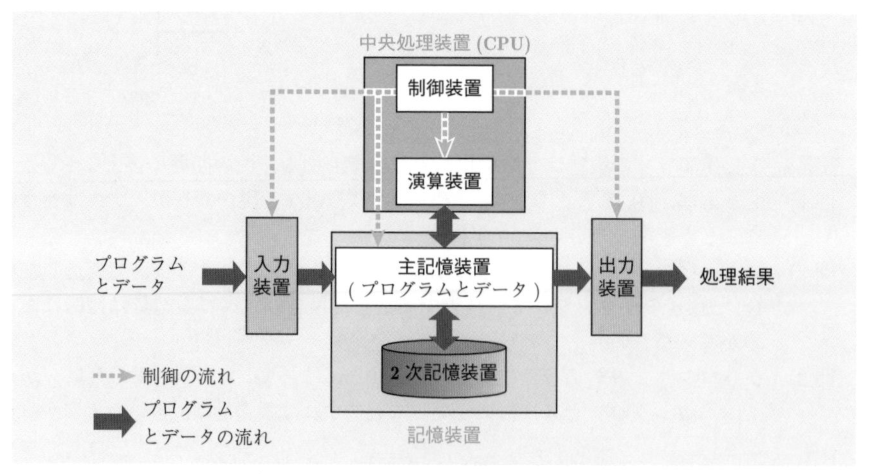

図5.1　コンピュータの基本構成

プロッタ，スピーカなどを指す．コンピュータが通信回線を介して他の機器とデータの送受を行うための通信制御装置（Communication Control Unit，CCU）は広義には出力装置に含まれる．以下，CPU と記憶装置について補足する．

5.1.1　CPU

中央処理装置（Central Processing Unit，**CPU**）は**演算装置**（processing unit）と**制御装置**（control unit）からなる．演算装置は B レジスタ，補数器，アキュムレータ，加算器などからなる．制御装置は命令制御装置（instruction control unit）と記憶制御装置（storage control unit）からなるが，命令制御装置はアドレスカウンタ，アドレスデコーダ，命令レジスタ，命令解読器などからなる．記憶制御装置の役目はアドレスデコーダから主記憶装置へのデータアクセスの制御を行うことにある．CPU を中核としたコンピュータの構成と動作を 5.4 節で詳述する．

5.1.2　記　憶　装　置

コンピュータの記憶装置は**主記憶装置**（main storage）と **2 次記憶装置**（secondary storage）からなり，それらは 2 階層構造をなしている．主記憶（main memory）には半導体メモリが使われる．**半導体メモリ**は機能面から見ると，データの読み書きができる RAM（Random Access Memory）と記録済みのデータを読むだけの **ROM**（Read Only Memory）に分かれる．RAM は更に **DRAM**（Dynamic Random Access Memory）と **SRAM**（Static Random Access Memory）に分かれる．DRAM は電荷により記録を維持するのでリフレッシュ（= データが失われないように一定期間ごとの再書込み）が必要であるなど SRAM より使いにくいが，1 ビットあたりの面積が小さくできるので高集積化に適しているため，半導体メモリといえば DRAM を指すほどに普及している．VLSI 技術の革新により，DRAM の 1 ビットあたりの単価はどんどん低くなり，PC の主記憶の容量はギガバイト（Giga Bytes，GB）オーダとなっている．しかしながら，半導体メモリを用いた記憶装置は電源が遮断されると記憶されていたデータが消滅してしまうという**揮発性記憶装置**（volatile storage）であることや，コンピュータ内に格納するプログラムやデータの量は主記憶装置のみで記録しておける量をはるかに超えてしまう場合が多いなどの理由から，主記憶装置と連動してコンピュータの記憶容量を増大させるための**不揮発性記憶装置**（nonvolatile storage）が必要とされる．それが **2 次記憶装置**で，磁性面記録技術を用いた HDD（Hard Disk Drive）や半導体技術による SSD（Solid State Drive）からなる．なお，SSD は HDD に比べて高速であるなどの利点を有するが，半導体を使用しているので書換え可能回数が少ない，データの保存期間が短いといった問題点が指摘されている（6.4.2 項）．

2 次記憶は主記憶との階層的組合せで仮想的にコンピュータの主記憶の容量を増大させ，それを不揮発性であるかのように見せかける．主記憶装置と 2 次記憶装置を比較すれば次のような特徴を有する．

主記憶装置：高速，小容量，高価格，揮発性
2 次記憶装置：低速，大容量，低価格，不揮発性

なお，主記憶の容量であるが，32 ビットアドレッシングでは 0 番地から始まり最大 $2^{32}-1$ 番地のアドレス空間しか張れないので 4 GB 程度が主記憶の最大サイズとなる（ちなみに，$2^{32}=4,294,967,296=$ 42 億 9496 万 7296）．一方，64 ビットアドレッシングになると勿論状況は異なる（ちなみに，$2^{64}=18,446,744,073,709,551,616=$ 1844 京 6744 兆 737 億 955 万 1616）．ここに，32（64）ビットアドレッシングとは主記憶に 32（64）ビットを使って番地を振り，各々の番地に格納されている命令やデータを直接レジスタにロード（load，読み込む）できる仕組みをいう．

さて，図5.2に典型的な記憶階層構造を示す．要点は主記憶と 2 次記憶がどのようにお互い協調して，アクセス速度が高く大容量で不揮発性の記憶装置を仮想的に実現するかである．基本は，プログラムとデータは最初 2 次記憶に格納しておき，実行に必要な部分だけを主記憶に持ってきて処理をするという**仮想記憶**（virtual memory）をオペレーティングシステム（OS）の力を借りて実現することにある．仮想記憶の実現については，6.3 節でより詳しくその仕組みを述べる．なお，図中 CPU 内部に設けられた高速な記憶装置を**キャッシュメモリ**（cache memory）という．キャッシュメモリに使用頻度の高いデータを蓄積しておくことにより，（それに比べれば）低速な主記憶へのアクセスを減らすことができ，処理を高速化することができる．

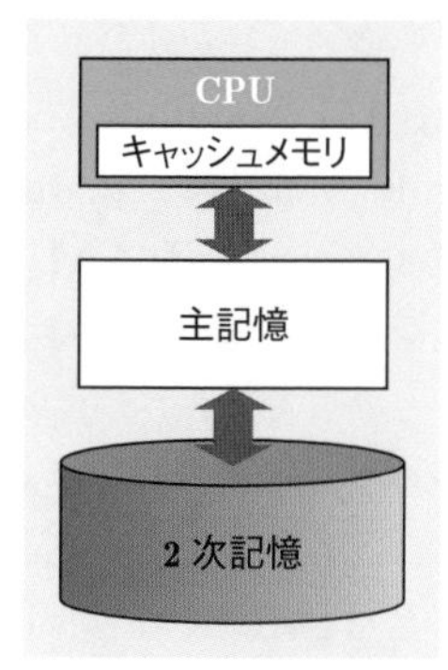

図5.2　記憶階層構造

5.2 コンピュータアーキテクチャ

コンピュータアーキテクチャ（computer architecture）という用語を最初にきちんと定義して用いたのは第 3 世代コンピュータの嚆矢（こうし）である **IBM System/360** シリーズの開発者，アムダール（G.M. Amdahl）らであり，その定義を一言でいえば「プログラマから見えるコンピュータの論理的な仕様」であったという．つまり，シリーズの上位機種と下位機種では価格や性能が当然のこととして異なるためにその実

現方法も異なってくるが，プログラマからは同じ仕組みに見える，すなわち「アーキテクチャが同じ」，ということを言わんがためであった．要するに，**アーキテクチャ**とは，コンピュータの概念的・抽象的な構造を指す言葉であり，一方，これを具体化する回路やプログラムの構造などは**実装**（インプリメンテーション，implementation）として区別する．したがって，抽象化される機能レベルに応じた構造が論じられることになる．抽象レベルが低いとコンピュータに直接命令し，それが直接理解できる言語である**機械語**（machine language）のレベルでコンピュータの機能を記述する機械語命令レベルアーキテクチャとなる．一方，Fortran や C 言語といった高級プログラミング言語レベルでアーキテクチャを語ることもできる．図5.3にアーキテクチャの階層を模式化して示す．機械語命令レベルアーキテクチャがアムダールによる**命令セットアーキテクチャ**（instruction set architecture）の定義にあたる．このレベルの仕様がコンピュータのソフトウェア機能とハードウェア機能の接点にあたる，つまりこのレベルで規定された機械語命令レベルの機能が通常ハードウェアによって実現されるので，これをアムダールはコンピュータアーキテクチャの基本として命令セットアーキテクチャと名付けたということである．

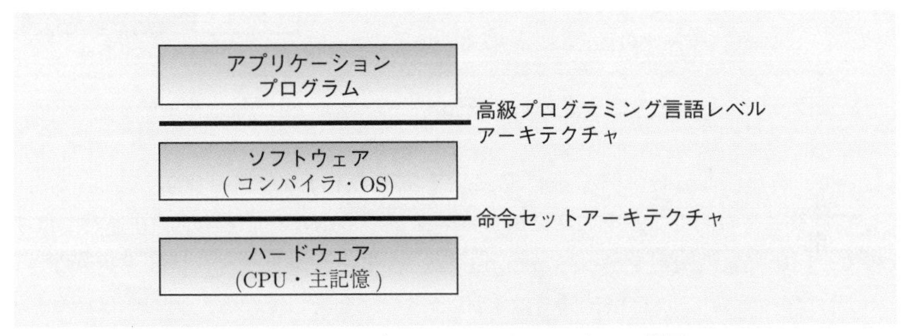

図5.3　コンピュータアーキテクチャの階層

5.3　命令セットアーキテクチャ

現代のコンピュータはプログラム内蔵型であり，命令とデータのみを考えればコンピュータに行わせたいことをすべて表せる．したがって，どのような命令セットを用意するか，データの形式はいかようにするか，が問われる．ただ，本節では，現在の最新鋭コンピュータのアーキテクチャを論じることを目的とするのではなく，コンピュータの動作原理を理解することを主眼に置くので，1 語が 8 ビットからなる**トイコンピュータ**（toy computer，おもちゃのようなコンピュータ）を用いて命令セットアーキテクチャを説明する．

まず，図5.4にトイコンピュータの主記憶上の命令とデータの形式を示す．簡単な注釈を付けると，図 (a) に示したように，**命令**は上位 3 ビットが**命令部**で，下位 5 ビットが**アドレス部**である．命令部は 3 ビットなので，高々 8 $(= 2^3)$ 通りの命令しか定義できない．アドレス部が 5 ビットということは 0〜31 番地，つまり 32 語（word）の主記憶でしかありえない．データ形式について述べると，図 (b) に示したように，データ（= 数値）を表す 1 バイトの最上位ビットは数値の正負を表す符号ビットであるので，数値を表すためには 7 ビットしか使えないから，表せる数字の大きさは −127〜+127 である．

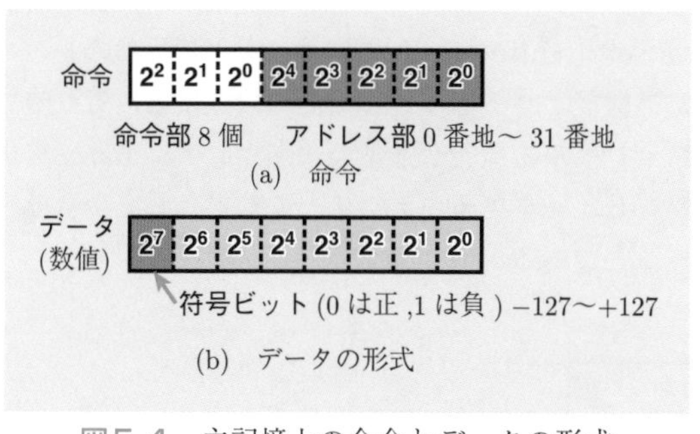

図5.4 主記憶上の命令とデータの形式

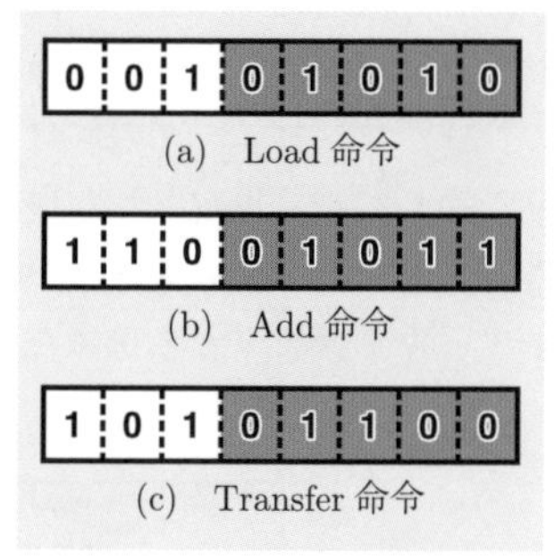

図5.5 典型的な命令の例

続いて，典型的な命令の例を図5.5に示す．図 (a) は命令部の 001 が load 命令を表している．この例では，その命令のアドレス部が 01010，すなわち 10 進数では 10 なので，「10 番地の内容を Acc（accumulator，アキュムレータ）に読み込みなさい (load しなさい)」，これを機械語では L10 と書く，を表している．図 (b) は命令部が 110，アドレス部が 01011 で，「Acc の内容と 11 番地の内容を加算して，結果を Acc に入れなさい」，これを A11 と書く，を表している．図 (c) は命令部が 101，アドレス部が 01100 で，「Acc の内容を 12 番地に転送しなさい」，これを T12 と書く，を表している．これらの命令では 3 ビットの命令部は残りの 5 ビット全体が命令の対象となるデータの番地，これを命令の**オペランド**（operand）という，を表しているとしているので，1 つのオペランドを持っている．

5.4　コンピュータの動作原理

5.4.1　コンピュータの構成と動作

コンピュータの基本構成を図5.1に示したが，実行するべきプログラムやデータは主記憶に格納されCPUにより処理される．CPUを中核としたコンピュータの構成と動作をトイコンピュータを例にして図5.6に示す．アドレスカウンタやアキュムレータなどからなり，アドレス，命令，データの流れが描かれている．図中，①〜⑧と番号が振られているのは，命令サイクル（5.4.3項で詳述）の実行順である．なお，図中にバスという表現があるが，これはbus（bidirectional universal switch）のことで，コンピュータを構成している構成要素間で命令やデータをやり取りするための共通路をいう．

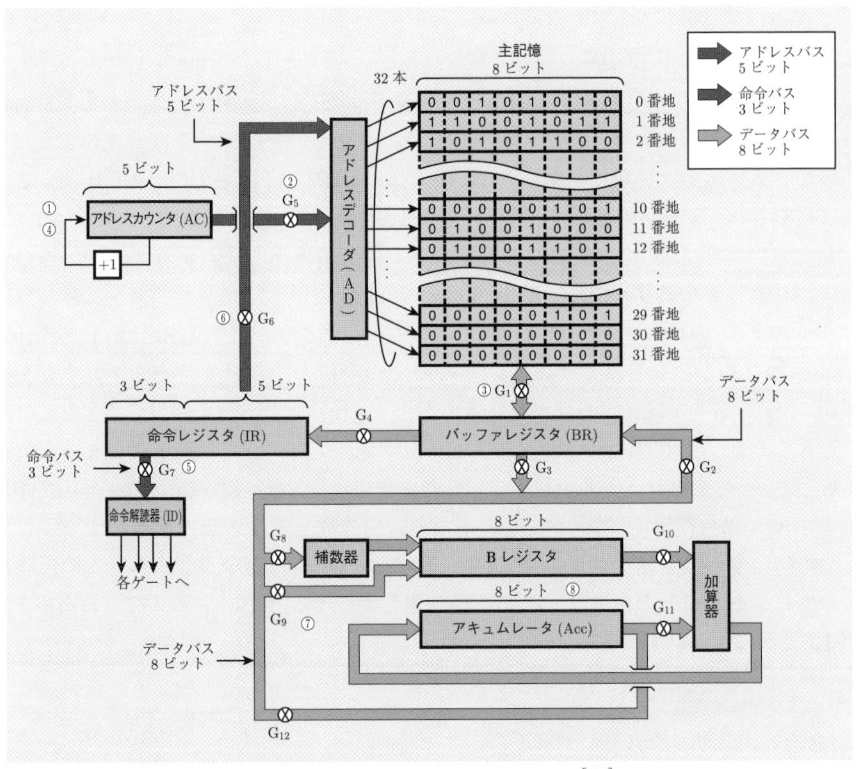

図5.6　コンピュータの動作原理[17]

5.4.2 機械語プログラム

プログラム内蔵方式コンピュータではプログラムは先頭から順番に主記憶の0番地から順に格納していく．データは命令のオペランドが指定している番地にしかるべく置かれる．そこで，非常に簡単な例ではあるが，「5 + 72」を計算することを考える．このプログラムを，前節で示した機械語レベルでプログラムすると図5.7のようになる．ここに，5と72はそれぞれ10番地と11番地に格納されており，結果は12番地に入れたいとする．

```
L10  （10番地の内容をAccに読み込みなさい.）
A11  （Accの内容と11番地の内容を加算し，結果をAccに入れなさい.）
T12  （Accの内容を12番地に転送しなさい.）
```

図5.7 5 + 72を計算する機械語プログラムの一例

5.4.3 命令サイクル

さて，図5.6に示される**トイコンピュータ**で図5.7に示されたプログラムを実行させてみることでコンピュータの動作原理を示す[17]．プログラムは前述のように0番地から実行ステップ順に格納されているので（L10，A11，T12は順に0，1，2番地に格納され，データの5と72はそれぞれ10番地と11番地に格納されている），アドレスカウンタ（AC）は最初0にしておく．命令の取出しから実行までの一連の処理の繰り返しを**命令サイクル**（instruction cycle）という．命令サイクルは命令取出しサイクル（instruction fetch cycle）と命令実行サイクル（instruction execution cycle）の2相からなる．より詳しくは，(a) 命令の取出し，(b) アドレスカウンタの更新，(c) 命令の解読，(d) オペランドの取出し，(e) 命令実行と結果の書出し，の繰り返しである．具体的に，図5.7に示された機械語プログラムの第1ステップを実行するとき，その命令サイクルは以下に示したようになる．①，②，③が (a)，④が (b)，⑤が (c)，⑥，⑦が (d)，⑧が (e) にあたる．引き続き第2ステップの命令を実行するために命令取出しサイクルの②に戻る．コンピュータは命令がプログラムの最終ステップに至るまでこの命令サイクルを繰り返し実行する．その結果，77（= 5 + 72）が12番地に入るはずである．

命令サイクル

【命令取出しサイクル】

① 最初の番地（2進数で00000）をアドレスカウンタ（AC）に入れる．

② ゲートG_5が開き，ACの内容がアドレスデコーダ（AD）へ送られる．

③ ゲート G_1 が開き，0番地の内容がバッファレジスタ（BR）へ送られる．同時にゲート G_4 が開き，BR の内容が命令レジスタ（IR）へ送られる．

④ （次の命令の実行に備えて）AC に1が加えられる．

【命令実行サイクル】

⑤ ゲート G_7 が開かれ，IR の上位3ビット（命令部）が命令解読器（ID）へ送られ，解読される．

⑥ ゲート G_6 が開き，IR の下位5ビット（アドレス部）が AD へ送られる．

⑦ ゲート G_1 が開き，AD で指定された番地の内容が BR へ送られる．同時にゲート G_3，ゲート G_9 が開き，B レジスタへも送られる（内容が負ならばゲート G_9 の代わりにゲート G_8 が開く）．

⑧ アキュムレータ（Acc）には最初は0が入っているが，ゲート G_{10} とゲート G_{11} が開いて，B レジスタの内容と Acc の内容が加算器で加算され，その結果が Acc に入れられる．

以上がプログラム内蔵方式コンピュータの動作原理である．このプログラム内蔵方式はフォン・ノイマンの発案によるものなので，ノイマン型コンピュータと呼ばれることは第1章で述べた．

第5章の章末問題

問題1　下図はコンピュータの基本構成を示している．空欄の (a)～(f) に入る用語を示しなさい．

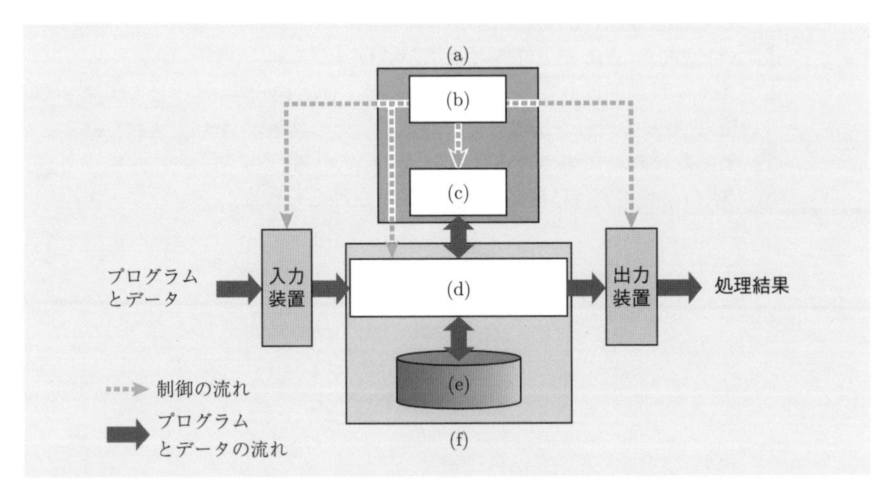

問題2　主記憶の容量は，32ビットアドレッシングでは4GB程度の最大サイズである．その理由を述べなさい（100字程度）．

問題3　キャッシュメモリとは何か説明しなさい（100字程度）．

問題4　次ページの図はコンピュータの動作原理を学ぶためのトイコンピュータを示している．ここで，主記憶は1語8ビット構成で，1語を命令語として使う場合は上位3ビットを命令部，下位5ビットを番地部として使うとする．以下の問いに答えなさい．

(問1)　このコンピュータでは，最大何種類の命令語を定めることができるか，その数を示しなさい．

(問2)　このコンピュータでは，主記憶は，0番地から数えて，最大何番地までとりうるか，その数を示しなさい．

(問3)　このコンピュータでは，プログラムの実行を開始するにあたり，実行すべき最初の命令を0番地に格納しておき，それを読み出して，解読し，以下逐次このような動作を繰り返していく．さて，0番地の内容はアドレス部で指定されている番地の内容をAccに読み込むというロード命令であるとして，その命令の実行開始から終了までの動作を8つに分けて記述したものが下記①から⑧であるが，①から⑧の実行順が間違っている．正しい命令サイクルの実行順となるように①から⑧を並び替えた結果を示しなさい．

①　G_5 が開き，ACの内容がADへ送られる．

②　G_7 が開かれ，IRの上位3ビットがIDへ送られ，解読される．

③　G_1 が開き，指定された番地の内容がBRへ送られる．同時に G_3，G_9 が開き，その番地の内容がBレジスタへも送られる（負ならば G_9 の代わりに G_8 が開く）．

④　G_1 が開き，指定された番地の内容がBRへ送られる．同時に G_4 が開き，その番地の内容がIRへ送られる．

⑤　G_6 が開き，IRの下位5ビットがADへ送られる．

⑥　Accには最初は0が入っているが，G_{10}，G_{11} が開いて，Bレジスタの内容とAccの内容が加算器で加算され，その結果がAccに入れられる．

⑦　2進数00000で表される番地をACに入れる．

⑧　（次の命令の実行に備えて）ACに1が加えられる．

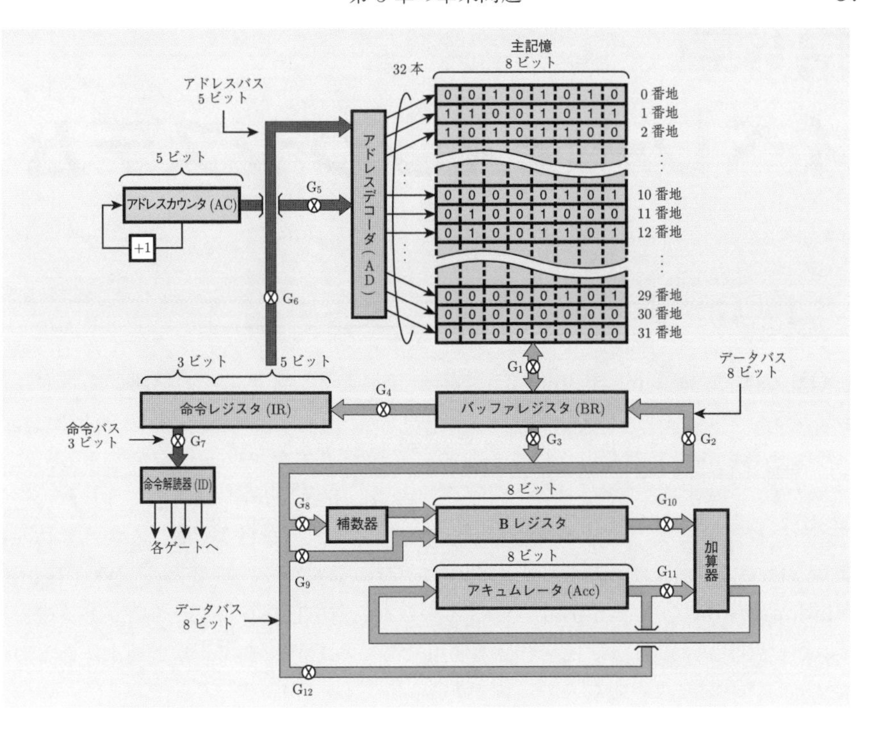
主記憶
8 ビット
32 本
アドレスバス
5 ビット
5 ビット
アドレスカウンタ (AC)
+1
G_5
G_6
アドレスデコーダ（AD）
0 番地
1 番地
2 番地
10 番地
11 番地
12 番地
29 番地
30 番地
31 番地
3 ビット
5 ビット
G_1
データバス
8 ビット
命令レジスタ (IR)
G_4
バッファレジスタ (BR)
命令バス
3 ビット
G_7
G_3
G_2
命令解読器 (ID)
各ゲートへ
G_8
補数器
8 ビット
B レジスタ
G_{10}
加算器
G_9
8 ビット
アキュムレータ (Acc)
G_{11}
データバス
8 ビット
G_{12}

第6章 オペレーティングシステム

6.1 OSとは

OSとはOperating System（オペレーティングシステム）の略語であるが，基本ソフトウェアとも呼ばれている．ハードウェアとソフトウェアの動作を仲介し，コンピュータを利用できるようにするために必要不可欠なソフトウェアである．ここに，ソフトウェア（software）とはハードウェア（hardware）に対して作られた造語で，金物に対して柔物といってもピンとこないので適当な日本語訳はない．具体的にはコンピュータを稼動させるに必要なプログラム群をいう．読者はUNIX，Linux，Windows，Mac OS，Android，iOSといった名前を目や耳にしたことがあるのではないかと思うが，これらは我々が日頃使用しているPCやタブレット端末，あるいはスマートフォンのためのOSの名称である．

さて，1946年に世界で初めて開発された第1世代コンピュータENIACにはOSの概念はなかった（第1章で述べたようにENIACはプログラムを配線することで設定し，その計算のために単独で使用する機械であったと考えれば納得できるであろう）．歴史的には1955年に米国のGE（General Electric Company）が第2世代コンピュータであるIBM 701に対して，**ジョブ**（job，コンピュータに実行させる仕事の単位）を1つずつ絶え間なく実行していくことでコンピュータを休みなく使う技術として開発した**FORTRANモニタ**と称するプログラムをもってOSの嚆矢とするのが定説である．しかしながら，現代に通じるOSはIBMが1964年に発表したSystem/360シリーズのための**OS/360**とする見解が広く受け入れられている．

OSのお陰でコンピュータの利用者はさまざまな恩恵に浴することができる．キーボードやマウスが使え，プログラミングや文書作成が行え，電子メールやウェブ検索が行え，それらの結果をファイルとして格納できたり，またそれらの操作を並行して行えたりする．OSの役割を俯瞰するために，図6.1にソフトウェアの体系を示す．

OSはハードウェアに最も近いところに存在するソフトウェアで，ハードウェアの諸元をミドルウェアやアプリケーションからして隠蔽する役目を担っている．したがって，ハードウェアをその技術革新に応じて更新することを容易にし，ハードウェアレベルに比べて抽象度の高いインタフェースを提供することにより，その上で稼動するミドルウェアやアプリケーションの作成を容易にし，コンピュータ間の移植性を高める働きがある．OS はコンピュータの規模や機能に応じてさまざまな種類が存在する．

ミドルウェア（middleware）は大別するとプログラミング言語処理系とデータベース管理システムに分かれる．プログラミング言語処理系は更にコンパイラとインタプリタに分類される．我々が自由にプログラミングを行え，データベースにアクセスして仕事ができるのはこれらのお陰による．

アプリケーション（application）は実にさまざまなアプリケーションプログラムを総称した言い方で，文書作成ソフトウェアやウェブブラウザなどは典型的なアプリケーションである．図6.1でアプリケーションが一部ミドルウェアに乗りかかって描かれているのは，アプリケーションによっては（データベース機能を使うなど）ミドルウェアが提供する機能を前提にしているものがあるからである．

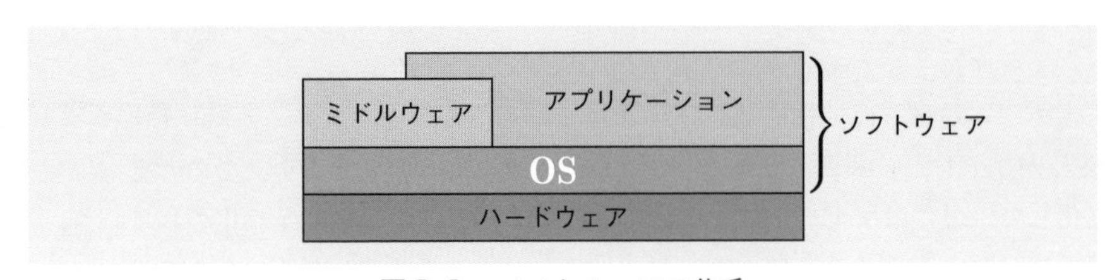

図6.1　ソフトウェアの体系

さて，OS が果たすべき機能は多岐に渡る．それらは，プロセス管理，記憶管理，ファイルシステム，入出力管理，保護やセキュリティ，資源管理とスケジューリングなどさまざまである．これらの機能の個々の詳細には立ち入らないが，少し抽象度を上げて OS の機能を分類すると，次に示す通りである．

- 資源の仮想化
- 資源の効率的管理
- 保護とセキュリティ

本書では，「OS とは資源の仮想化技術である」という観点から[18]，以下，CPU 資源の仮想化，仮想記憶，そしてファイル管理の 3 つの機能を概観するが，そもそも，OS とは資源の仮想化技術であるとの意味について補足をしておくと，それは物理的資源の実質的な多重化と機能の抽象化という 2 つの側面を有する．「物理的資源の実質的な多重化」という側面は，たとえば，複数のユーザにプロセッサやメモリといった限りあるコンピュータ資源をあたかも自分ひとりが専有して仕事をしているかのように見せかける技術をいう．一方，「機能の抽象化」という側面は，たとえば，物理的な記憶装置を仮想化してファイル（file）という論理的な単位をプログラマに提供し，ファイルにプログラムやデータを読み書きするというファイルレベルのインタフェースを用意することで仮想的な入出力装置を提供する技術をいう．なお，**仮想化**（virtualization）とは，（名目上はそうではないが）実質上，事実上，実際上，という意味である．仮想現実（感）（virtual reality）も同じ意味で仮想という言葉を使っている．

6.2 CPU資源の仮想化

1台のコンピュータで1つのプログラムだけを実行している状況を想定してみると，たとえば，プログラムがディスクへの書込みやデータの読出しを行っているとき，CPUはアイドル，つまり，遊んだ状態になっている．これは，とってももったいない状況である．したがって，他に実行を待っているプログラムがあればそれらにCPUを使わせてやればCPUのアイドル時間は減少し，コンピュータの単位時間あたりのプログラム処理数は向上するであろう．

このような考えは，歴史的にはコンピュータがとても高価だった時代に発想され，TSSが誕生した．その後マルチプログラミングという技法となり，この考え方は更に進化して，現在はマルチプロセッシングと呼ばれる技法として一般化されている．本節では，歴史的な経緯を含めて，TSS，マルチプログラミング，マルチプロセッシングの順でそれらを概観する．

6.2.1 TSS

TSS（Time Sharing System，**時分割**(じぶんかつ)**システム**）は1台のコンピュータに複数の端末が通信回線で接続されていて，その端末にいる多数のユーザが同時にプログラミングなどの仕事をすることを許されている状況を実現する．この場合，ユーザは他のユーザが同じようにプログラミングなどの仕事をしていることに気付かされることなく仕事をしたいが，それをどのように実現するかが問題となる．

そこで，CPUは1つしかないが，それを時分割で各ユーザにクルクルと周期的に割り当てて仕事をしてもらうことにする（ある瞬間をとってみるとCPUは1つのプログラムしか実行していないことに注意する）．ユーザはプログラミングをする場合，いろいろ思考しながら行い，コンピュータと対話しながら仕事を進めていく状況を想定している．その場合，ユーザの「思考時間」がCPUを使用している時間より長いために（その間CPUが他のユーザのプログラムを実行していてもそれに気付かず），各ユーザはあたかも自分がコンピュータを「占有」しているかのような錯覚に陥る．この発想はコンピュータが高価で組織の貴重なコンピューティング資源であった時代に遡(さかのぼ)

り，コンピュータの利用形態を対話型とした状況で有効なコンピュータ資源の管理法であって，MIT（マサチューセッツ工科大学）の**Multics**（マルチックス）（Multiplexed Information and Computing Service）プロジェクトが1960年代中頃に開発したOSの新機能であった．TSSは，ジョブを一括処理する**バッチ処理**（batch processing）用OSやコンピュータにオンラインで接続されたユーザの処理要求に決められた応答時間内で応える実時間OS（real-time operating system）と共に，現在も状況に応じて使われている．ここに，バッチ処理とは一定期間，あるいは一定量たまったジョブを一括して，連続して処理することをいう．

6.2.2 マルチプログラミング

複数のプログラムの実行を見かけ上，並行処理（concurrent processing）するOSの機能を**マルチプログラミング**（multi-programming，**多重プログラミング**）という．並行して行うのであって，並列処理（parallel processing）ではないことに注意する（つまり，TSSと同じで，ある瞬間をとってみるとCPUは1つのプログラムしか実行していない）．マルチプログラミングの原理は，あるプログラムが（CPUを使って）実行中に，I/O（Input/Output）命令の実行によってその結果待ちとなり，そのまま実行を継続できなくなったときに，実行を待っている他のプログラムにCPUを明け渡して，コンピュータの**スループット**（throughput，単位時間あたりの仕事量）を極限まで向上させようとする仮想化技術である．

■ マルチプログラミングの例

図6.2 (a) はプログラムAとプログラムBをマルチプログラミングではなく，A，Bの順にバッチ処理したときの様子を表す．このとき，AとBを終了するのに，27単位時間かかっている．補足すれば，プログラムAはプログラムを実行し始めて3単位時間経過した時点でI/O命令を実行し（この場合，他のプログラムによるI/O完了を待たなくてよいので）直ちにI/O処理に入る．つまり，プログラムAはI/Oの完了待ちモードに入ったので，OSはI/O完了時点でプログラムAを再開できるように，アドレスカウンタの状態などの実行環境を主記憶にセーブするために2単位時間CPUを使用している．再開可能となると主記憶にセーブしておいた実行環境をCPUにロードして実行を再開する．以下，同様に処理が継続する．

さて，プログラムAから始めて，AとBをマルチプログラミングで実行するとどうなるか，図6.2 (b) にその様子を示す[19]．図から分かるように，マルチプログラミングを行うと，21単位時間でAとBの処理が終了し，6単位時間分だけスループットが上がったことを確認できる．

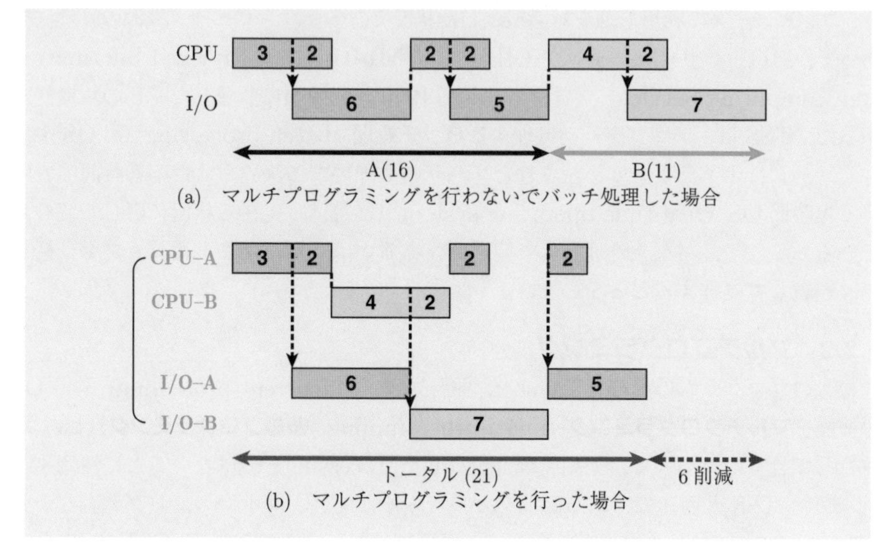

図6.2 マルチプログラミングとその効果

6.2.3 マルチプロセッシング

マルチプロセッシング（multi-processing）もコンピュータ資源の仮想化技術の1つで，基本的には，1台のコンピュータ上で並行して複数のプロセスを稼動させる手法をいう．ここに**プロセス**（process）とはプログラムの実行実体のことをいう．すなわち，OSの下でプログラムはプロセスとして実行されるということで，プロセスは仮想化されたCPU，仮想化された主記憶，仮想化された入出力を持っている．マルチプロセッシングを理解するには，プロセスの同期，排他制御，プロセス間通信などさまざまな事柄の理解が前提となる．たとえば，我々がある仕事を分担して行うとすれば，区切り区切りでお互いの仕事の進捗を確認し合って仕事を遂行していくことになるであろうが，これがプロセスの同期である．そうするとプロセスの同期待ちといった現象が起こったりする．そのためにプロセス群は協調しなければならない．排他制御とは，プロセス間で同一資源の取り合いが起こるかもしれないので，それをどう制御するかという問題である．使用する資源に1ビットのフラグ（flag）を立ててその資源を確保し，フラグが立っていれば他のプロセスはその資源を使用できない．お互いがお互いに相手が確保している資源の開放を待つというデッドロック（deadlock）が発生することがあるが，そのような問題を解決することにより，結果的にはプロセス群は逐次（sequential）実行されたことと同等になり，プロセス群は所望の仕事をやり遂げることができる．ここで，プロセス間通信は2つ以上のプロセスが協調して仕事を行うための手段を実現している．たとえば，あるプロセスがデータを生成し，他のプロセスがそのデータを使用して仕事を行う場合，プロセス間通信がなければそれを実現することは不可能であろう．

6.3 仮 想 記 憶

現代のノイマン型コンピュータ，つまりプログラム内蔵方式コンピュータでは，プログラムとデータは主記憶に格納されねばならない．またマルチプログラミングなどで並行して多数のプログラムを実行するときには幾つものプログラムとデータを主記憶に格納しないといけない．32 ビットアドレッシング，つまり最大番地が $2^{32}-1$ 番地では，主記憶は 4 GB 程度の大きさであり，肥大化しているシステムプログラムに加えてユーザの大きなプログラムやデータを幾つも格納するには限界がある．一方，64 ビットアドレッシングでは状況は変化するが，最大番地が $2^{64}-1$ 番地の主記憶を用意することは現実的ではなく，限界がある．

そこで，主記憶–2 次記憶階層を用い，ハードウェアと OS の力を借りて，主記憶よりも大容量で，しかも主記憶に近いアクセス速度を持つ記憶装置を仮想的に作り上げることが考え出された．**仮想記憶**（virtual memory）である．これは 1970 年頃にデニング（P.J. Denning）により発案され，主記憶と 2 次記憶の階層構成で実現される．プログラム群はあたかも仮想記憶に格納されていて，CPU は仮想記憶にあるプログラムを実行する．仮想記憶の管理は OS の仕事であり，ユーザは関知しない．図6.3 に仮想記憶が主記憶–2 次記憶階層の上に作られる様子を示す．仮想記憶の実現にはページ方式とセグメント方式があるが，ページ方式が主流であるので，ページ方式による仮想記憶の実現法を想定する．関連して，主記憶と 2 次記憶間のデータのやり取りの仕方を規定するページ置換アルゴリズムについても，以下その概略を述べる．

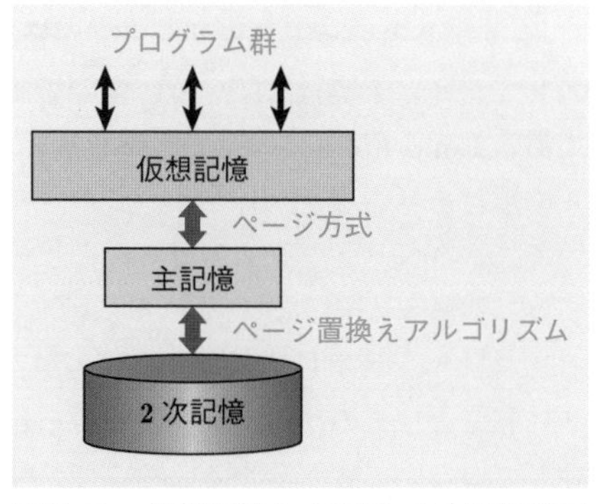

図6.3 仮想記憶と主記憶–2 次記憶階層

6.3.1 ページ方式による仮想記憶の実現

ページ方式（paging）では仮想記憶と主記憶間のマッピング（mapping，対応付け）をページテーブルにて行う．**ページ**（page）とは主記憶と 2 次記憶の間でデータをやり取りする単位（通常 512 B～4 KB のサイズ）であり，それは 2 次記憶のデータの読み書きの単位でもある（ページは 2 次記憶管理の観点からはブロック（block）と呼ばれる）．ページ方式では，仮想記憶が張るアドレス空間はページと呼ばれる固定長の領域に分割されている．対応して，主記憶も同じ大きさのページ枠に分割されている．仮想アドレスと主記憶アドレスの対応をページ単位でとっている管理表を**ページテーブル**（page table）と呼ぶ．ページテーブルにはページが主記憶内に存在しているか，あるいは 2 次記憶上にページが格納されているかを表すページフォールトビット（page fault bit）と主記憶内に存在しているときはそのページ枠番を示すカラムからなる．ページフォールトビットが 0 のときページは主記憶内に存在し，1 のときは存在しないとする．仮想記憶方式では仮想記憶上の論理的なアドレスを，（ジョブの）実行時に，ハードウェアの助けを借りて，主記憶上の物理的なアドレスに変換している．そのアドレス変換を行うハードウェアを DAT（Dynamic Address Translator, 動的アドレス変換器）という．DAT によるアドレス変換過程では，ページフォールトビットが 0 ならば，仮想アドレスから主記憶アドレスへの変換はそのまま行われるが，1 ならばページフォールト割込みが発生し，制御は OS に移る．このとき，OS は必要なページを 2 次記憶から主記憶に転送し，それに合わせてページテーブルを書き換える．主記憶上に未使用のページ枠が存在しないときには，LRU や FIFO などしかるべき**ページ置換（おきかえ）アルゴリズム**（page replacement algorithm）により（6.3.2 項），主記憶上のいずれかのページを 2 次記憶上に書き出した後に，ページの読込みを行う．

図6.4はページ方式による仮想記憶の仕組みを例示している．仮想記憶にはジョブ 1，ジョブ 2 といったユーザジョブが格納されて，仮想的には CPU はそれらにアクセスしてジョブを実行していく．実際の制御は，この例では，ジョブ 1 の第 1 ステップである Load 6500 の命令が格納されているページは，それが指しているページテーブルの項目を見ると (1,0) とページフォールトビットが 0 なので，主記憶内に存在していて，そのページ枠番は 1 であることが分かる（ちなみに，この例では主記憶は 4 KB ごとにページが切られ，それらには順に 0, 1, 2, ... というページ枠番が振られている）．続いて，CPU の制御がジョブ 1 の第 2 ステップであるデータ 12345 のアクセスに移ると，そのページテーブルの項目は $(\alpha, 1)$ なので，このページは主記憶内に存在していないことが分かる．そこで，OS の管轄するページ置換アルゴリズムの下で，2 次記憶から当該ページ α を主記憶に読み込んで（その際，この例では γ というページが 2 次記憶に書き出されている），それが格納されたページ枠番（それを p とする）を使ってページテーブルの項目を $(\alpha, 1)$ から $(p, 0)$ と書き換えてジョブ 1 の実行を進める．以下同様に処理が進む．

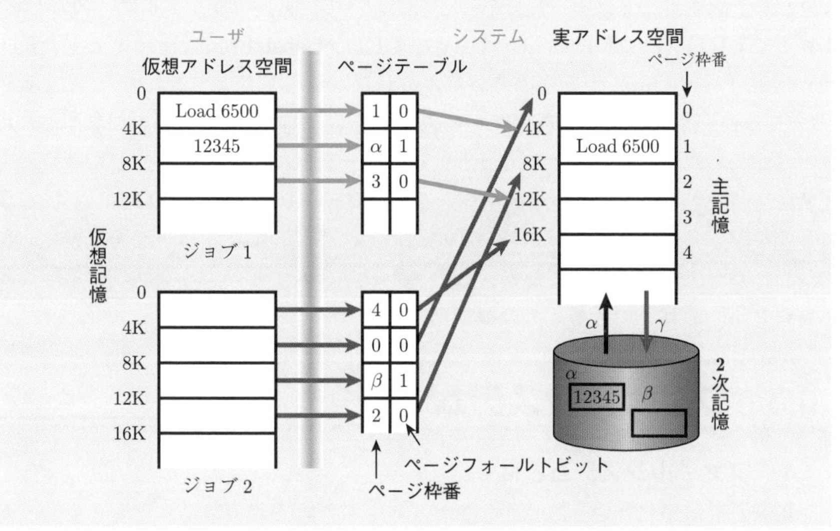

図6.4 ページ方式による仮想記憶の実現[20]

6.3.2 ページ置換アルゴリズム

仮想記憶を実現するためには，主記憶と 2 次記憶間でのデータのやり取りがスムーズに執り行われることが前提である．より正確に表現すれば，主記憶には格納しきれないプログラムやデータは 2 次記憶に格納されているから，2 次記憶に格納されている部分が必要となったときにはそれを主記憶に読み込まなければならない．主記憶に空きがあれば問題ないが，いずれ主記憶は満杯になるだろう．そうすると主記憶から何らかのプログラムやデータを 2 次記憶に書き出して，それででき上がった主記憶上の空きスペースに 2 次記憶から必要とするプログラムやデータの入ったページを読み込むことになる．このようにページを主記憶と 2 次記憶の間でやり取りすることを**スワッピング**（swapping）という．では，スワッピングをどのような考え方で行うのか，それが問われる．**ページ置換アルゴリズム**（page replacement algorithm）とはそのためのアルゴリズムである．

主記憶と 2 次記憶のデータの受渡しの単位はページであったから，スワッピングで問題となる点は主記憶に格納されている「どの」ページを 2 次記憶に書き出して空きを作るかである．この問題を解決するアルゴリズムがページ置換アルゴリズムであるが，最良のアルゴリズムは「ページ置換の必要が生じた時点から将来を見て，その時点で主記憶に格納されているページのうち，最も遠い将来まで参照されないページを置換の対象とする」というものである．しかし，どのページが最も遠い将来まで参照されないかを予測することは不可能である．したがって，実装可能なアルゴリズムとして，これまで**LRU**（Least Recently Used），**LFU**（Least Frequently Used），**FIFO**（First-In First-Out）が効率の良いアルゴリズムとして考え出されている．LRUは「ページ置換の必要性が生じた時点から過去を見て，時間的に最も長い間参照されていないページを置換ページとする」，LFUは「ページ置換の必要性が生じた時点から過去を見て，最も参照回数の少ないページを置換ページとする」，FIFOは「ページ置換の必要性が生じた時点で，最も長い間主記憶内に存在しているページを置換ページとする」というアルゴリズムである．どのアルゴリズムがどのような状況のときに効率が良いのか，これまで数多くの議論がある．

6.4 ファイルシステム

6.4.1 ファイルシステムとは

記憶資源の仮想化という観点からファイルシステムを紹介する．そもそも我々が作成したアプリケーションプログラムやデータはファイルとして2次記憶装置に格納されている．そうではなく，もしそれらをファイルシステムの力を借りずに自前で格納しようとしたら，2次記憶装置の制御法を十分理解した上でアプリケーションプログラムを書かないといけないことになるが，これは高度の専門性をプログラマに要求することになる，装置が変更になればプログラムを書き換えないといけない（装置の利用法が装置依存），複数プログラム間でのデータ共有の障害になる，などさまざまな問題が生じる．そのような問題を解決するために，2次記憶装置を仮想化してファイルという形でさまざまなデータを入出力可能とする**ファイルシステム**（file system）が生み出された．

さて，**ファイル**（file）は一般的に図6.5に示すように2次元のテーブルとして表され，縦にフィールドを持ち，横にレコードを有する．フィールド $A_1, A_2, \ldots, A_m$ を有するファイル F を $F(A_1, A_2, \ldots, A_m)$ と表す．レコードは $(a_{i1}, a_{i2}, \ldots, a_{im})$ という具

ファイル

フィールド$_1$	フィールド$_2$	$\cdots$	フィールド$_m$
a_{11}	a_{12}	$\cdots$	a_{1m}
a_{21}	a_{22}	$\cdots$	a_{2m}
$\vdots$	$\vdots$	$\vdots$	$\vdots$
a_{n1}	a_{n2}	$\cdots$	a_{nm}

図6.5 ファイルの構造

合に表す（ここに，$i \in \{1, 2, \cdots, n\}$）．ファイル F が n 本のレコード $r_1, r_2, \ldots, r_n$ からなるとき，$F = \{r_1, r_2, \ldots, r_n\}$ と表す．たとえば，学生を表すファイルは 学生 (学籍番号, 氏名, 学部, 学科, 年齢, 住所) と表され，(202212345, 山田太郎, 理工学部 , 情報科学科, 19, 横浜) はその 1 レコードであろう．

ファイル $F = \{r_1, r_2, \ldots, r_n\}$ を利用するとき，レコードにどのような順番でアクセスできるか，あらかじめ分かっていると都合が良い．このための技法を**ファイル編成法**という．大別して，3 つの編成法がある．1 つはヒープ編成（heap organization）で，ファイルのレコードは 2 次記憶装置にそれが書き込まれた時刻順に順番付けられている．2 つ目は順次編成（sequential organization）でキー（key）とされたフィールドの値の大きさの順番（昇順あるいは降順）で順番付けられている．3 つ目は直接編成（direct organization）でレコード間に何ら順番付けを行わない手法で，ハッシュ編成（hash organization）ともいうが，レコードはそのレコードのキー値にハッシュ関数を施こすことで得られる 2 次記憶装置上の格納番地に格納される．

ファイルから効率良く所望のレコードにアクセスする手法を**アクセス法**（access method）というが，順次アクセス法，インデックス法，ハッシュ法（第一義にはハッシュ編成ファイル向け）などがある．

以上を前提として，ユーザはファイルシステムが提供する API（Application Program Interface），具体的には open，close，read，write といった操作を使ってファイルのデータを読み書きできる．つまり，ファイルシステムは 2 次記憶装置からアプリケーションプログラムを装置独立にしたということである．なお，コンピュータ内の多数のファイルを効率よく管理するために，木構造（tree structure）のディレクトリ（directory）を構築するが，これも機能の抽象化といえる．

6.4.2 磁気ディスク装置

ファイルは物理的には 2 次記憶装置に格納される．2 次記憶装置の典型は**磁気ディスク装置**（magnetic disk unit）であり，そこには通常**ハードディスクドライブ**（Hard Disk Drive，**HDD**）が幾つか組み込まれている．HDD の物理的構造は図6.6のようになっている．1 秒間に数千回転するディスク（PC では直径が 2.5 インチや 3.5 インチ，ホストコンピュータには 5 インチや 8 インチの円盤で表面に磁性体が塗布されている）の表面に同心円上に設定された多数の**トラック**（track）に磁気的に記録される．記録は**ブロック**（block）単位で行われる（ブロックは磁気記録分野で使われる用語で，OS 分野で使われるページに対応し，指しているものは同じである）．ブロックの読み書きはアクチュエータ（actuator，ヘッド動作機構）に取り付けられたアームの先にある読取り/書込みヘッドで行う．したがって，主記憶と 2 次記憶とのデータの授受はブロック単位で行われる．ブロックの大きさはコンピュータの種類にもよるが，通常は512B〜4KBである．

近年はHDDに加えて**SSD**（Solid State Drive）が2次記憶として使用されることも多い．SSDとは半導体を用いて機械的な可動部をなくしているディスク装置であるから，HDDに比べて次のようなメリットを有する．

- 駆動部分が不要であるので，機械的なトラブルを避けられる．
- 小型軽量で消費電力が少ない．
- 書込み・読出しが電子的に行われるので高速である．

しかしながら，SSDはHDDに比べて書換え可能回数が少ない，データの保存期間が短いといったデメリットがあるとされている．

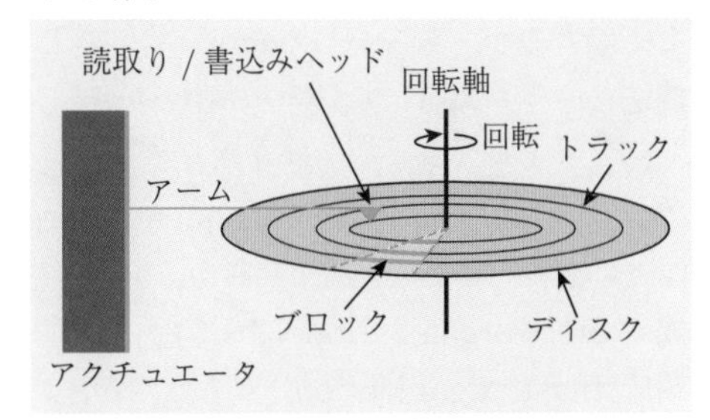

図6.6 HDDの物理的構造

第6章の章末問題

問題1 OSとは資源の仮想化技術であるが，物理的資源の実質的な多重化と機能の抽象化という2つの側面を有する．次の問いに答えなさい．

(問1) 物理的資源の実質的な多重化とはどういうことか，端的な例を挙げて説明しなさい（100字程度）．

(問2) 機能の抽象化とはどういうことか，端的な例を挙げて説明しなさい（100字程度）．

問題2 下図はプログラムAとプログラムBをA，Bの順にバッチ処理したときの様子を表しており，このときAとBが終了するのに40単位時間かかっている．さて，プログラムAから始めて，AとBをマルチプログラミングで実行するとどうであろうか，次の問いに答えなさい．

(問1) その様子を図示しなさい．

(問2) このとき何単位時間でAとBの処理が終了するのか答えなさい．

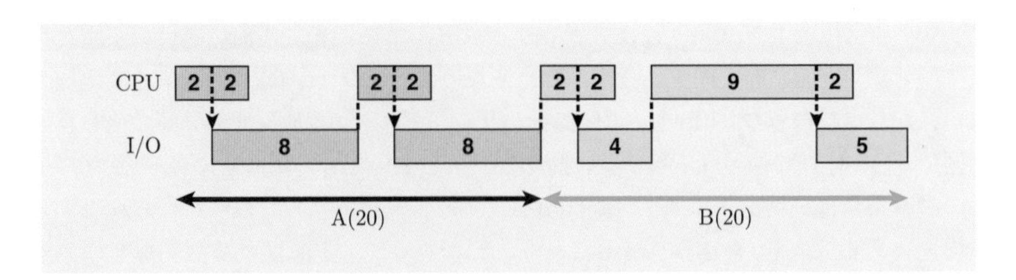

問題 3　下図はページ方式による仮想記憶の実現を例示している．次の問いに答えなさい．

(問 1)　CPU の制御がジョブ 1 の第 1 ページ枠をアクセスしたときの振舞いを説明しなさい（100 字程度）．

(問 2)　CPU の制御がジョブ 1 の第 2 ページ枠をアクセスしたときの振舞いを説明しなさい（200 字程度）．

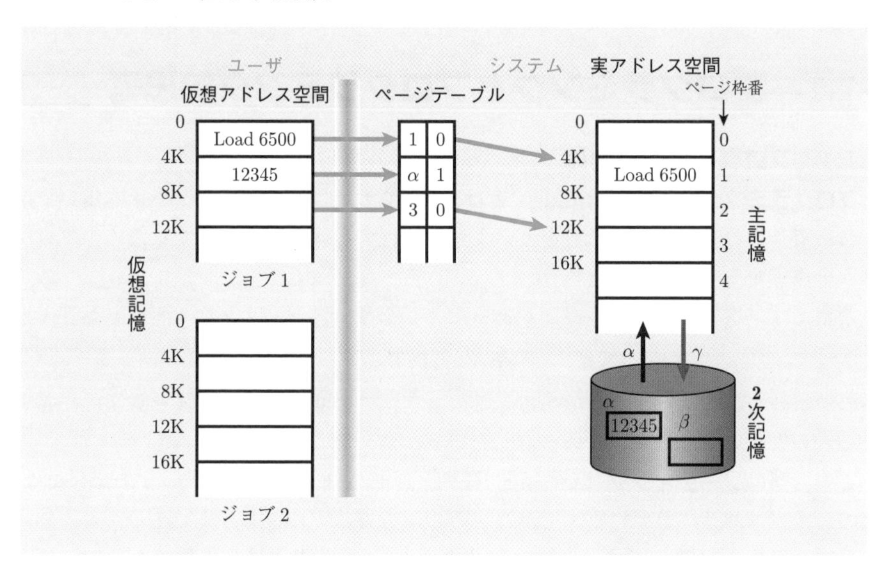

問題 4　仮想記憶を実現するためには，主記憶と 2 次記憶間でのデータのやり取りがスムーズに執り行われることが前提である．そのために，OS はスワッピングを行うが，そのためのアルゴリズムに (a) LRU，(b) LFU，(c) FIFO が効率の良いアルゴリズムとして考え出されている．

さて，(ア)，(イ)，(ウ) はそれらのアルゴリズムを文章化したものである．(a)，(b)，(c) は (ア)，(イ)，(ウ) のどれと対応しているか答えなさい．

(ア)　ページ置換の必要が生じた時点から過去を見て，最も参照回数の少ないページを置換ページとする．

(イ)　ページ置換の必要が生じた時点で，最も長い間主記憶内に存在しているページを置換ページとする．

(ウ)　ページ置換の必要が生じた時点から過去を見て，時間的に最も長い間参照されていないページを置換ページとする．

第7章 プログラミング

7.1 プログラミングとプログラミング的思考

7.1.1 プログラミングとは

プログラミング（programming）とは，与えられた問題をコンピュータを用いて解くにあたり，コンピュータに何をどのように実行するべきかを指示するためのプログラムを作成する一連の行為をいう．

たとえば，次に示す数字の並びがあったとしよう（以下，サンプルデータと呼ぶ）．

$$8, 3, 5, 9, 1$$

この数字の並び順はバラバラである．このとき，このサンプルデータを数字の小さいものから大きいものへ順番に並べ直したいとする．どうすればよいのか？

この問題は**ソーティング**（sorting，**整列**）として知られている．いうまでもなく，人の考え方はバラエティに富んでおり，その解き方は実にさまざまである．よく知られている**アルゴリズム**（algorithm），すなわち，「数学的な問題を解くための一連の手順」を幾つか紹介する（以下，昇順に整列することを想定して話を進める）[21]．

■ 選択ソート法

数字の並びから最小値を見付けて，それを未整列部分の先頭に置くことを順次繰り返して整列するアルゴリズムを（最小値）**選択ソート法**（selection sorting）という．実際，上記のサンプルデータに適用してみると次のようになる．ここに**パス**（pass）とは手続きやプログラムが最初から最後まで実行されるときの 1 回分の周期のことをいう．

第 1 パス：$\min\{8, 3, 5, 9, 1\} = 1$ なので，サンプルデータは次のように置き換わる．1, 8, 3, 5, 9．この数字の並びの整列済部分は 1，未整列部分は 8, 3, 5, 9 である．

第 2 パス：$\min\{8, 3, 5, 9\} = 3$ なので，数字の並びは 3, 8, 5, 9 となり，未整列部分は 8, 5, 9 となる．

第 3 パス：$\min\{8,5,9\}=5$ なので，数字の並びは 5, 8, 9 となり，未整列部分は 8, 9 となる．

第 4 パス：$\min\{8,9\}=8$ なので，数字の並びは 8, 9 となり，未整列部分は 9 となるがもはや整列の必要はなく，整列作業は終了．その結果，出力として 1, 3, 5, 8, 9 を得る．

このアルゴリズムを用いると，一般に入力のデータを $a_1, a_2, a_3, \ldots, a_n$ としたときに，第 1 パスにおいては $n-1$ 回の数字の比較，第 i パス（$1 \leqq i \leqq n-1$）では $n-i$ 回の数字の比較が必要なので，整列作業を終了するまでには次に示す回数の比較を行うことになる．

$$(n-1)+(n-2)+\cdots+2+1=n\times\frac{n-1}{2}$$

このとき，このソート法の**時間計算量**（computational complexity）は**オーダ**（order）n^2 であるといい，$O(n^2)$ と書く．

バブルソート法

隣接する 2 項を比較して $a_j > a_{j+1}$ のように左の項が右の項より大きければこれらを交換するという操作を，データの左側から右側へ順次走査し続けることにより整列を行おうとするアルゴリズムを**バブルソート法**（bubble sorting）という．上記サンプルデータに適用してみる．

第 1 回比較交換：8, 3, 5, 9, 1 の 8, 3 を交換して，3, 8, 5, 9, 1 を得る．
第 2 回比較交換：3, 8, 5, 9, 1 の 8, 5 を交換して，3, 5, 8, 9, 1 を得る．
第 3 回比較交換：3, 5, 8, 9, 1 の 9, 1 を交換して，3, 5, 8, 1, 9 を得る．
第 4 回比較交換：3, 5, 8, 1, 9 の 8, 1 を交換して，3, 5, 1, 8, 9 を得る．
第 5 回比較交換：3, 5, 1, 8, 9 の 5, 1 を交換して，3, 1, 5, 8, 9 を得る．
第 6 回比較交換：3, 1, 5, 8, 9 の 3, 1 を交換して，1, 3, 5, 8, 9 を得る．

このアルゴリズムでは，第 1 回比較交換～第 3 回比較交換で右端の 9 が確定する．ここまでが第 1 パスである．続いて第 4 回比較交換で右端から 2 番目の 8 が確定する．これが第 2 パスである．続いて，第 5 回目，第 6 回目の比較交換が第 3 パス，第 4 パスである．バブルソート法では第 1 パスで最悪 $n-1$ 回の比較が必要である．第 i パスの計算では最悪 $n-i$ 回の比較が必要である．したがって，最悪の場合には選択ソート法と同じく，$(n-1)+(n-2)+\cdots+2+1=n\times\frac{n-1}{2}$ 回の比較を行わなくてはならないので，このソート法の時間計算量も $O(n^2)$ である．

ソート法には上記の他に，挿入ソート法，ヒープソート法，クイックソート法，シェルソート法，マージソート法，度数ソートなどのアルゴリズムが知られている．ちなみに，ヒープソート法の時間計算量は $O(n \log_2 n)$ であり，クイックソート法の時間計算量は平均して $O(n \log_2 n)$ であることが知られている．本書の目的はその詳細を論じることではないので省略するが，同じ問題でもどのアルゴリズムを用いるかによってプログラムも異なってくるし，時間計算量の違いから同じコンピュータを使っても答えを得るまでの時間，これを**待ち時間**（latency）という，に速い遅いが出てしまう可能性のあることに注意したい．なお，時間計算量については，より詳しく 7.1.3 項で述べる．

7.1.2 プログラミング的思考

前項で，並び順がバラバラな数字の並び "8, 3, 5, 9, 1" を数字の小さいものから大きいものへ並び替える問題を提起した．このとき求められていることは，この問題をこの数字の並びに特化して解くのではなく，一般に（異なる）数字の並び $a_1, a_2, a_3, \ldots, a_n$ が与えられたときに，それを昇順（数字の小さいものから大きいものへの順番）あるいは降順（数字の大きいものから小さいものへの順番）に並び替える問題として捉え，そのためのアルゴリズムを考えるということであった．それがプログラミング的思考である．

プログラミング的思考とは英語の computational thinking に該当する概念であるが，これは解かねばならぬ問題に遭遇したときに，次に示す 4 つの基礎に基づき論理的に問題解決にあたろうとする考え方をいう[22]．

- 問題を解決可能なレベルまで分解すること（decomposition）
- 規則性を見抜くこと（pattern recognition）
- 枝葉を切り落として問題を抽象化すること（abstraction）
- ステップバイステップで問題解決の手順を明らかにすること（algorithm design）

換言すれば，プログラミングにおいて大事なことはいたずらにプログラムを書く能力を磨くことではなく，問題解決のための思考法を身に着けることにあるということである．前項のソーティングの例にならえば，数列を並び替えようとしたときに，考え方によって実に多様なアルゴリズムがあるということに気付くことに大きな意味があるということである．

文部科学省は 2020 年度から小学校においてもプログラミング教育を導入したが，その狙いはまさしく児童にプログラミング的思考を身に着けさせるところにある．換言すれば，プログラミングを通して「情報科学的なものの考え方」を学ぶということである[23]．本書を出版しているサイエンス社から刊行された叢書『Computer and Web Sciences Library』全 8 巻はこのプログラミング教育の最前線に立つ教職員や保護者のコンピュータとウェブリテラシ向上の一助とならんがために編纂（へんさん）されているが，広く読者の参考となろう．

7.1.3　アルゴリズムの時間計算量とオーダ

7.1.1 項で紹介したように，同じソーティングの問題を解決しようとしても，アルゴリズムにより，時間計算量に差があることを知った．つまり，アルゴリズムによっては同じ問題が早く解けることもあるし，時間がかかってしまうこともある．つまり，時間計算量とはアルゴリズムの効率を表していて，その時間計算量を評価するために**オーダ**（order，O という記号で表す）という概念がある．これはドイツのランダウ（E.G.H. Landau, 1877–1938）が導入したもので，ランダウの O ともいわれる．

さて，アルゴリズムの効率は，n を大きくとったとき（$n \to \infty$）の時間計算量 $T(n)$ の漸近的な振舞いでそれを評価する．このために取り入れられたのがオーダであった．たとえば，先述のように，選択ソート法もバブルソート法も，入力データの数が n なら，ソーティングを終了するまで多くて $n \times \frac{n-1}{2}$ 回の比較を行うことを知った．このとき，これらのアルゴリズムの時間計算量は $T(n) = \frac{n^2-n}{2}$ である．この場合，$1 \leqq n$ で次式が成立するので，$T(n)$ はオーダが n^2，これを $O(n^2)$ と書く，である．

$$T(n) = \frac{n^2 - n}{2} < \frac{n^2}{2} < n^2$$

$O(\log_2 n)$，$O(n)$，$O(n^2)$，$O(2^n)$，$O(n!)$ などさまざまなオーダが定義されるが，注意しないといけないことは，具体的な時間計算である．どんなに高性能なコンピュータを使っても，計算に何年も，あるいは何世紀もかかるようでは実質的には計算できないのと同じである．それを次に論じる．

問題解決するためのアルゴリズムを考えたとき，その時間計算量が $O(n^2)$ とか $O(n \log_2 n)$ である場合は**多項式時間**で解ける問題であるという．これは扱い易い．しかしながら，問題によっては解くのに**指数時間**かかってしまう，すなわち時間計算量が $O(2^n)$ である問題もある．この場合は，n がある程度大きくなると幾らコンピュータの処理速度を速めたところで，その処理は追いつかず，気の遠くなるような計算時間を要することになる．これは扱いにくい．

表7.1 はオーダを決めるオーダ関数 $f(n)$ と問題のサイズ n に関する時間計算量の一部を示したものである．1 MIPS（Million Instructions Per Second，1 秒間に 100 万回計算できる性能）のコンピュータで，たとえば，2^{60} をカウントすると 366 世紀かかることを示している．もし，コンピュータの処理速度が 1,000 倍速くなって 1 GIPS（Giga Instructions Per Second）になったとしても，$2^{10} = 1,024 \fallingdotseq 1,000$ だから，それでも 35.7 年かかることが分かる．もし，コンピュータの処理速度が

表7.1 さまざまなオーダ関数と時間計算量の比較

オーダ関数 $f(n)$ ＼ サイズ n	10	20	30	40	50	60
$\log_2 n$	0.0000033秒	0.0000043秒	0.0000049秒	0.0000053秒	0.0000056秒	0.0000059秒
n	0.00001秒	0.00002秒	0.00003秒	0.00004秒	0.00005秒	0.00006秒
$n\log_2 n$	0.000033秒	0.000086秒	0.000147秒	0.000212秒	0.000282秒	0.00035秒
n^2	0.0001秒	0.0004秒	0.0009秒	0.0016秒	0.0025秒	0.0036秒
n^3	0.001秒	0.008秒	0.027秒	0.064秒	0.125秒	0.216秒
n^5	0.1秒	3.2秒	24.3秒	1.7分	5.2分	13.0分
2^n	0.001秒	1.05秒	17.9分	12.7日	35.7年	366世紀
3^n	0.059秒	58分	6.5年	3588世紀	2×10^{8}世紀	1.3×10^{13}世紀
$n!$	3.6秒	7.7×10^{2}世紀	8.4×10^{16}世紀	2.6×10^{32}世紀	9.6×10^{48}世紀	2.6×10^{66}世紀
n^n	2.8時間	3.3×10^{10}世紀	6.5×10^{28}世紀	3.8×10^{48}世紀	2.8×10^{69}世紀	1.5×10^{91}世紀

1,000,000倍速くなって1 TIPS（Tera Instructions Per Second）になったとしても，$2^{20} = 1,048,576 \fallingdotseq 1,000,000$ だから，それでも12.7日かかることが分かる．アルゴリズムと時間計算量は切っても切り離せない関係であることに注意が必要である．

7.2 フローチャートとプログラム，そしてプログラムの実行

7.2.1 フローチャートとプログラム

前節ではソーティングのためのアルゴリズムとして，選択ソート法やバブルソート法を紹介したが，アルゴリズムをコンピュータが分かる形で表現しないとコンピュータで計算できないことはあたり前である．そのために**プログラミング言語**（programming language）がある．しかしながら，プログラミング言語が異なれば構文（syntax）や意味（semantics）も異なるから，プログラミング言語ごとにアルゴリズムを書き下すための技量が求められる．

そこで，それぞれのプログラミング言語レベルの記述よりは抽象度が高いレベルでアルゴリズムを記述できれば都合が良い．そうすれば，個々のプログラミング言語の特質に精通しなくても，アルゴリズムの正誤を判断できるであろうし，そのレベルで表現されたアルゴリズムをチームで精査することも可能になろう．もしそのレベルで正しいアルゴリズムを確定できれば，後はそれを使用するプログラミング言語環境に合わせてそれをプログラムに変換をすればよい．また，抽象度の高いレベルでアルゴリズムが確定していれば，あるプログラミング言語で書いたプログラムから別のプログラミング言語のプログラムに変換するときも，直接プログラムの変換を試みるのではなく一

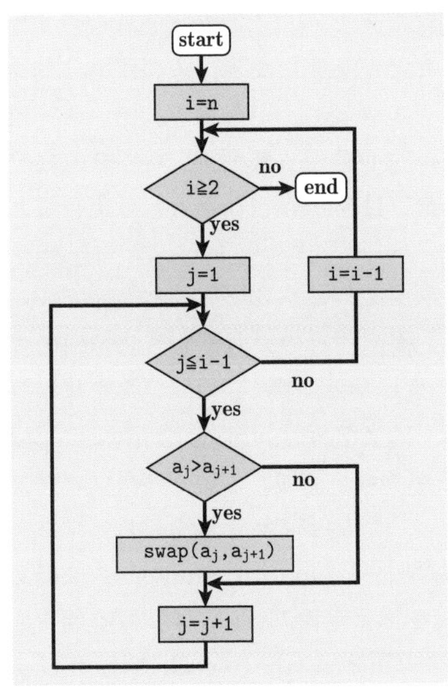

図7.1　バブルソート法のフローチャート

```
for(i=n;i≧2;i=i+1){
    for(j=1;j≦i-1;j=j+1){
        if(a_j>a_{j+1}){
            swap(a_j,a_{j+1});
        }
    }
}
```

図7.2　バブルソート法の Pascal 風プログラム

旦抽象度の高いレベルに戻って，その後所望のプログラミング言語のプログラムに変換することができるから変換時のミスも防げよう．そのような抽象度が一段上がったアルゴリズムの記述体系として本節では**フローチャート**（flowchart）を紹介する．

図7.1に数列 $a_1, a_2, a_3, \ldots, a_n$ を入力として，それを昇順にバブルソートするフローチャートを示す．フローチャートの四角の中には基本的な命令の列が書かれる．この命令は上から順に実行されるものとする．矢印は次に実行すべきところを示すという制御の流れを示す．菱形は条件分岐を表し，その中に条件が書かれる．条件の中で変数を参照することができる．条件は変数の現在の値に従って成立しているか否かを調べ，成立していれば yes というラベルの付いた先へ実行が進む．成立していなければ no というラベルの付いた先へ実行が進む．フローチャートに論理的な誤りがなければ，それをプログラムに変換する．具体的には，図7.1に示したフローチャートを，たとえば，Pascal 風プログラムに変換すると図7.2に示されたようになる．

7.2.2　コンパイラ

C，C++，COBOL，Fortran，Java，Lisp，Python といった高級プログラミング言語で書かれたプログラム，これらを**ソースコード**（source code）という，はコンピュータが理解できる**機械語**（machine language）で書かれたプログラムではないので，コンピュータにとって理解不可能で実行できない．そこで，それらのプログラムを機械語で書かれたプログラムに翻訳することが必要になる．そのためにコンパイラやインタプリタと称するソフトウェア（ミドルウェア）が用意されている．**コンパイラ**（compiler）はソースコードをコンピュータが分かる機械語プログラムに実行前に翻訳してしまうソフトウェアである．**インタプリタ**（interpreter）は実行ごとに逐次翻訳するソフトウェアである．

さて，コンパイラの翻訳過程は図7.3に示すようである[24]．字句解析（lexical analysis）は文字列からなるソースコードを，構文解析の入力となる記号列に変換する．このとき，ソースコード中の記号と記号の間にある空白や，コメントを無視しながら，文字の適当な並びを記号として認識する．構文解析（syntax analysis, parsing ともいう）は（字句解析された）ソースコードがそれを記述している高級プログラミング言語の文法に則(のっと)っているかどうかをチェックし，則っている場合には，プログラムの構文解析木（parse tree）を出力する．意味解析（semantic analysis）は構文では書き表せない制約，たとえば，変数名の未定義や二重定義，あるいは引数の数や数の型の整合性チェックなどを行う．中間コード生成（intermediate code generation）は正しい構文木を基に中間コードに変換する．機械語やアセンブラ言語に直接変換しないのは，コンパイラで何をやらないといけないのか分かり易くなる点や，最適化を行い易い点が挙げられる．コード最適化（code optimization）はプログラムの実行速度を向上させるような種々の改良を中間コード上で施すことをいう．コード生成（code

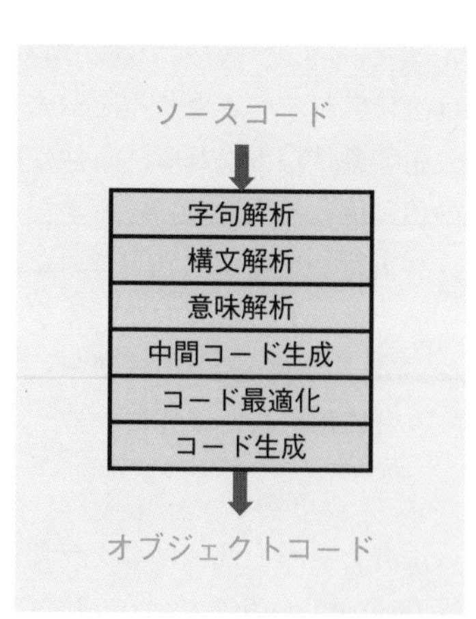

図7.3 コンパイラの翻訳過程

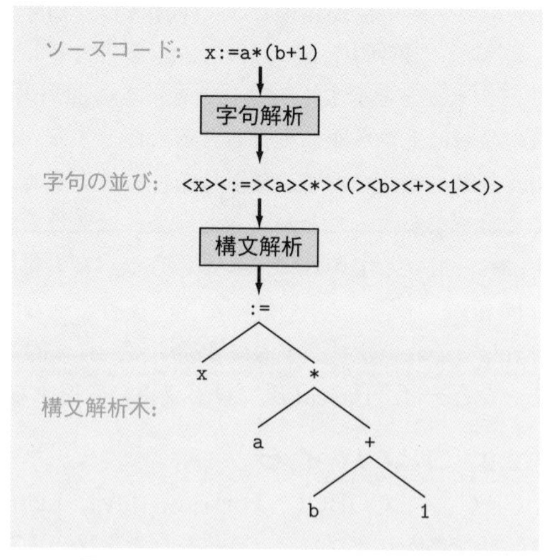

図7.4 コンパイレーションの過程

generation）は最適化された中間コードを機械語などの**オブジェクトコード**（object code）に変換する．以上がコンパイラの機能である．理解を深めるために，ソースコードが字句解析と構文解析を経て構文解析木に変換されていく様子を極めて模式的に図7.4に示す．

ここで，**プログラミング環境**についてごく簡単に言及しておく．プログラミング環境を構成する要素には，エディタ（editor），ブラウザ（browser），デバッガ（debugger）などがある．チームが共同してソフトウェアを開発する環境を整えるグループウェア（groupware）もプログラミング環境である．プログラミング環境が整っているか否かは，個人やグループがプログラム（= ソフトウェア）を作成していく過程で，その生産性向上に大きく係わる大事な要因である．

7.3　プログラミング言語概観

世界で最初のコンピュータ ENIAC のプログラムは配電盤で結線をすることであったから，プログラミング言語という概念はなかった．しかし，ノイマン型コンピュータと呼ばれるプログラム内蔵式コンピュータの出現により，コンピュータは機械語やアセンブラ言語などで書かれたプログラムで稼動する時代となった．アセンブラ言語など機械語に近いプログラミング言語を低級プログラミング言語という．その後，1960 年頃に相次いで Fortran と COBOL が開発されて，**高級プログラミング言語**，あるいは高水準プログラミング言語，の世界の到来となった．これまでに，多くの高級プログラミング言語が開発されていて，Ada，Algol，Basic，C，C++，COBOL，Fortran，Java, Lisp, PHP, PL/I, Pascal, Prolog, Python, R, Ruby, Smalltalk, Visual Basic など枚挙に暇がない．本節では，数ある高級プログラミング言語の中から，幾つかエポックメイキングな言語を概観する．

■ Fortran

Fortran（フォートラン）は科学技術計算を対象として開発された．最初の処理系は 1950 年代に IBM のバッカス（J.W. Backus）らにより考案された．最初の言語規格は米国規格協会（ANSI）により制定された Fortran 66 であった．その改良版は ANSI により 1978 年に Fortran 77 として制定され，国際標準化機構（ISO）の国際規格となった．その後，Fortran 90/95/2003/2008/2018 が規格化されている．

■ COBOL

COBOL（コボル）は COmmon Business Oriented programming Language の略称であることが端的に示すように，事務計算用の高級プログラミング言語である．科学計算と違い事務計算では必須の桁取りを可能とする10進データ表現，印刷時に通貨記号を挿入するなどの文字列機能，レポート作成機能などが備わっている．1959年に米国国防総省が中心となり発足したCODASYLにより開発された．

Pascal

Pascalは，goto文は有害であり，順接，反復，分岐の3つの制御構造により処理の流れを記述するという構造化プログラミング（structured programming）の考え方を基に開発された高級プログラミング言語である．強い型チェックを最初に取り入れた言語としても知られている．

Lisp

Lispは記号処理のために1960年頃MITのマッカーシー（J. McCarthy）が開発した言語である．List processing languageの略称．人工知能のための言語として普及した．ラムダ計算（λ calculus）を具現化したプログラミング言語としても知られている．

C言語

C言語はオペレーティングシステムUNIXの記述言語として米国のベル研究所（Bell Laboratories）のカーニハン（B.W. Kernighan）とリッチ（D.M. Ritchie）らが1970年代初期に開発したシステム記述言語である．大規模なシステムを記述し易いように，C言語のプログラムはモジュールの集まりとして記述される．モジュール間で共有すべき情報はヘッダファイルに格納される．モジュールは分割コンパイルされ，実行時に実行時ライブラリと結合され，実行形式プログラムとなる．

Smalltalk，C++，Java

プログラミングの対象物をすべて値と振舞いを兼ね備えたオブジェクト（object）と見なすというオブジェクト指向の発想はSimula67プログラミング言語に遡るが，世界で初めての商用**オブジェクト指向プログラミング言語**はゼロックスPARCが開発した**Smalltalk-80**である．その後1986年頃に米国のベル研究所のストロウストラップ（B. Stroustrup）がSmalltalk-80に基づきCをオブジェクト指向拡張した混成プログラミング言語が **C++** である．C++の意味はC言語の規則から分かるように，Cに1（つまり，オブジェクト指向）を足したという意味である．サンマイクロシステムズが1995年に発表した**Java**はオブジェクト指向プログラミング言語であるが，アプレットと称するJavaで書かれたアプリケーションをウェブサーバから取り込み，ユーザのウェブブラウザで直接実行できるので，インターネット時代のプログラミング言語の寵児ともてはやされている．

Visual Basic

Visual Basic（ビジュアル ベーシック）はGUIを採用し，部品を組み立てる感覚でアプリケーションを開発し易いようにマイクロソフト（Microsoft Corporation）が開発したプログラミング言語．**VB**（ブイビーと発音）と省略した言い方もよく耳にする．

Python と R

Python（パイソン）や**R**はビッグデータ解析などデータサイエンスの高まりと共に注目されているオープンソースのプログラミング言語である．Pythonは1991年に，Rは1993年に開発されたという．PythonはRに比べて文法がシンプルで習得し易く汎用性が高いといわれているが，共に，統計分析，データ分析，機械学習のためのライブラリが豊富である．

プログラミング言語はさまざまな計算（computation）を書き下すための言語であるが，XML文書やウェブページを記述するための言語にXMLやHTMLがある．それらを概観しておく．

XML

XML（eXtensible Markup Language）はW3C（World Wide Web Consortium）がその仕様を勧告して標準化されている**拡張可能汎用マークアップ言語**である．**マークアップ**は「印を付ける」という意味であるが，文書を**タグ**（tag）を用いて構造化して**構造化文書**を得ることをいう．2000年にW3Cから勧告されたXML 1.0（第2版）が邦訳されて2002年にJIS規格JIS X 4159:2002となっている．2006年にW3CがXML1.1（第2版）を勧告している．XMLは**SGML**（Standard Generalized Markup Language）の単純化されたサブセットとして始まったが，SGMLと異なりユーザが自由にタグを定義できるので拡張可能（extensible）といわれる．ここに，SGMLはマニュアルなどの文書を電子化するための技術として米国で開発され，1986年にISO規格ISO8879:1986，1992年にJIS規格JIS X 4151:1992となっている．

HTML

HTML（HyperText Markup Language）はW3Cによりその仕様が勧告され標準化されているウェブページ記述用マークアップ言語である．HTML 1.0は1993年に世に出たが，ウェブを発明したバーナーズ=リー（T. Berners-Lee）らにより提案されたHTMLの設計制約に合わせている．HTMLではタグ付けにより文書の構造（パラグラフなど）に加えて**ウェブページ**として表示されたときのレイアウトを指定できる．Google Chrome，Safari，Microsoft Edge，Firefoxなどのウェブブラウザはウェブサーバからインターネット経由でウェブページを読み出して，それを表示する．HTML 4.01 が 1997 年に W3C 勧告となり，それをベースに，ISO 規格 ISO/IEC 15445:2000 が制定され，それが翻訳されて 2005 年に JIS 規格 JIS X 4156:2005 となっている．現在，XML の文法に従った HTML である **XHTML**（Extensible HTML）が W3C より勧告され，HTML から XHTML への移行が進んでいる．

■ JavaScript

ウェブページの文書構造を HTML で指定し，スタイル（= 表現方法）は CSS（Cascading Style Sheets，スタイルシート）で記述し，更にウェブページの動的な動き，たとえば，画像のスライドショー，カルーセル，アニメーション，ナビゲーション，スムーススクロール，画面の拡大表示などを**JavaScript**（ジャバスクリプト）で記述することで，魅力あるウェブページを作り上げようとする．

7.4 文字コードと度量衡

7.4.1 文字コードとフォント

コンピュータでは文字をどのように表現しどのように処理しているのか，プログラミングに際しては文字コードを理解しておく必要がある．関連して，フォントに関する知識も必要である．

■ 文字コード

文字コード（character code）とは，コンピュータで用いることのできる文字一つひとつに割り当てられた 1 バイト，あるいは 2 バイト（以上）による表現をいう．そのように表現されることで，コンピュータは文字を認識し処理可能となり，その結果としてコンピュータ間での情報交換も可能となる．

たとえば，1 バイト（= 8 ビット）を用いて文字を表そうとすると，2^8（= 256）種類の文字しか表せないことは明らかである．しかし，これだけあれば英数字を表すには十分であり，たとえば，米国規格協会（ANSI）が制定した **ASCII**（アスキー）はその典型である．そこでは英字（大文字・小文字），数字，特殊文字 96 字が規格化されている．しかし，日本では，ひらがな，カタカナ，漢字を併用しており，日本語を 1 バイトで表すことは無理で，2 バイト使用することになる（最大 $2^{16} = 65,536$ 種類）．実際，字数は，1946 年に策定された**当用漢字**（1981 年に廃止）は 1,850 字からなり，1981 年に告示された**常用漢字表**は当用漢字に 95 字が追加されて 1,945 字からなっていたが，2010 年に改定常用漢字表となり 2,136 字からなる．他に，名前に用いることのできる**人名用漢字**が 2017 年の改定で 863 字となった．いうまでもなく，漢字は常用漢字や人名用漢字だけでなく，他にも多数あり，それらも含めてきちんと規格化しておかないと，コンピュータによる文字処理やコンピュータ間の情報交換は成り立たない．そのために，日本語の文字コードをどのように決めておくかは日本産業規格（JIS）として規格化されている．1978 年に第 1 次規格が制定され，そこでは漢字 6,349 字を含む 6,802 字が規格化された．その後の改正により，1997 年に制定された JIS X 0208:1997 では 6,879 字が規格化され，2004 年に制定された JIS X 0213:2004 では 11,233 字が規格化さている．これらは使用頻度の高低により，**第 1 水準漢字**（2,965 字），**第 2 水準漢字**（3,390 字），**第 3 水準漢字**（1,259 字），**第 4 水準漢字**（2,436 字），及び非漢字（1,183 字），合計 11,233 字に分類されている．JIS で制定されている漢字及び非漢字コードを総称して **JIS 漢字コード**という．

ここでは，JIS 漢字コードを掻い摘んで説明する．1 文字は 2 バイトで表されるので，16 ビットのビット列がどのようなビットパターンをとるかで，文字を指定しようとするものである．そこで，高位の 8 ビット（16 ビットのビット列の左半分）を第 1 バイト，後半の 8 ビットを第 2 バイトと呼ぶことにする．更に，1 バイトは 8 ビットのビット列なので，それはその高位 4 ビットと下位 4 ビットに分けて考えることができる．ところが，4 ビットで表される数字は（10 進数で）0～15 である．そこで，それを **16 進数表記**することにする（0，1，2，3，4，5，6，7，8，9，A，B，C，D，E，F が（この順で）16 進数の基数である．ちなみに，10 進数の基数は 0，1，2，3，4，5，6，7，8，9 である）．そうすると，1 バイトがとる値はその高位の 4 ビットが表す 16 進の数字と下位の 4 ビットが表す 16 進の数字の対で表されることになる．たとえば，1 バイトのビット列が 00100001 であれば，その高位の 4 ビットが表すビット列 0010 は 16 進数では 2 を表し，下位の 4 ビット列の 0001 が表す 16 進数は 1 であり，このビット列 00100001 は 16 進数の対 $(2, 1)$ と表せる．これを 21 と書いても紛らわしいことはないので，以後このような書き方にする．ちなみに，1 バイトが 01111110 であるビット列は 16 進数の対で表せば 7E である．つまり，1 文字を 2 バイトで表し，そのとき，第 1 バイトと第 2 バイトを各々上記のように 16 進数の対で表すことにすると，1 文字は第 1 バイトが表す 16 進数と，第 2 バイトが表す 16 進数の対で表されることになる．これを**コード**（code）という．ちなみに，JIS 漢字コードでは，「あ」という文字のコードは 2422 であるが，これは $(24, 22)$ という対を意味し，24 は 16 進数の対で，対全体としてはビット列で 00100100 を意味し，22 は同様に 00100010 を意味するから，「あ」という文字は 2 バイトで表すと 0010010000100010 という 16 ビットのビット列としてコンピュータに格納されたり，データとして送信されたりすることが分かる．なお，2422 が 16 進数を 4 つ並べた数字であることを明示的に表したいときは「0x2422」と記す．つまり JIS 漢字コードにより，「あ」が「0x2422」に変換されることになる．

文字コードはさまざまである．たとえば，シフトJIS漢字コード（SJIS）はJIS漢字コードを改良したものである．ASCII（アスキー）（American Standard Code for Information Interchange）は1文字を7ビットで表した文字コードで（10進数では0〜127），情報処理分野の標準的な文字コードとして世界中に普及している．世界にはさまざまな各国独自の文字コードが存在するわけで，それらの文字コードで符号化された文書をファイルやインターネット経由で受け取っても，その文字コードをコンピュータが理解できないと正確な表示や処理はできない．また，他国語を混在させた文書の必要性はグローバル化の中で日常となっている．あらゆる文字コードを1つの体系に収めた2バイト（以上）の文字コードを策定しようとする機運が米国で高まり，Apple, Microsoft, IBMなどがメンバーとなりユニコードコンソーシアム（The Unicode Consortium）が設立され，1991年のUnicode 1.0を皮切りに，幾度となく改正され，2021年にはUnicode 14.0.0（ISO/IEC 10646:2020）が**Unicode**として制定されている．

フォント

文字コードに関連して，たとえば，文書を作成しているとき，キーボードからの入力に応じて画面上に文字が表示されるが，明朝体なのか，ゴシック体なのか，あるいはCentury体なのか，そして大きさは10.5ポイントなのか，12ポイントなのかなどを指定する，つまり**フォント**（font，文字の書体と大きさ）を指定することで，印刷イメージが固まる．

文字表示の仕組みとしては，コンピュータが文字データをどのように持つかにより，大別して，ドットフォントとアウトラインフォントの2つがある．**ドットフォント**（dot font）はコンピュータ画面に文字を表示する場合に，**アウトラインフォント**（outline font）は文字の輪郭線がきれいに出るので印刷原稿を作成するときに多用される．ここでは，ドットフォントを見てみる．

たとえば，XGA（eXtended Graphics Array）規格であれば，縦・横に1024 × 768（= 786,432）個のピクセル（pixel，画素）からなるディスプレイ上で，個々のピクセルをどのように発色させるかで文字や画像をディスプレイ上に描くという仕組みとなっている．

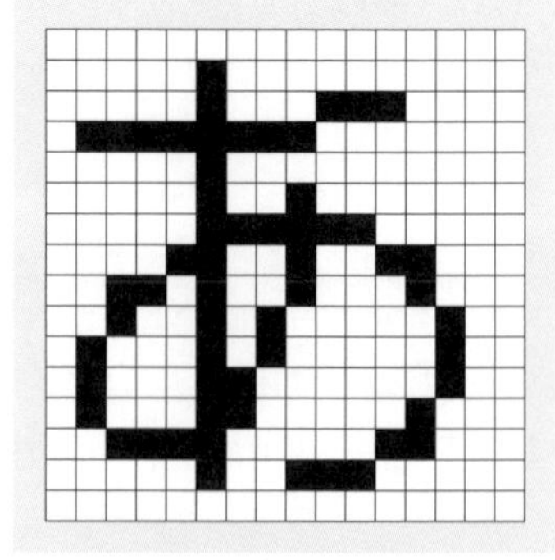

図7.5 「あ」の16ドットフォント例

文字はあらかじめ 16×16（$= 256$）ピクセルで表現するとすれば（16 ドットフォント），どのピクセルを黒にし，どれを白にするかを指定すれば，黒色の文字が書ける．この場合，可能な図形の数の上限は 2^{256} であるので，2 バイト文字コードが表せる異なる文字の数 2^{16}（$= 65{,}536$）を十二分にカバーしていることに注意しよう．文字をデザインするにあたっては，字形の美しさが問われる．図7.5に 16 ドットフォントでひらがな「あ」を表した例を示す．

7.4.2　コンピュータ分野における度量衡

コンピュータサイエンスの分野でも，長さや質量，電荷や電位差といった量，あるいはそれらの量の大きさを表すために，さまざまな記号が用いられている．自分勝手な記号を定義して使用することは得策ではなく，広く流布しているものがあればそれに従うのがよい．**国際単位系**（International System of Units, **SI**）は，メートル条約加盟国からなる国際度量衡（どりょうこう）局（International Bureau of Weights and Measures, BIPM）の総会で承認された国際的な単位系である．SI は，長さ，質量など 7 つの基本的な量の単位の名称や記号を定義する SI 基本単位，基本単位の乗除だけで組み立てられる周波数，エネルギー，電荷，電圧など 22 の量の名称，記号，基本単位による表現を定義する SI 組立単位，そして SI 単位の 10^{-30} から 10^{30} までの大きさを表すための 24 個の **SI 接頭語**（prefix）からなる．

つまり，SI 接頭語とは，10 の冪乗（べきじょう）倍を表す接頭語のことをいい，表7.2に 24 個の SI 接頭語を示す．ここで，10^6 以上の大きさ（= 乗数）の記号は大文字で表され

表7.2　SI 接頭語表

名　称	記号	大きさ	名　称	記号	大きさ
クエタ (quetta)	Q	10^{30}	デシ (deci)	d	10^{-1}
ロナ (ronna)	R	10^{27}	センチ (centi)	c	10^{-2}
ヨタ (yotta)	Y	10^{24}	ミリ (milli)	m	10^{-3}
ゼタ (zetta)	Z	10^{21}	マイクロ (micro)	μ	10^{-6}
エクサ (exa)	E	10^{18}	ナノ (nano)	n	10^{-9}
ペタ (peta)	P	10^{15}	ピコ (pico)	p	10^{-12}
テラ (tera)	T	10^{12}	フェムト (femto)	f	10^{-15}
ギガ (giga)	G	10^{9}	アト (atto)	a	10^{-18}
メガ (mega)	M	10^{6}	ゼプト (zepto)	z	10^{-21}
キロ (kilo)	k	10^{3}	ヨクト (yocto)	y	10^{-24}
ヘクト (hecto)	h	10^{2}	ロント (ronto)	r	10^{-27}
デカ (deca)	da	10^{1}	クエクト (quecto)	q	10^{-30}

ているが，10^3 以下の大きさの記号は小文字で書かれていることに注意する（10^3 を表すキロの記号は K ではなく k）．他に，SI 単位とは制定されていないが，SI と併用される単位として，分（記号は min，値は $1\,\mathrm{min} = 60\,\mathrm{s}$），時，日，トン（記号は t，値は $1\,\mathrm{t} = 10^3\,\mathrm{kg}$）などが定義されている．なお，コンピュータサイエンスに関係する基本単位には，長さ（単位の名称はメートル，記号は m），質量（単位の名称はキログラム，記号は kg），時間（単位の名称は秒，記号は s），電流（単位の名称はアンペア，記号は A）などがある．組立単位には，周波数（単位の名称はヘルツ，記号は Hz，基本単位による表現は s^{-1}），電荷（単位の名称はクーロン，記号は C，基本単位による表現は s·A），電位差（電圧）（単位の名称はボルト，記号は V，基本単位による表現は $\mathrm{m}^2\cdot\mathrm{kg}\cdot\mathrm{s}^{-3}\cdot\mathrm{A}^{-1}$），電気抵抗（単位の名称はオーム，記号は Ω，基本単位による表現は $\mathrm{m}^2\cdot\mathrm{kg}\cdot\mathrm{s}^{-3}\cdot\mathrm{A}^{-2}$）などがある．

2 進接頭辞

コンピュータでは，処理するデータや記憶の単位は**ビット**（bit，binary digit の略，0 あるいは 1 という 2 進数を表す 1 桁のことで，記号は b）で表される．コンピュータは，歴史的に 2 進数の 8 桁，つまり 8 ビットでもって，データをひとかたまりとして扱ってきた経緯がある．これにより 2^8（$= 256$）個の連続した整数（たとえば，符号なしで 0 から 255，符号付きで -127 から $+127$，など）を表すことができるが，この量を**バイト**（byte）と称し，記号として B を使う（b と B でビットとバイトを区別するが，不安を解消したい場合は bits，bytes と明記してかまわない）．更に，コンピュータは 2 進数の世界で生息しているが故に，（大きな）データ量を表示するときに，2 の冪乗で表すと都合が良い．ちなみに，$2^{10} = 1,024$ であり，10 進数の 10^3（= 1,000，SI 接頭語では名称がキロ，記号は k）に近い．そこで，2^{10} をやはりキロと呼び，記号は K とする表し方が流布している．この 2 の冪乗倍を表す接頭辞のことを**2 進接頭辞**という．したがって，1 kB と書けば，SI 接頭語なので 1,000 B を意味し，1 KB と書けば，2 進接頭辞なので 1,024 B を意味することとなる．しかし，1 MB と書いたときには，SI 接頭語では 10^6 B（ちなみに，$10^6 = 1,000,000$）を意味し，2 進接頭辞による表現では 2^{20} B（ちなみに，$2^{20} = 1,048,576$）を意味するが，どちらを意味しているのかは，1 MB という表示だけでは分からない．コンピュータ分野では，伝統的に CPU の動作周波数やインターネットの伝送速度などには SI 接頭語が，半導体メモリの容量などは 2 進接頭辞が使われることが多い．しかし，ハードディスクドライブ（HDD）の記憶容量の表示には SI 接頭語が使われているという．なぜなら，2 進接頭辞で表示するより SI 接頭語で表示した方が，見かけ上容量が多く見えるからである．ちなみに，SI 接頭語で 500 GB の HDD は 2 進接頭辞では 466 GB の

HDD となってしまう（なぜならば，$10^9 \div 2^{30} \fallingdotseq 0.931$）．SI 接頭語と 2 進接頭辞の併用はややこしい．

この曖昧性を解消するために，国際電気標準会議（International Electrotechnical Commission，**IEC**）は 1998 年に 2 進接頭辞を IEC 規格として承認し，それらの名称と記号を，2^{10} を**キビ**（記号は Ki），2^{20} を**メビ**（記号は Mi），2^{30} を**ギビ**（記号は Gi），2^{40} をテビ（記号は Ti），2^{50} をペビ（記号は Pi），2^{60} をエクスビ（記号は Ei），2^{70} をゼビ（記号は Zi），2^{80} をヨビ（記号は Yi）とした．ビは binary の bi に由来する．ただ，この規格は流布しているとはいえない状況である．

第 7 章の章末問題

問題 1　プログラミング的思考に必要な 4 つの基礎とは何かを簡単に説明しなさい．

問題 2　数列 8, 3, 5, 2 が選択ソート法で（昇順に）ソーティングされていく様子を逐次示してみなさい．

問題 3　数列 8, 3, 5, 2 がバブルソート法で（昇順に）ソーティングされていく様子を逐次示してみなさい．

問題 4　コンピュータ分野における度量衡として SI 接頭語と 2 進接頭辞がある．次の問いに答えなさい．

(問 1)　SI 接頭語とは何か説明しなさい．

(問 2)　2 進接頭辞とは何か説明しなさい．

(問 3)　SI 接頭語で 500 GB の HDD は 2 進接頭辞では何 GB の表現となるか答えなさい．

第8章 データベース

8.1 データベースとは何か

データベース（database）とはコンピュータ内に構築された**実世界**（the real world, 我々が住んでいる世界）の写し絵（うつしえ）である．換言すれば，実世界で起こっているさまざまな現象や事象，たとえば，あるスーパーマーケットでどのような商品が何個売れたとかいったことを**データ**（data）として機械可読（machine readable）な形でコンピュータに格納し，多様なユーザの質問（= 問合せ）やデータ処理に供することができるように管理したデータの基地である．

図8.1に実世界とデータベースの関係を示す．実世界での出来事を記述するためには，何らかの記号系（symbol system）が必要である．これを**データモデル**（data model）という．たとえば，松尾芭蕉が東北を紀行して最上川に差しかかったとき，その情景を「五月雨をあつめて早し最上川」と詠ったが，俳句は「季語を含む五・七・五の定型詩」という決まりがある．これが俳句の場合の記号系であり，データベースでいえばデータモデルである．データモデルに基づいて実世界をデータベース化する過程をデータモデリング（data modeling）という．現在使用されているデータベースシステムに採用されているデータモデルの代表格はリレーショナルデータモデルである（8.2 節）．リレーショナルデータモデルに基づき構築されたデータベースをリレーショナルデータベースという．

図8.1でもう 1 つ注目するべきは，**データベース管理システム**（DataBase Management System, **DBMS**）の存在である．実世界の写し絵であるデータベースを作成しただけではデータを死蔵しているにすぎない．構築されたデータベースを利用したい者がいるはずである．また，実世界は時々刻々変化していくものであるから，データベースもそれを反映して時々刻々更新されていかねばならない．多数の利用者に同時にデータベースをアクセス可能とし，加えて，データベースを常に実世界を反映した最新の正しい状態に保っていく仕事をするのが DBMS である．Oracle Database, Db2, SQL Server, PostgreSQL, MySQL といったシステム名を目や耳にした読者もいるのではないかと想像するが，それらはリレーショナルデータベースを管理・

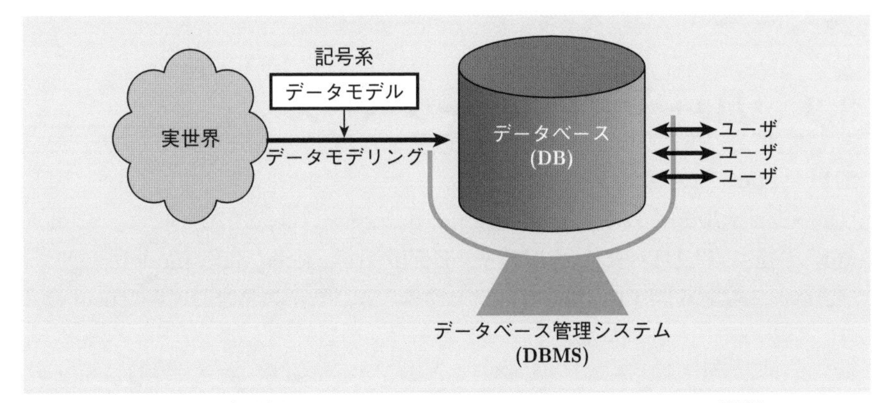

図8.1　実世界・データモデル・データベース・DBMSの関係

運用するための**プロプライエタリ**（proprietary）あるいはオープンソースソフトウェア（**OSS**）のリレーショナルDBMSの製品名である．

なお，ここで注意しておきたいことは，データベースといった場合に往々にして3つの意味合いで使われていることである．

- コンテンツとしてのデータベース
- DBMS
- コンテンツとしてのデータベースとそれを管理するDBMSの総称

以下，本書では，これら3つの異なる概念をできうる限り峻別（しゅんべつ）するべく心がけるが，「データベース」という用語で上記3つの概念を含意するようにも使う．まさしく，本章のタイトルはその意味で使っている．また，「データベースシステム」という用語があるが，これはDBSMを指している場合もあれば，コンテンツとしてのデータベースとそれを管理するDBMSの総称を意味している場合もある．

更に，図8.1に記載されている「ユーザ」について一言述べる．大別して，2種類のユーザがいる．

- エンドユーザ
- アプリケーションプログラマ

エンドユーザ（end user）は，特定の業務をこなすといった使い方ではなく，たとえば，「山田太郎さんの給与は？」といったその場限りの質問をデータベースに発行してくるようなユーザである．アドホック（ad hoc）ユーザともいう．

アプリケーションプログラマは，特定の業務，たとえば，社員のボーナスの計算を社員データベースにアクセスしながら行うとか，売上の前年同月比を売上データベースにアクセスしながら計算するとか，いわゆるアプリケーションプログラムを作成するためにデータベースにアクセスしてくるユーザである．

8.2 リレーショナルデータベース

8.2.1 リレーショナルデータモデル

リレーショナルデータベース（relational database）は，1970年にコッド（E.F. Codd）が提案した**リレーショナルデータモデル**（relational data model）に基づくデータベースである．リレーショナルデータモデルは数学の集合論（set theory）に立脚した極めてフォーマルなデータモデルあり，一言でいえば「データベースとはリレーションの集まりである」と定義したということである．ここに，**リレーション**（relation）とは有限個の集合の直積（direct product）の有限部分集合と定義される．

たとえば，データベース化したい実世界が大学での学生と科目と履修関係であったとしよう．また，学生は学籍番号，氏名，学部を，科目は科目名と単位数を，履修は得点を，それぞれ**属性**（attribute）として有しているとしよう．このとき，この大学で（過去・現在・未来で）使用される学籍番号の集合を**ドメイン** dom(学籍番号) と定義する．同様に dom(氏名)，dom(学部)，dom(科目名)，dom(単位数)，dom(得点)を定義する．このとき，リレーション 学生 (学籍番号, 氏名, 学部)，科目 (科目名, 単位数)，履修 (学籍番号, 科目名, 得点) が定義でき，それらはドメインの直積の有限部分集合として次のように定義される（$\times$ は直積演算を，$\subseteq$ は部分集合を表す）．

$$学生 \subseteq \mathrm{dom}(学籍番号) \times \mathrm{dom}(氏名) \times \mathrm{dom}(学部)$$

$$科目 \subseteq \mathrm{dom}(科目名) \times \mathrm{dom}(単位数)$$

$$履修 \subseteq \mathrm{dom}(学籍番号) \times \mathrm{dom}(科目名) \times \mathrm{dom}(得点)$$

具体的に，この大学には，学生が田中，鈴木，佐藤と3人いて彼らの学籍番号はS1, S2, S3である．科目はデータベース，ネットワークと2つあり，それらの単位数はそ

学生

学籍番号	氏名	学部
S1	田中	社会情報
S2	鈴木	理工
S3	佐藤	社会情報

科目

科目名	単位数
データベース	2
ネットワーク	2

履修

科目名	学籍番号	得点
データベース	S1	80
データベース	S2	100
ネットワーク	S2	50
ネットワーク	S3	70

図8.2 リレーショナルデータベースの例

れぞれ2である．そして4つの履修，すなわち，(データベース,S1,80)，(データベース,S2,100)，(ネットワーク,S2,50)，(ネットワーク,S3,70)があったとする．これらは，定義した3つのリレーションにデータとして挿入されて図8.2に示されるようなリレーショナルデータベースができ上がる．リレーションの1本の行（row）を**タップル**（tuple）といい，各リレーションのタップルはそれぞれ1人の学生，1つの科目，あるいは1つの履修を表している．

以下，注意するべき点を2つ記す．1つは，たとえば，学生が退学すればリレーション 学生 からその学生を表すタップルは削除され，その結果，リレーションの内容と実世界での事柄が一致することになりデータベースの**一貫性**（consistency）が実現できる．このように，学生が退学したり，編入したりする時点でリレーション 学生 の内容（contents），つまりタップルの集合，は時々刻々変化するが，一方で，リレーション 学生 が学生の学籍番号，氏名，学部を表しているということ自体にはいささかの変化もない．そこで，この違いを峻別するために，時変なリレーションに対して，時間的に変化しないこのリレーションの概念を**リレーションスキーマ**（relation schema）といい，時変なリレーションはリレーションスキーマの**インスタンス**（instance）という．リレーションスキーマという概念を導入したことはとても大事なことで，データベースを設計するとはリレーションスキーマを設計していくことをいう．

もう1つは，**キー**（key）である．リレーションは集合と定義されているので，リレーションを構成するタップルはすべて異なる．これは，集合とは異なる元の集まりという数学的定義による．そうすると，リレーション $R(A_1, A_2, \ldots, A_n)$ が与えられると R のタップルを一意識別できる属性の組 $K = \{A_{1'}, A_{2'}, \ldots, A_{m'}\}$，ここに $m \leqq n \wedge 1' \neq 2' \neq \cdots \neq m'$，が存在することになる．$K$ を R のキーという．キーが複数ある場合は1つを選んで**主キー**（primary key）とする．たとえば，リレーション 社員 に社員番号とマイナンバーという属性があれば，それらはどちらも社員を一意識別できるので，どちらかを選んで主キーとする．前出のリレーション 学生 では学籍番号が，リレーション 履修 では{科目番号,学籍番号}が主キーである．主キーを構成する属性にはアンダーラインを引く．キーはリレーションスキーマ R のすべてのインスタンス R に対して成立しないといけないという意味で，リレーションスキーマに対する性質である．

8.2.2 実体–関連モデル

リレーショナルデータベースの設計に少しばかり立ち入ると，まず，**実体–関連モデル**（Entity-Relationship model，ER モデル）を用いて実世界を記述し，続いて，このモデリングで得られた**実体–関連図**（Entity-Relationship diagram，**ER 図**）をリレーショナルデータベースに変換するという手法が基本である.

たとえば,前出の学生–科目–履修データベースを構築する場合,まずERモデルで実世界を概念レベルで把握しモデリングする.学生や科目を**実体**(entity)として捉え,履修を学生と科目の間の**関連**(relationship)として捉える.加えて,実体を一意に識別できる属性にアンダーラインを引き主キー(primary key)であることを表す.もしそのような属性が2個以上あれば(たとえば,学籍番号とマイナンバー),データベース構築の目的を勘案して,それらのうちの1つを選択して主キーとする.この結果得られたER図が図8.3の左半分に示される実体–関連図である.ER図が求められると,続いて,それを単純な規則に基づいて変換することでリレーショナルデータベースが得られる.これが図の右半分に示されている.変換ルールであるが,極めて機械的で,この例では,実体としての学生に対してリレーションスキーマ 学生(学籍番号,氏名,学部)が,実体としての科目に対してリレーションスキーマ 科目(科目名,単位数)が,関連としての履修に対してリレーションスキーマ 履修(学籍番号,科目名,得点)が定義される.

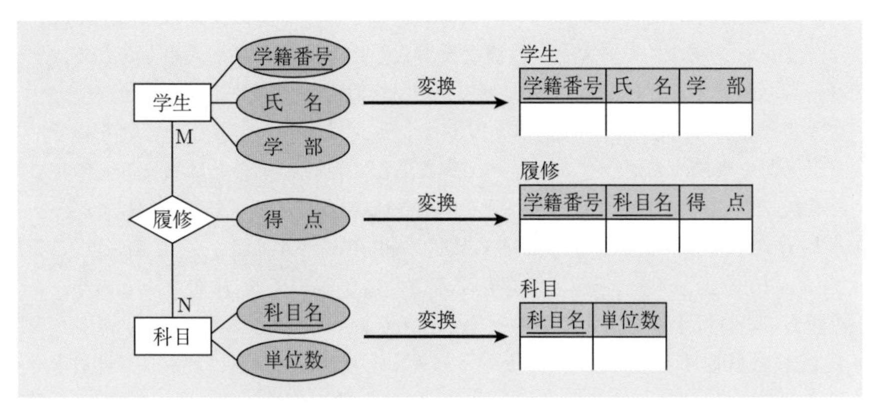

図8.3 実体–関連図の一例とそのリレーショナルデータベースへの変換

リレーションの正規化

上述のような手法でリレーショナルデータベースを設計することができるが,より使い易いデータベースとするために,一般にはリレーションの**正規化**(normalization)が必要となる.リレーションを定義するドメインが単純(simple),すなわちドメインが単なる数値や文字列の集合であるとき,リレーションは第1正規形(the first normal form)であるといわれるが,リレーションが第1正規形であるだけではさまざまな更新時異状(update anomaly)が発生するので,それを解消するべくリレーションを第2正規形，第3正規形，ボイス–コッド正規形，第4正規形，第5正規形へと高次に正規化していく必要がある．通常は，リレーショナルデータベースは第3正規形のリレーションの集まりとして設計される．なお，図8.2のリレーションはすべて第3正規形の条件を満たしている．正規化にあたっては，関数従属性や多値従属性といったデータベースの一貫性制約記述が重要な役割を果たすことになる．

8.2.3 リレーショナル代数

リレーショナルデータベースに**質問**（= **問合せ**，query）を発行するとき，リレーショナルデータモデルでは**リレーショナル代数**（relational algebra）という**データ操作言語**（Data Manipulation Language，**DML**）を用いる．実際のリレーショナルデータベースに質問を発行するときには国際標準リレーショナルデータベース言語SQLが規格化されているが，その理論的根拠はリレーショナル代数である．SQLは次節で紹介するが，ここでは，まず，リレーショナル代数を見ておく．

リレーショナル代数はコッドによりリレーショナルデータモデルの提案時にデータ操作言語の1つとして提案され，合計8つの演算が導入された．それらは4つの集合演算と4つのリレーショナル代数に特有の演算に分類できる．

4つの集合演算

- 和集合演算（$\cup$）
- 差集合演算（$-$）
- 共通集合演算（$\cap$）
- 直積集合演算（$\times$）

4つのリレーショナル代数に特有の演算

- 射影演算
- 選択演算
- 結合演算
- 商演算（$\div$）

2つのリレーション $R(A_1, A_2, \ldots, A_n)$ と $S(B_1, B_2, \ldots, B_m)$ が和両立，すなわち，$n = m \wedge (\forall i)(\mathrm{dom}(A_i) = \mathrm{dom}(B_i))$ が成立しているとき，R と S の**和**，**差**，**共通**，それぞれ $R \cup S$，$R - S$，$R \cap S$ と書く，は次のように定義される．たとえば，$\mathrm{dom}(A_1) = \mathrm{dom}(B_1) = \mathrm{INTEGER}$ として，$R(A_1) = \{1, 2, 3, 4\}$，$S(B_1) = \{3, 4, 5, 6\}$ としたとき，$R \cup S = \{1, 2, 3, 4, 5, 6\}$，$R - S = \{1, 2\}$，$R \cap S = \{3, 4\}$ である．ここで，$R \cup S$ に 3, 4 が2度現れないことに注意したい．集合であるリレーションは元の重複を許さないからである．

R と S の**直積**，$R \times S$ と書く，をとるときは R と S が和両立である必要はないが，たとえば，$R(A_1)$ と $S(B_1)$ を上記の通りとすれば，$R \times S = \{(1,3), (1,4), (1,5), (1,6), (2,3), (2,4), (2,5), (2,6), (3,3), (3,4), (3,5), (3,6), (4,3), (4,4), (4,5), (4,6)\}$ となる．

さて，リレーション $R(A_1, A_2, \ldots, A_n) = \{t_1, t_2, \ldots, t_p\}$，$R$ の属性集合 $Z = \{A_{1'}, A_{2'}, \ldots, A_{m'}\}$，ここに $m \leqq n \wedge 1' \neq 2' \neq \cdots \neq m'$，とするとき，$R$ の Z 上

の**射影**，これを $R[Z]$ と書く，は次のように定義される．

> $R[Z] = \{t[Z] \mid t \in R\}$，ここに，$t = (a_1, a_2, \ldots, a_n)$ とするとき，$t[Z] = (a_{1'}, a_{2'}, \ldots, a_{m'})$ と定義される．

リレーション $R(A_1, A_2, \ldots, A_n) = \{t_1, t_2, \ldots, t_p\}$ とするとき，R の属性 A_i と A_j 上の **θ-選択**，$R[A_i\ \theta\ A_j]$ と書く，は次のように定義される．ここに，θ は比較演算子で，$=$，$\neq$，$<$，$>$，$\leqq$，$\geqq$ のいずれかであり，A_i と A_j は比較可能，つまり，任意の $t \in R$ に対して $t[A_i]\ \theta\ t[A_j]$ の真偽が常に決まる，であるとする．なお，θ が $=$，$\neq$，$<$，$>$，$\leqq$，$\geqq$ に対応して，等号選択，不等号選択，小なり選択，大なり選択，以下選択，以上選択と呼ぶ．

$$R[A_i\ \theta\ A_j] = \{t \mid t \in R \wedge t[A_i]\ \theta\ t[A_j]\}$$

リレーション $R(A_1, A_2, \ldots, A_n)$ と $S(B_1, B_2, \ldots, B_m)$ の A_i と B_j 上の **θ-結合**，$R[A_i\ \theta\ B_j]S$ と書く，は次のように定義される．ここに，$R.A_i$ と $S.B_j$ は A_i が R の属性であることと B_j が S の属性であることを明示的に表した書き方であり，両者は比較可能とする．θ が $=$ のとき，等結合と呼ぶ．

$$R[A_i\ \theta\ B_j]S = (R \times S)[R.A_i\ \theta\ S.B_j]$$

リレーション $R(A_1, A_2, \ldots, A_{n-m}, B_1, B_2, \ldots, B_m)$ の $S(B_1, B_2, \ldots, B_m)$ による**商**，$R \div S$ と書く，は次のように定義される．なお，商と名付けている理由は $(R \times S) \div S = R$ となるからである．

$$\begin{aligned} R \div S = {} & R[A_1, A_2, \ldots, A_{n-m}] \\ & - ((R[A_1, A_2, \ldots, A_{n-m}] \times S) - R)[A_1, A_2, \ldots, A_{n-m}] \end{aligned}$$

■ リレーショナル代数表現

リレーションにリレーショナル代数演算を施した結果がまたリレーションになるという性質に着目すると，リレーショナル代数演算を再帰的に適用してさまざまな質問を書き下すことができる．そのようにして得られる質問を**リレーショナル代数表現** (relational algebra expression) といい，その定義は次のように与えられる．ここに，実リレーション (base relation) とはリレーショナルデータベースに格納されているリレーションのことをいう．

リレーショナル代数表現の定義

(1) リレーショナルデータベースの実リレーション R は表現である.

(2) R と S を和両立な表現とするとき, $R \cup S$, $R–S$, $R \cap S$ は表現である.

(4) R と S を表現とするとき, $R \times S$ は表現である.

(5) R を表現とするとき, $R[Z]$ は表現である. ここに Z は R の属性集合である.

(6) R を表現とするとき $R[A_i \ \theta \ A_j]$ は表現である. ここに A_i と A_j は R の属性で θ-比較可能とする.

(7) R と S を表現とするとき $R[A_i \ \theta \ B_j]S$ は表現である. ここに, $R.A_i$ と $S.B_j$ は θ-比較可能とする.

(8) R と S を表現とするとき $R \div S$ は表現である. ここに, $R(A_1, A_2, \ldots, A_{n-m}, B_1, B_2, \ldots, B_m)$, $S(B_1, B_2, \ldots, B_m)$ である.

(9) 以上の定義によって得られた表現のみがリレーショナル代数表現である.

なお, リレーショナル代数表現でさまざまな質問を書き下せることは本章の演習問題で確かめる.

8.3 国際標準リレーショナルデータベース言語SQL

データベース言語の標準化は構築したデータベースやアプリケーションプログラムの再利用などを考えると必須で, リレーショナルデータベースについては ANSI (American National Standards Institute, 米国国家規格協会) がいち早く取り組み, それに ISO (International Organization for Standardization, 国際標準化機構) が呼応して, 1987 年には国際標準リレーショナルデータベース言語 **SQL** (エスキューエルと発音する固有の語) が制定された. 同年, 日本でもその邦訳が日本産業規格 JIS X 3005 として制定された. SQL はその後も改正を重ねられて, SQL-92 が 1992 年に国際標準になり, その後オブジェクト指向拡張を施された SQL:1999 が規格化され, その後も幾度となく改正されて現在に至っている. SQL-92 はリレーショナルデータベースが有すべき機能をほぼ完全に満たすべく規格化されたといわれており完成度が高く, 本書も **SQL-92** の規格に沿った表現形式を採用している (以下, 単に SQL と書く).

SQL により質問 (= 問合せ) を書き下すことを「問合せを指定する」という. **問合せ指定** (query specification) の基本構文の概略を図8.4に示す. 構文は BNF

```
<問合せ指定> :: =
    SELECT [ALL | DISTINCT]<選択リスト><表式>
<選択リスト> :: =
    <値式> [{, <値式> }···] | *
<表式> :: =
    <FROM 句>
     [<WHERE 句> ]
     [<GROUP BY 句> ]
     [<HAVING 句> ]
<FROM 句> :: =
    FROM <表参照> [(, <表参照> )···]
<WHERE 句> :: =
    WHERE <探索条件>
<探索条件> :: =
    <ブール項> | <探索条件> OR <ブール項>
<ブール項> :: =
    <ブール因子> | <ブール項> AND <ブール因子>
<ブール因子> :: =
    [NOT] <ブール一次子>
<ブール一次子> :: =
    <述語> | (<探索条件>)
<GROUP BY 句> :: =
    GROUP BY <列指定> [(, <列指定> )···]
<HAVING 句> :: =
    HAVING <探索条件>
```

図8.4 問合せ指定の基本構文の概略

SELECT <値式$_1$>, <値式$_2$>, ···, <値式$_n$>
FROM <表参照$_1$>, <表参照$_2$>, ···, <表参照$_m$>
WHERE <探索条件>

図8.5 SQL の問合せ指定の基本形

(Backus-Naur Form) 記法で与えられている．ここで，大括弧 [ ] はオプションを，省略記号 ··· は要素の 1 回以上の反復を，中括弧 { } はひとかたまりの要素の並びを表す．したがって，SQL の問合せ指定の基本形は図8.5に示すようになる．

さて，SQL で問合せを書き下したり，あるいは次節で論じる質問処理の最適化などの議論でも，問合せ指定を便宜的に次の 3 つのタイプの質問に分類して議論すると分かり易い．

- 単純質問（simple query）
- 結合質問（join query）
- 入れ子型質問（nested query）

以下，質問は図8.6に示される社員–部門データベースに対して発行されるとして，質問の書き下し方を説明する．

社員

社員番号	社員名	給与	所属
0650	山田太郎	50	K55
1508	鈴木花子	40	K41
0231	田中桃子	60	K41
2034	佐藤一郎	40	K55
0713	渡辺美咲	60	K55

部門

部門番号	部門名	部門長
K55	データベース	0650
K41	ネットワーク	1508

図8.6　社員–部門データベース

以下，社員–部門データベースに対して発行される単純質問と結合質問の例を挙げるが，SELECT 文が SQL の問合せ指定である．WHERE 句の探索条件で使用できる比較演算子には =，<>（不等号），>，>=（≧のこと），<，<=（≦のこと），BETWEEN などがある．文字列を属性値として指定する場合，所属 = 'K55' のように ' ' で括る．

単純質問

単純質問は表参照リストにただ 1 つの表名が現れる問合せである．単純質問の典型例を挙げる．

「K55 に所属していて給与が 50 以上の社員の社員番号と社員名を知りたい」

```
SELECT 社員番号, 社員名
FROM 社員
WHERE 所属 = 'K55'
    AND 給与 >= 50
```

その結果，これを**導出表**（= 結果リレーション）という，は右の通りである．

社員番号	社員名
0650	山田太郎
0713	渡辺美咲

結合質問

結合質問は表参照リストに少なくとも2つの表名（必ずしも異なっている必要はない）が現れる問合せである．リレーショナル代数の結合演算に対応する．典型的な結合質問の例として次を示す．

「データベース部に所属している社員の社員番号と社員名を求めよ」
SELECT X.社員番号, X.社員名
FROM 社員 X, 部門 Y
WHERE X.所属 = Y.部門番号
AND Y.部門名 = 'データベース'

ここに，X や Y は**相関名**（correlation name）と呼ばれ，この例ではそれぞれ社員表，部門表の行を指す．この質問の導出表は右の通りである．

社員番号	社員名
0650	山田太郎
2034	佐藤一郎
0713	渡辺美咲

入れ子型質問は WHERE 句にまた SELECT 文が入り込んだ問合せをいう．

なお，注意しないといけない点は，リレーショナル代数の場合と異なり，SQL では導出表に重複したタップルの出現が許される（たとえば，SELECT 給与 FROM 社員の導出表には給与が 40 や 60 が 2 度現れる）．これは意味論（semantics）の違いによるもので，重複を排除したい場合は，<問合せ指定> で DISTINCT を指定する（図8.4）．

また，導出表をあたかもリレーショナルデータベースに格納されている表のように使って更なる問合せ指定が行えるように，導出表を**ビュー**（view）として定義する機能が SQL に備わっている．

8.4 リレーショナルデータベース管理システム

リレーショナルデータベースを管理するミドルウェアを**リレーショナルデータベース管理システム**（リレーショナル DBMS）という．大別すると次に示す3つの機能を有する．

- メタデータ管理（metadata management）
- 質問処理（query processing）
- トランザクション管理（transaction management）

メタデータ管理

メタデータとはその名が示すように「データのデータ」という意味で，メタデータ管理は大別すると2つの機能を持つ．1つは，ユーザに対してであり，エンドユーザにしろアプリケーションプログラマにしろ，仕事をするにあたりデータベースに一体どのようなデータがどのようなリレーションに格納されているのかそれを知らないでデータベースにアクセスすることはできないので，メタデータにアクセスしてそれを知るという仕組みをいう．もう1つは，DBMSそのものに対してメタデータは収集され管理されていないといけないという意味で，自分が管理しているデータの種類やサイズ，あるいはどのようなインデックス（index，索引，データベースを高速に検索するための仕掛け）が付与されているか，誰がアクセス権を有するのかなど，質問を処理するにしろ，トランザクションを管理するにしろ，基本的な情報を提供するために必要不可欠なデータを管理するための仕組みである．

質問処理

質問処理は文字通り，ユーザやアプリケーションプログラムを実行していくにあたり発生するさまざまなデータベースに対する質問（＝問合せ）を処理する機能である．特にリレーショナルDBMSでは，リレーショナルデータモデルが極めてハイレベルで，SQLに代表される質問言語による問合せは**非手続的**（non-procedural）に書き下されるから，それをリレーションを実装しているファイルレベルの**手続的**コードにいかにして最適変換することができるかがシステムの優劣を支配する極めて大事な仕事になる．ここに，SQLが非手続的であるとは，問合せを発行するにあたり，「何が欲しいのか」だけを記述すればよく，「どのようにして所望のデータをアクセスするかという手続きは（リレーショナルDBMSが行ってくれるので）書かなくてよい」という意味である．SQLが非手続的であることは，前節で示したSELECT文を見てみると分かる通り，何を求めたいかだけを記せばよい．

トランザクション管理

トランザクション（transaction）とはDBMSに対するアプリケーションレベルの仕事の単位であるが，DBMSはトランザクション管理を行うことにより次の2つの機能を果たせる．

- 障害時回復（recovery）
- 同時実行制御（concurrency control）

トランザクションは，トランザクション自体の不備（たとえば，プログラムエラー），電源断などのシステム障害，あるいはディスククラッシュなどのメディア障害により，その処理に異常をきたすことがある．このような異常は，そのまま放置するとコンテンツとしてのデータベースが，本来それが反映しているべき実世界の状況と矛盾してしまうという意味で，データベースの一貫性を損なうことになるので，そのようなことにならないように適切な措置が必要となる．たとえば，システムダウンが復旧してシステムが再スタートした時点で，障害に遭遇したトランザクションが中途半端に更新したままになっているデータベースのデータは旧値（old value）に書き戻しておかねばならない．これが**障害時回復**である．

一方，「データベースは組織体の共有資源」であるから，同時に多数のユーザが同じデータベースをアクセスしてくるであろう．このとき，多数のトランザクションの同時実行をどのように処理するのか，それを責任を持って行うのが，**同時実行制御**である．ここに，トランザクションとはデータベースをある一貫した状態から次の一貫した状態に遷移させるデータベースへの仕事の単位のことをいう．

つまり，データベースシステムはトランザクション管理をしっかりと行うことにより，トランザクションが持つべき**ACID**（アシッド）**特性**を満たすことができる．ここに，ACIDとは次の4項目の頭文字である．

- Atomicity（原子性）：トランザクションは実行の単位
- Consistency（一貫性）：トランザクションとはデータベースの一貫性を維持する単位
- Isolation（隔離性）：トランザクションは同時実行の単位
- Durability（耐久性）：トランザクションは障害時回復の単位

なお，リレーショナルDBMSの研究・開発は1970年にコッドがリレーショナルデータモデルの提案を行った直後から，彼のお膝元のIBMサンホゼ研究所（IBM San Jose Research Laboratory，現IBM Almaden Research Center）でSystem Rが，カリフォルニア大学バークレイ校ではIngres（現在オープンソースのリレーショナルDBMSとして世界に普及しているPostgreSQLの前身）のプロトタイピングが執り行われ，1980年頃からリレーショナルDBMS製品が登場した．その後のたゆまない性能向上と機能向上に対する努力の結果，現在，リレーショナルDBMSはプロプライエタリ，OSSを問わず高性能・高機能を達成し，DBMSの揺るぎない主流となっている．

なお，本章ではリレーショナルデータベースについてその基本的概念を述べたが，より詳細な議論に関心のある読者には拙著[25]，[26]を薦める．深掘りはしたくないがデータベースリテラシをきちんと身に着けたいと欲する者には拙著[27]を薦める．

第 8 章の章末問題

問題 1　リレーション 学生 (学生名, 大学名, 住所) と アルバイト (学生名, 会社名, 給与) があるとする．次の質問をリレーショナル代数表現で表しなさい．

(問 1)　池袋に住んでいる令和大学の学生名を求めなさい．

(問 2)　令和大生がアルバイトをしている会社名を求めなさい．

(問 3)　A 商事でアルバイトをしていて給与が 50 以上の学生の学生名と大学名を求めなさい．

問題 2　問題 1 の (問 1)〜(問 3) を SQL で表しなさい．

問題 3　リレーション 製品 (製品番号, 製品名, 単価) と，製品を作っている工場の状況を表すリレーション 工場 (工場番号, 製品番号, 生産量, 所在地)，及び製品を保管している倉庫の状況を表すリレーション 在庫 (倉庫番号, 製品番号, 在庫量, 所在地) からなるリレーショナルデータベースがあるとする．次の質問を SQL で表しなさい．

(問 1)　単価が 100 以上である製品の製品番号と製品名を求めなさい．

(問 2)　テレビ（製品名）を 10 以上生産している工場の工場番号と所在地を求めなさい．

(問 3)　札幌にある倉庫に 5 未満の在庫量しかない製品の製品名とそれを生産している工場番号を求めなさい．

問題 4　下図は実体–関連図の一例を示している．次の問いに答えなさい．

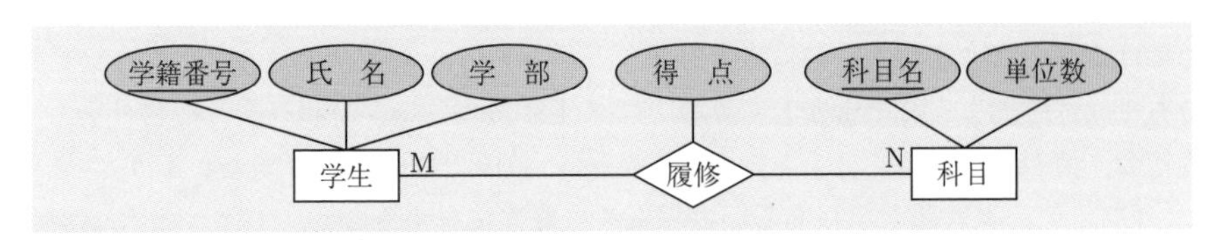

(問 1)　実体である学生をリレーションに変換しなさい．

(問 2)　関連である履修をリレーションに変換しなさい．

第9章 データ資源とビッグデータ

9.1 データ資源とは

「世界で最も価値のある資源（resource）はもはや石油ではなくデータである」というようなキャッチコピーをよく目にするようになって久しい．データをこれからの時代の最も重要な資源と見なす考え方である．ビジネス的には，「データは儲かるんですよ」，「データが商売になるんですよ」，「データで一旗揚げることができるんですよ」，「これからの時代はデータ中心なんですよ」，ということなのであろう．かつて，鉄，レアメタル，石油，天然ガスなどの天然資源がそうであったように．

天然資源に恵まれない日本が国際社会で生き残る道を考えるとき，データ資源大国になることに期待することは十分に理解できることである．ただ，そのためには，次に挙げるようなさまざまな要件をクリアしないといけないことは言うまでもないことであろう．そのような土台がしっかりとでき上がってこそ，狩猟社会，農耕社会，工業社会，情報社会に続く社会と銘打つ Society 5.0[28] の実現も可能となろう．

(a) データ資源を現在あるいは将来的に豊富に有すること．

(b) データ資源のデジタル化にあたっての長期的・包括的ビジョンを有すること．

(c) データ資源のデジタル化の手法を有していること，あるいはその開発能力を有していること．たとえば，センサー技術やネットワーク技術．

(d) データ資源を一元的に管理・運用できるシステム技術に長けていること，あるいはその開発能力を有していること．たとえば，ビッグデータの一元管理・運用のためのデータベース技術．

(e) データ資源を利活用するための長期的・包括的ビジョンを有していること．

(f) データ資源を利活用するための理論的・実践的手法を有していること，あるいはその開発能力を有していること．たとえば，データ資源利活用のための人工知能やデータマイニングの理論と実践．

(g) 世界のさまざまなデータ資源にアクセス可能な通信環境整備が可能なこと．たとえば，光海底ケーブル網の敷設並びに維持・管理．

(h) データ資源を利活用できるための法整備ができていること．

(i)　国際協調の枠組み作りに率先して取り組めること．たとえば，データ資源の標準化活動に積極的に参画できること．

では，データ資源はどのようにして採掘されるのか，どのような性質を有するのか，そして，どのようにして管理・運用されるのかなど，掻い摘んで見ておきたい．

データ資源の採掘とデジタル化

データ資源はどこかを掘れば出てくるというようなものではない．確かに，データはあらゆる時空に存在して多様な発生源からさまざまな形で泉のごとく湧き出ているのかもしれないが，明確な意図を持って汲み上げない限りは有用なデータ資源とはならないであろう．言うまでもないが，望むデータを汲み上げるために新たな井戸を掘ることも必要であろうし，汲み上げたデータをデータ資源とするにはそれらが機械可読な形式となるように「デジタル化」され，一元管理されていることが必須である．そのとき，どのようなフォーマットでデジタル化を行うのか，現時点，あるいは将来の需要を見越して十分な検討が必要であろう．

データ資源の諸性質

データ資源が石油などの天然資源と顕著に異なる性質を列挙すれば次のようになろう．

(a)　人々の営為のあるところ，必ずやデータは発生する．勿論，自然の営みによってもデータは時々刻々発生している．

(b)　データ資源は大量のそれも生のデータ（raw data，加工されていないデータ）であることが多い．

(c)　データ資源は量的に単調に増加する．天然資源が単調に減少するのとは真逆である．

(d)　データ資源のコンピュータによる利活用を考えるとき，それはデジタル化されていなければならない．

(e)　データ資源の管理・運用にはコンピュータとネットワークが必須である．

(f)　データ資源は通信回線により転送可能である．データ資源の転送にはあまりコストがかからない．

(g)　データ資源の保管には一般に大容量の電子記録媒体を必要とする．

(h)　データ資源は複製可能である．コピー（複製作成）にほとんどお金がかからない．ただし，無断でコピーされても（すなわち，盗まれたても）痕跡が残らないことが多い．

(i)　データ資源は暗号化できる．

(j)　データ資源は多種多様である．テキストデータ，音声データ，音響データ，静止画像データ，動画像データ，時系列データ（センサーデータ），といった分類．あるいは，位置情報データ，生体情報データ，POSデータ，といった分類．更に構造化データ，半構造化データ，非構造化データ，といった分類．加えて，オープンデータといった分類もある．

(k) データ資源は多種多様である（続）．たとえば，テキストデータといっても，テキスト形式なのか，XML形式なのか，CSV形式なのか，PDF形式なのかなどとさまざまであろう．また，画像データといっても，JPEG形式なのか，PNG形式なのか，BMP形式なのか，TIFF形式なのかといった具合にデータは文字通り多様である．更に言えば，データがファイルとして管理されているのかデータベースとして管理されているのかで，その利活用の仕方はまるで異なってくる．

データ資源の管理・運用と利活用

天然資源の石油であれば，高値を付けてくれる買い手が現れれば即売買契約が結ばれよう．しかし，データ資源ではそう簡単ではない．たとえば，Amazonに代表される巨大な電子商取引サイトは顧客情報や購買履歴や商品情報などを自社専用のクラウド空間で管理・運用しているので，そこでのビッグデータはそのようなIT先端企業に占有された状態となっている．これらはそのような企業のビジネスモデルそのものであるから公開するべきデータとは考えないであろう．一般企業においても，たとえば，高度なノウハウの詰まった設計データなどは企業秘密であろう．いわゆる自治体や公共団体が所有する本来はオープンデータ化されてしかるべきデータが，さまざまな要因でクローズドな状態になっている状況とは全く異なる．更に，データ資源はいわゆる個人情報に係わることは勿論，企業秘密を超えて防衛データ，外交データ，機密文書データなど国家機密に係わることもあるし，世界の覇権争いの重要な鍵を握っている可能性もある．このような観点からデータ資源の管理・運用と利活用に関して留意するべき項目を挙げてみると次のようになる．

(a) 世界のデータ資源保有状況の把握の必要性．つまり，各国が保有するデータ資源の種類と量の把握．関連して，我が国で生産できているデータ資源，輸入しないといけないデータ資源，その質と量はどれほどか．

(b) データ資源の高度な利活用に資するためのデータセンタの機能や規模や役割の明確化．つまり，ゼロエネルギー政策に資するためのグリーンデータセンタの構築，並びにデータセンタネットワークの構築．

(c) データ資源の相互運用性の確立．すなわち，データ資源が死蔵されないためのデータフォーマット標準化の必要性．そして，データ資源の相互運用ネットワークの構築.

(d) データ資源の高度な利活用技術の開発．すなわち，人工知能，機械学習，データマイニング，あるいはデータベース技術に基づくデータ資源の高度な利用技術の研究・開発.

(e) データエンジニア・データサイエンティスト・データアナリストの育成．そのための教育・研究体制の確立.

(f) データ資源の高度な管理・運用技術の開発や利活用のための高等教育機関や企業あるいは政府の果たすべき役割と貢献の明確化.

9.2 データサイエンス

さて，データは今や世界で最も価値のある資源であると述べてきたが，そのようなデータ資源を利活用できる基礎を与える学問がこれまでにあったかと問えばそれにぴったり当てはまる学問分野はなく，それを標榜しているのが**データサイエンス**（Data Science，DS）であろう．データサイエンスに対する期待は世界でも大きく，次のような記事を見ることができる[29].

「データデータサイエンスは，従来の経験的，理論的，計算的パラダイムに加えて，大量のデータを駆使することで可能となった科学の第 4 のパラダイムである」

つまり，科学は，数千年前には発祥した自然現象を解明しようとする第 1 のパラダイムとしての**経験科学**から始まった．そして，数百年前から始まったニュートンの法則やマックスウェルの方程式，あるいは相対性理論などに代表される**理論科学**としての第 2 のパラダイム，そしてコンピュータによる情報処理で世の中の諸現象を解明しようとする**計算科学**としての第 3 のパラダイムと続いている．第 3 のパラダイムはまだ 100 年にも満たないが，21 世紀を迎えて新たなパラダイムが出現することとなった．それが大量のデータを読み解くことで世の中の諸現象を解明しようとする第 4 のパラダイムとしてのデータサイエンスである.

データサイエンスは，データを前提にして，データから知識と洞察を分析及び視覚化するための，高度なツール，プロセス，及びアルゴリズムの究極の合わせ技であり，その学際性から科学的関与のあらゆる分野に影響を与えることが期待されている．換言すれば，データサイエンスは，数学，統計学，コンピュータサイエンス，情報科学[1] など，多くの分野にまたがる学際的な学問分野であるが故に，刺激的な新しい研究分野を

[1] 米国では，情報科学（information science）という用語は我が国でいう図書館情報学を指すので，注意した方がよい.

切り拓くものとして期待されている．データサイエンスを学習・理解して，データ資源の可能性をとことん引き出せる知識と技能を習得している者を**データサイエンティスト**という．

さて，このようなデータサイエンスを学問分野として見た場合，どのような学問領域から成り立っていると規定できるのであろうか？ 換言すれば，データサイエンスを習得するにはどのような知識領域を習得することになるのであろうか？ これに対して**データサイエンス知識体系**（Data Science Body of Knowledge，**DS-BoK**）が ACM（Association of Computing Machine，米国計算機学会）より示されている[30]．その要点を示すと次のようである．

ACM によるデータサイエンス知識体系—DS-BoK—

DS-BoK は次に示す 11 個の知識領域（knowledge area）からなる．これらは更に詳しく幾つかのサブドメインに分かれていて，その詳細も与えられている．

(1) 分析とプレゼンテーション（AP）
(2) 人工知能（AI）
(3) ビッグデータシステム（BDS）
(4) コンピューティングとコンピュータの基礎（CCF）
(5) データの取得，管理，及びガバナンス（DG）
(6) データマイニング（DM）
(7) データのプライバシ，セキュリティ，整合性，及びセキュリティの分析（DP）
(8) 機械学習（ML）
(9) 職業倫理（プロフェッショナリズム）（PR）
(10) プログラミング，データ構造，及びアルゴリズム（PDA）
(11) ソフトウェア開発及び保守（SDM）

ACM はこれまでに Computer Science BoK，Cybersecurity BoK を報告し，IEEE（米国電気電子学会）は Software Engineering BoK を報告してきた経緯がある．特に，DS-BoK と関連する知識領域が多いのが CS-BoK であるが，DS-BoK に特徴的な知識領域としては，(3) ビッグデータシステム（BDS），(5) データの取得，管理，及びガバナンス（DG），(6) データマイニング（DM）の 3 つを挙げられる．以下，(3) 項と (6) 項に焦点を当てて論じる．

9.3 ビッグデータ

9.3.1 ビッグデータとは

データサイエンスが対象とするデータはビッグ（big）であることが第一義である．このように力説する理由には，従来の数理統計学はビッグデータをそのまま扱うことはせず，標本（sample）と称してその中から扱える量のデータ（いわばスモールデータ）を抜き出しスモールワールドを形成し，そこで得られた知見を全データに敷衍（ふえん）しようとしてきた学問体系であることとの違いを明確にしておきたいためである．したがって，クレジットカードの不正利用の検知は利用者パターンの変則性を見付け出すことだから，不正使用のデータは外れ値（outlier）として排除されてしまった標本を幾ら検証しても，それは検出できない．

さて，**ビッグデータ**（big data）という言葉は社会現象を表しているようなところもあり，学問的に厳格な定義を与えようとしてもなかなかしづらい．しかしながら，21 世紀の e-コマース（e-commerce，電子商取引）時代に求められるデータ管理について，次に示す 3 つの V で始まる用語がビッグデータを規定する性質として広く受け入れられている[31]．

- Volume
- Velocity
- Variety

3V について補足すると次のようである．

Volume データ量のことをいう．扱わないといけないデータ量が膨大であるが，どれぐらいのデータ量でもって big というかについては，テラバイト（terabytes，1 兆バイト），ペタバイト（petabytes，1000 兆バイト），エクサバイト（exabytes，100 京バイト）級のデータなどと唱える者もいるが，そのように定義されるべきものでもないであろう．絶対的な量もさることながら，ビッグデータでは通常なら外れ値として排除されてしまうようなデータもそうしないで網羅的にデータが収集されていることに意味がある．

Velocity データの速度をいう．e-コマースでは顧客とのやり取りのスピードが競争優位の決め手となってきていることから分かるように，それを支えるために使われたりそのやり取りの中で発生するデータのペース（pace）は増大している．

Variety データの多様性をいう．ビッグデータを構成するデータの種類は実にさまざまということである．つまり，リレーショナルデータベースのような構造化データのみならず，半構造化データ，非構造化データ，あるいは時系列データなど実にさまざまである．

3Vの特性を有するビッグデータの管理・運用法は後述するが，スケーラビリティ(scalability) もさることながら，高信頼性 (high reliability) や高可用性 (high availability) の達成とも絡んでいて，従来，リレーショナルデータベースシステムが培ってきたトランザクション管理のための大原則であるACID(アシッド)特性 (8.4節) そのものを見直し，BASE(ベース)特性 (9.3.3項) が導入されることになるほどインパクトは大きい．

9.3.2　ビッグデータの本質

さて，もう1つ，ビッグデータを特徴付ける上で大事な事柄は，ビッグデータの本質とは何か？を問うことである．これに関して，マイヤー＝ショーンベルガー (V. Mayer-Schonberger) とクキエ (K. Cukier) がその著書で「ビッグデータの本質は—因果関係から相関関係へ—にある」ことを説き明かしている[32]．これは，データ分析の大きなパラダイムシフトと考えてよく傾聴に値する．曰く，ビッグデータに厳密な定義はないが，まとめれば，「より小規模ではなしえないことを大きな規模で実行し，新たな知の抽出や価値の創出によって，市場，組織，更には市民と政府の関係を変えることなど」，それがビッグデータであると．つまり，ビッグデータの本質は，人々の意識に3つの大きな変化をもたらすものであり，その3つが相互に結び付いて大きな力を発揮することによって，ビジネスや社会に想像を絶するパラダイムシフトを生じせしめると．ここで3つの変化とは次の通りである．

(a)　ビッグデータでは，すべてのデータを扱う．

(b)　ビッグデータでは，データは乱雑であってよい．

(c)　ビッグデータにより，「因果関係から相関関係」へと価値観が変わる．

まず，(a) について述べる．従来の数理統計学では，データの管理や分析ツールが貧弱で膨大なデータを正確に処理することが困難であったから，全データから適当数のデータを無作為でサンプリングして得られた**無作為標本** (random sample) を基に分析作業を行ってきた．しかし，無作為であることを担保する難しさや分析の拡張性や適応性に欠ける点に問題があった．一方で，ビッグデータでは，データを丸ごと使うので，埋もれていた物事が浮かび上がってくる．たとえば，クレジットカードの不正利用の検知の仕組みは利用者パターンの変則性を見付け出すことだから，標本ではなく全データを処理しないと見えてこない．データ全体を利用することがビッグデータの条件となる．その意味で，ビッグデータは絶対数でビッグである必要はなく，標本ではなく，全データを使うところが要点である．

次に，(b) について述べる．全データを使うと誤ったデータや破損したデータも混入してくる．言うまでもないが，従来の数理統計学に基づいたデータ処理では，このようなデータを処理以前にいかに取り除くかという前処理にまず力を注いだ．スモールデータではそのようなデータを除去して質の高いデータを確保することが前提であったからである．しかし，ビッグデータではその必要性は薄れる．なぜならば，精度ではなく確率を読み取るのがビッグデータであるからである．たとえば，ワイン醸造所（winery）のブドウ園の気温を計測する場合を考えると，温度センサーが1個しか設置されない場合にはセンサーの精度や動作状況を毎回確認しなければならないが，多数のブドウの木1本1本にそれぞれ温度センサーが取り付けられている場合は，幾つかのセンサーが不具合なデータを上げてきても，多数の計測値を総合すれば，全体としての精度は上がると考えられる．加えて，多数の無線センサーからネットワークを介してデータが時々刻々と送られてくる場合，時系列的に計測値に反転が起こるかもしれないが，このような状況まで含めてのことを言っている．このようなケースがすべてというわけではないが，データは乱雑（messy）であってよい．量が質を凌駕するのがビッグデータである．

(c) で言っていることは極めて大事である．ビッグデータでは，（少量のデータではなく）データを丸ごと使い，データは正確さではなく粗くてもよいところにその本質があると (a) と (b) で述べた．そのような前提でデータ処理をすると，当然の帰結として事物に対する価値観に根底から変革が生じることになる．つまり，この膨大で乱雑なデータ全体から，どのような金塊を発掘することができるのか？ それが問われることになるが，その切り札が**データマイニング**（data mining）による**相関関係**（correlation）の発見である．ビッグデータが相手では，仮説を立てて検証し，因果関係（causality）を立証しようとするような従来的手法は現実的ではないからである．例として，中古車ディーラが中古車を競り落とすオークションに出品されているクルマのうち，問題がありそうなクルマを予測するアルゴリズムを競うコンテストがあったが，中古車ディーラから提供されたデータを相関分析（correlation analysis）した結果，「オレンジ色に塗装されたクルマは欠陥が大幅に少ない」ことが分かったという（欠陥は他のクルマの平均値の半分ほど）．これは中古車の品質についての極めて重大な発見であるが，ここで大事なポイントは「なぜ？」とその理由を問うては*いけない*ということである．このような事例は枚挙に暇がなく，都市伝説化している例として，米国の大手スーパーマーケットチェーンのPOSデータを分析した結果，「紙おむつを買った顧客はビールを買う傾向がある」ことが分かったというのがある．なぜ？とこれ以上詮索しないことが肝要なのである．因果関係を問うのではなく，相関関係を問うデータマイニングこそがビッグデータなのである．

9.3.3 ビッグデータの管理・運用

NoSQL

グーグル，アマゾン，メタ・プラットフォームズ（Meta Platforms, Inc., 旧 Facebook, Inc.），ヤフー（Yahoo!）といった Web 2.0（13.2 節）を標榜する企業にとって，膨大な商品データ，顧客データ，購買データ，クローラ（crawler）が収集してくるウェブページなど，いわゆるビッグデータをどのように管理・運用していくかが社運を賭けた大きな問題となった．そのようなデータはこれまでリレーショナルデータベースが管理・運用の対象としてきたいわゆる「ビジネスデータ」とは様相を異にするために，リレーショナルデータベースでは効率よく管理・運用できず，ビッグデータの利活用の目的に応じてさまざまなタイプの**データストア**（data store）が構築されることとなった．たとえば，グーグルは Bigtable を，アマゾンは Dynamo をといった具合である．そのようなシステムを総称して **NoSQL** という．リレーショナルデータベースの代名詞である SQL の信奉者が NoSQL と聞くとギョッとするが，No SQL，つまりリレーショナルデータベース禁止というのではなく，Not only SQL，つまり（データベースは）リレーショナルデータベースばかりではないんだよ，と解釈するのが一般的と知りホッとする．

さて，NoSQL を標榜するデータストアは世界で多数リストアップされているが，大別すると．(a) キー・バリューデータストア，(b) 列指向データストア，(c) 文書データストア，(d) グラフデータベース，に分類される．(a) は Amazon の Dynamo で実装された．(b) はグーグルのクローラ Googlebot が全世界から収集してきたウェブページを格納して高速に検索するために構築した Bigtable で実装された．(c) は主に JSON（JavaScript Object Notation）で記述された文書を対象，(d) はソーシャルネットワークのようなデータを対象としたデータベースである．以下，ここでは (a) について補足する．

キー・バリューデータストア

キー・バリューデータストア（key-value data store）は Amazon が自社の大規模な e-コマース事業を高い可用性とスケーラビリティの下で運用可能とするために開発したキー・バリューストレージシステム（key-value storage system）である **Dynamo**[33] に代表されるデータ格納システムをいう．Amazon のような e-コマースの業態でなぜリレーショナルデータベースではなくキー・バリューデータストアが発案され構築されたのかを端的に見てみると，そこでは扱う商品は数千万点，利用者は数億人ともいわれている．そこで，顧客が 1 億人，商品が 1,000 万点と仮定して，顧客の山田太郎と鈴木花子が，山田太郎はテレビと洗濯機を，鈴木花子はパソコンをそれぞ

注文

顧客名	商品名$_1$	…	テレビ	…	洗濯機	…	パソコン	…	商品名$_{10000000}$
山田太郎	—	—	1	—	1	—	—	—	—
鈴木花子	—	—	—	—	—	—	1	—	—
…	…	…	…	…	…	…	…	…	…

図9.1 リレーション 注文 に山田太郎と鈴木花子の注文データを記録

れ1台注文したとしよう．素直にリレーショナルデータベースで「注文」を記録しようとすると，まず リレーション 注文 (顧客名, 商品名$_1$, 商品名$_2$, . . . , 商品名$_{10000000}$)を生成して（ここでは，同姓同名はいないとし，顧客名を主キーとする），それに図9.1に示すようにタップルを挿入することとなろう（ここに — は空を表す）．勿論，山田太郎や鈴木花子以外の顧客が商品を注文すれば，それに応じて同様なタップルがリレーション 注文 に挿入されていく．

さて，このとき問題となるのは，たとえば，タップル (山田太郎, —, . . . , —, 1, —, . . . , —, 1, —, . . . , —) を例にとると，属性（= カラム，列）の総数は10,000,001個もあるのに，値が実際入っているのは顧客名，テレビ，洗濯機の3つだけで，残りの9,999,998個の属性には値が入っていない（空である）．鈴木花子のタップルについても同様である．したがって，このようなタップル多数からなるリレーション 注文 は，いわば スカスカ（= sparse，疎）の状態である．勿論，リレーション 注文 はコンピュータに格納されているので，このような「疎な」リレーションを格納すると，多くの記憶領域が無駄に使われて，大変もったいない状況となっている．

この問題に対処するための1つの解決法が，データをキーと値の対で表す「キー・バリューデータモデル」に基づき，2項（binary）ファイルとしてキー・バリューデータストアに格納することであった．この例では，2項ファイル 注文 (顧客名, 商品名) に山田太郎や鈴木花子の注文データが格納される．この様子を図9.2に示す．注文データをリレーショナルデータベースにリレーション 注文 として格納していくよりは，この方式が記憶領域を最大限に有効に利用できていることが分かろう．ただし，キー・バリューデータストアはリレーショナルデータベースではないので，リレーショナルDBMSがサポートする国際標準リレーショナルデータベース言語SQLやデータベース管理機能は使えず，必要な機能は独自に用意する必要がある．

注文

顧客名	商品名
山田太郎	{テレビ, 洗濯機}
鈴木花子	パソコン
…	…

図9.2　キー・バリューデータモデルに基づく2項ファイル 注文

■ NoSQLを実現するデータストアの一般形

ビッグデータを1台のコンピュータに格納しようとしても，大量のデータが単調に増加していくので，幾ら記憶領域を**スケールアップ**（scale up），つまり，メモリを増設，していったところでいつかは限界となる．したがって，NoSQLを標榜するシステムは**スケールアウト**（scale out）でこの問題に対処することとなる．換言すれば，ビッグデータを格納するために，データストアは多数のコモディティコンピュータをネットワークを介して繋(つな)ぎ合わせた**疎結合クラスタ構成**（loosely coupled cluster configuration）をとることとし，データが増えるにつれサーバを増設することで**スケーラビリティ**（scalability）を達成しようとすることが常道となった．図9.3にその概略を示す．ここで，コモディティコンピュータとは通常我々が使っているような日用品のコンピュータをいう．ビッグデータを格納するために，クラスタを構成するコンピュータの数は何千台，何万台，何十万台にもなるので高信頼の高価なコンピュータは使えず，通常我々が使っているような安価なコンピュータを並べて使うということである．しかしながら，コモディティコンピュータは壊れ易いしネットワークも絶

・マスタやスレーブはコモディティサーバ
・マスタはクライアントからの要求を受けてスレーブに処理を指示．スレーブは結果をマスタに返す．
・データはその複製（レプリカ）を複数台のスレーブに格納する．

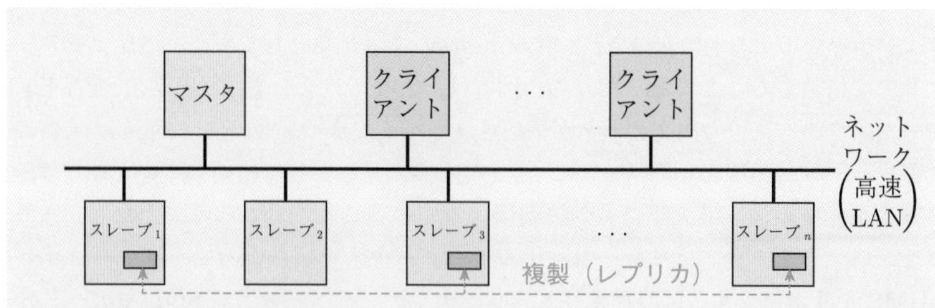

図9.3　NoSQLを実現するデータストアの一般形

対に分断されないという保証はないので，データがどこか１つのサーバにしか格納されていない状況は大変危ない．この危険性を回避するために，データは**複製**（replica，レプリカ）を作って幾つかのサーバに分散配置しておくべきである．その結果，データストアの信頼性向上に加えて，データの**可用性**（availability）が向上することとなる．つまり，同じデータが異なるサーバに分散して格納されているので欲しいデータがすぐ手に入り易い．しかしながら，一方で，同じデータが異なるサーバに重複して格納されているので，データの更新があった場合，すべての複製も（即座に）新値（＝更新後の値）に更新する，つまり，データの**一貫性**（consistency）を維持するための仕組みを実装しなければならない．これはこれで大きな課題なのである．

さて，疎結合クラスタ構成では「一貫性（**C**），可用性（**A**），ネットワークの**分断耐性**（**P**artition-tolerance）という３つの性質のうち，高々２つしか両立させることができない」という定理が成り立つ．これを**CAP 定理**という．しかるに，ネットワークが絶対に故障しないということはない，つまり，ネットワークの分断耐性を採ることは前提としなければならないので，CAP 定理により NoSQL を実現するにあたっては次に示す二者択一が迫られることになる．

- データの一貫性とネットワークの分断耐性を両立させる（CP）．
- データの可用性とネットワークの分断耐性を両立させる（AP）．

これに対してグーグルの Bigtable は CP を，アマゾンの Dynamo は AP をそれぞれのビジネスモデルに照らし合わせて採用した．Dynamo は AP を実現するために，データベースの一貫性に関して，「現時点で一貫性のないデータでも，新たな更新要求がなく，システム障害も発生しなければ，全ての複製データはいつかは整合する」という**結果整合性**（eventually consistent）という概念を導入して[34]，可用性と一貫性の両立を図った．その結果，Dynamo ではトランザクション管理は従来の ACID 特性（8.4 節）に代わって**BASE特性**を満たすべく執り行われることとなった．ちなみに，BASE は Basically Available（基本的に可用），Soft-state（ソフト状態），Eventually consistent（結果整合性）からの造語である．英語では acid は「酸」，base は「塩基」を表し，それぞれ最も基本的な物質分類の１つである．より詳細な議論に関心のある読者は拙著[25]を参照されたい．

9.4 データマイニング

マイニング (mining) の原義は採鉱，採掘といったことで，**データマイニング** (data mining) とはデータベースを金鉱と見なしてそれを発掘して金 (= 価値ある事柄) を見付けることをいう．コンピュータサイエンスの分野にこの用語が導入されたのは1990年代始めにアグラワル (R. Agrawal) らによりリレーショナルデータベースに格納されたビジネスデータから相関ルールを効率良く発見するアルゴリズム **Apriori**[35] が発表されて，データベースや人工知能分野にまたがる学問分野で新しい研究分野を拓いたことに由来する．その後，相関ルールは，たとえば，スーパーマーケットでは顧客の購入履歴をマイニングして販売戦略を練ったり，銀行では貸付履歴をマイニングしてどのような客なら貸付を認めるか (つまり，貸付金が焦げ付かないか)，その判断基準を求めるために使われたりと，さまざまな分野で必要欠くべからざるツールとなっている．以下，データマイニングの最も一般的な手法として知られているバスケット解析と相関ルールマイニングを概観する．

バスケット (basket) とは，スーパーマーケットで買い物をするときに店が用意している，品物を入れるために使うプラスチックや金属の「買い物かご」のことをいう．客は購入する品の入ったバスケットをレジに持っていき清算する．**バスケット解析** (basket analysis) とは，バスケットにどのような商品が入っていたかを分析して，顧客の購入に関してさまざまな情報を得ようとすることをいう．その手法の典型が相関ルールマイニングである．

バスケットに入れられてレジを通った顧客の1度の買い物を**トランザクション** (transaction) という．データベースでは障害時回復や同時実行制御を扱うためによく知られた用語であるが (8.4節)，原義は「取引」であるので違和感はないであろう．相関ルールマイニングの対象はトランザクション群であり，これを**データベース**と呼ぶ．以下，単純な例を示しながら話を進めよう．

バスケット解析の例

あるスーパーマーケットを考える．そこでは大根，人参，キャベツ，トマト，バナナが店頭に並んでいるとしよう．これらを**品目**(ひんもく) (item) という．品目の集合を $I = \{$大根, 人参, キャベツ, トマト, バナナ$\}$ と表す．このスーパーマーケットに買い物に来た客を太郎, 花子, 次郎, 桃子の4人とし，それぞれのトランザクションを $T_{太郎}$, $T_{花子}$, $T_{次郎}$, $T_{桃子}$ とすると，データベース，これを D とする，は $D = \{T_{太郎}, T_{花子}, T_{次郎}, T_{桃子}\}$ であり，それを図示すれば図9.4のようになったとする．なお，トランザクションでは品目を購入すれば1，そうでなければ0をとり，何個購入したかは問わない．

トランザクション＼品目	大根	人参	キャベツ	トマト	バナナ
$T_{太郎}$	1	0	1	1	0
$T_{花子}$	0	1	1	0	1
$T_{次郎}$	1	1	1	0	1
$T_{桃子}$	0	1	0	0	1

図9.4　データベース D のテーブル表現

さて，このデータベース D を見て読者は何を発見できるだろうか？ バスケット解析の狙いは D を解析して，相関ルールを抽出することである．これが**相関ルールマイニング**（association rule mining，相関ルール抽出ともいう）である．

【定義】相関ルール

X と Y を品目の集合 I の部分集合とする（$X \cap Y = \phi$（空）とする）．このとき，**相関ルール**（association rule）とは $X \Rightarrow Y$ なる形の含意（implication）をいう．X をこの相関ルールの前提（antecedent），Y を帰結（consequent）という．

相関ルールの意味を上記のスーパーマーケットの例に照らせば，たとえば，$X = \{$人参, キャベツ$\}$，$Y = \{$バナナ$\}$ とすれば，$X \Rightarrow Y$ は人参とキャベツを購入した客はバナナも購入する，という含意（= 予測と捉える）を表している．そうすると，問題はその相関ルールはどれほどの**予測力**（predictive power）を持っているのであろうか，ということになる．

そこで，予測力を測るために，相関ルールに確信度と支持度という基準を導入する．それらの定義は次の通りである．

【定義】確信度と支持度

相関ルール $X \Rightarrow Y$ がデータベース D において**確信度**（confidence）c（$0 \leqq c \leqq 1$）で成立するとは，X を含めば Y も含んでいるトランザクションの割合が c であるときをいい，$c(X \Rightarrow Y)$ と表す．

相関ルール $X \Rightarrow Y$ がデータベース D において**支持度**（support）s（$0 \leqq s \leqq 1$）で成立するとは，$X \cup Y$ を含んでいるトランザクションの割合が s であるときをいい，$s(X \Rightarrow Y)$ と表す．

そこで，一般に，I と D が与えられ，X を品目集合としたとき（$X \subseteq I$），$\sup(X)$ で品目集合 X の D に関するサポート[2] を次のように定義する．

$$\sup(X) = k/n$$

ここに "/" は割り算を表し，D が n 個のトランザクションからなっているとき，D 中の k 個のトランザクションが X を含んでいることを表している．そうすると，相関ルール $X \Rightarrow Y$ の確信度と支持度は各々次のように書ける．

$$c(X \Rightarrow Y) = \sup(X \cup Y)/\sup(X)$$
$$s(X \Rightarrow Y) = \sup(X \cup Y)$$

ここで，先ほどの例に戻り理解を深めることにすれば，$X = \{$人参, キャベツ$\}$，$Y = \{$バナナ$\}$ であったから，$X \cup Y = \{$人参, キャベツ, バナナ$\}$ となり，$c(X \Rightarrow Y) = \sup(X \cup Y)/\sup(X) = (2/4)/(2/4) = 1$，$s(X \Rightarrow Y) = \sup(X \cup Y) = 2/4 = 0.5$ となる．つまり，人参とキャベツを買う顧客は必ずバナナを買う，人参とキャベツとバナナを買う顧客は全体の半分だ，ということがいえる．

この結果をどう見るかは，この相関ルールを採掘したマイナー（miner，採掘者）次第である．しかしながら，採掘した相関ルールの確信度と支持度が高いほど，そのルールの予測力は高いのではないか，と考えるのが自然ではなかろうか．したがって，データベース D が与えられたとき，マイナーが指定した**最小確信度**（minconf と書く）と**最小支持度**（minsup と書く）を下回らないすべての相関ルールを見付けることに意味があるように考えられる．これが**相関ルールマイニング**である．この問題は力まかせに解こうとすると組合せ爆発（combinatorial explosion）が起こり手に負えないので，minconf と minsup を与えて，いかにして効率よく確信度と支持度がそれらを下回らない相関ルールを見付けられるかが大きな問題となった．その解が，アグラワルらにより与えられた Apriori アルゴリズムであるが，その詳細は入門の域を超えているのでここでは省略する．より詳細なデータマイニングの議論は拙著[25]を参照されたい．

なお，末筆ながら，データベースとデータマイニングの直接的関係に言及しておくと，国際標準リレーショナルデータベース言語 **SQL:2016** ではビッグデータ対応がなされ，それにより，たとえば，株価の変動パターンを問い合わせることが可能となっている[36]．また，データマイニングを機械学習に頼る以前に，データベース言語の問合せ機能に期待する記述も見られる[37]．

---

[2] この場合のサポートは，支持度の意味での support ではなく，頻度を表している．

第 9 章の章末問題

問題 1 データ資源が石油などの天然資源と顕著に異なる性質を 3 つ挙げ，各々数十字程度の説明を加えなさい．

問題 2 ビッグデータの特徴を表す 3V とは何か，各々を 100 字程度で説明しなさい．

問題 3 Amazon のような e-コマースの業態でなぜリレーショナルデータベースではなくキー・バリューデータストアが発案されたのかを，顧客が 1 億人いて商品が 1,000 万点あるような状況を想定して説明してみよ（500 字程度）．

問題 4 あるスーパーマーケットでは大根，人参，キャベツ，トマト，バナナが店頭に並んでおり，買物客である太郎，花子，次郎，桃子のトランザクションを $T_{太郎}$，$T_{花子}$，$T_{次郎}$，$T_{桃子}$ とするとき，データベースは以下の通りであった．

品目 / トランザクション	大根	人参	キャベツ	トマト	バナナ
$T_{太郎}$	1	0	1	1	0
$T_{花子}$	0	1	1	0	1
$T_{次郎}$	1	1	1	0	1
$T_{桃子}$	0	1	0	0	1

このとき，次に示す 4 つの相関ルールを考えた．

$$A_1 : \text{キャベツ} \Rightarrow \text{トマト}$$

$$A_2 : \text{キャベツ} \Rightarrow \text{バナナ}$$

$$A_3 : \{\text{人参}, \text{キャベツ}\} \Rightarrow \text{バナナ}$$

$$A_4 : \{\text{バナナ}, \text{キャベツ}\} \Rightarrow \text{大根}$$

次の問いに答えなさい．

(問 1) A_1～A_4 を確信度の大きさ順に並べなさい（たとえば，$A_1 > A_2 = A_4 > A_3$）．

(問 2) A_1～A_4 を支持度の大きさ順に並べなさい．

(問 3) A_1～A_4 の中で，最も予測力があると考えられる相関ルールはどれか，理由も記して答えなさい．

第10章 機　械　学　習

10.1　人工知能と機械学習

10.1.1　人工知能とは

人工知能（artificial intelligence，**AI**）という用語は1956年夏にダートマス大学で開催された通称ダートマス会議で作成された提案書において，「ヒトが持つ知能を機械がシミュレートできるようにするための基礎研究」を指すものとして用いられたことに始まる．マッカーシー（J. McCarthy）が主宰し，シャノン（C. Shannon）やミンスキー（M. Minsky）など後世に名を残したAI研究者が参加者だったという．1956年から始まったAI研究には，今日に至るまで3度ほどその研究の歴史に浮き沈みがあった．それを紹介することから始める[38]．

第1次AIブーム

人工知能という用語が誕生した当時は，急速に発展してきたコンピュータの将来にとても高い期待が寄せられ，1960年代後半までは，人工知能研究の黎明期であり，研究者たちは「人間と同じ知能を持った人工知能」を作ることを目的としていた．人工知能研究の第1次ブームである．

この時代には，定理の証明やパズルを解くプログラムの開発を通して，主にヒトが持つ推論能力を対象にした研究がなされていたという．具体的には，古く，1943年にマカロック（W.S. McCulloch）とピッツ（W. Pitts）によって提案された人工的な神経回路モデル（= 形式ニューロン）に基づいて，1957年にはローゼンブラット（F. Rosenblatt）によって**パーセプトロン**（Perceptron）が発案された．パーセプトロンはS層（感覚層），A層（連合層），R層（反応層）の3層から構成される神経回路網モデルであり，このとき現在のニューラルネットワークの基本的枠組みが誕生した．しかしながら，実際に研究を通じて得られる成果は，対象をかなり限定した課題を解くだけのプログラムであるとの認識が徐々に深まってくることに加えて，1968年にミンスキーとパパート（S. Papert）によって，パーセプトロンでは排他的論理和（XOR）の論理演算ができないことが示されて，パーセプトロンは表現力が乏しいモデルであるとの認識が広まり，1960 年代後半から 1970 年代前半には人工知能研究は冬の時代を迎えることになったという．

第 2 次 AI ブーム

1970 年代に入ると人工知能の研究動向に少し変化が見られ，実世界に対応できるシステムを開発するためには，世界に存在する膨大な知識をシステムが備えていることが重要であるという認識が強まったという．そのような背景を受けて，1980 年代には，知識をシステムに備え付けることにより現実世界の多くの問題を解決できることを目指した**エキスパートシステム**（expert system）の研究が興隆した．AI 研究の第 2 次ブームである．

エキスパートシステムでは「富士山の標高は 3,776 m である」といった事実あるいは命題を表現する知識表現と，手続きや演繹を表現する知識表現（たとえば，「もし～ならば～する」といった含意を伴う表現）を組み込み，専門家の問題解決の手順を手続的に解決するという処理が主体となり，実際に専門家に代わって仕事を行うエキスパートシステムが作成された．たとえば，1970 年代にスタンフォード大学で開発されたMYCINE（マイシン）は感染症診断治療支援を行うエキスパートシステムとして一世を風靡（ふうび）した．エキスパートシステムは，専門家の判断の肩代わりをする現実世界において有用なシステムとして認識されていたが，次第に多くの問題に直面することとなった．たとえば，知識を獲得するにしても，起こりうるすべての事態を想定することが困難であったり，獲得した知識の間に矛盾が生じたりとか，知識獲得のボトルネックと呼ばれる現象により，結局はその対象である知識というものを正しく扱うことができない，使うことができないということが明らかとなった．その結果，エキスパートシステムでは現実世界に存在する問題にはまだまだ対処できないという認識が高まり，1990 年代に入ると再び人工知能研究に対する期待は薄れていったという．

第 3 次 AI ブーム

AI の第 3 次のブームは 2010 年代にやってきたが，第 2 次ブームが終焉した 1990 年代初頭から第 3 次ブームがやってくるまでの間に AI 研究に大きなインパクトを与える出来事があった．1 つがコンピュータの高性能化であり，もう 1 つがインターネットの普及である．インターネットを通して機械学習の予測力を向上させるために必要な多種多様で大量のデータがさまざまなモノから得られることとなった．このような状況下で，機械学習の関するさまざまな研究・開発が進んだ．特に，第 1 次 AI ブームの時代に 3 層から構成される神経回路網モデルとして提案されたパーセプトロンであったが，2006 年にヒントン（G. Hinton）らがニューラルネットワークを「多層化」して学習能力を飛躍的に向上させることに成功したことは特筆に値する．この多層ニューラルネットワークのことを，層が深いという意味で深層ニューラルネットワーク，その機械学習法のことを深層学習と呼ぶこととなった．現在，深層学習はさまざまな分野で活用されている．

10.1.2 機械学習とは

機械学習（machine learning）は人工知能の一分野であり，それは観測あるいは与えられたデータからコンピュータがそのデータの背後に潜む因果関係（causality）や相関関係（correlation）を学習により発見するという科学である．今日，機械学習は非常に普及しており，たとえば，画像認識，音声認識，自然言語処理，ロボット工学，データマイニング，医療診断，ゲームなどさまざまな分野で幅広く使われるに至っている．

機械学習は学習方法の違いにより教師あり学習と教師なし学習の 2 つに大別される．他に，強化学習と深層学習がある．機械学習では学習機械（learning machine）に対する入力のことを**説明変数**（explanatory variable)，出力のことを**目的変数**（object variable）という．また，機械学習に使われるデータの集まりを**データセット**（dataset）という．データセットはリレーショナルデータベースに対して問合せを発行した結果得られる導出表をファイルに変換したり，時系列データやいわゆるビッグデータから目的に合う部分をファイルとして抽出したデータのことをいう．データセットはファイルなので，Python や R といった通常のプログラミング言語を用いて機械学習のためのプログラムが書ける．またそのためにさまざまなライブラリが提供されている．

以下，教師あり学習，教師なし学習，強化学習，ニューラルネットワークと深層学習を掻い摘んで説明する．

10.2 教師あり学習

教師あり学習（supervised learning）を例題で説明すると次のようである．たとえば，多数の動物の写真の集まりが与えられたとしよう．教師あり学習では，その多数の動物の写真の何枚かを使って，「これは犬の写真だよ」，「これは猫の写真だよ」という具合に学習機械に教え込む．このために使われた写真を一般に**学習データ**という（教師データ，あるいは正解データともいう）．あたかも教師が学習機械に学習データを使って正解を学習させているイメージである．続いて，正解を学習させられた学習機械に対して学習には使われなかった写真を見せて，「これは何の写真？」に聞くと，たとえば「これは猫の写真です」と答える．正解のときもあれば不正解のときもあるが，賢い学習機械は正解することが多いだろう．学習機械には学習にあたり，あらかじめ学習の仕組みが仕込まれていて，学習によりその仕組みがより正解を出せるように調整されていく．この例では，学習データとして入力された動物の写真をあらかじめ学習機械に組み込まれた仕組みで処理して，その結果得られた写真の特徴量が犬や猫という正解と対応付けられる．これを学習データのすべてで繰り返されることで，写真がどのような特徴量を有するとき犬であり猫であるかを判別できるようになると考えられる．未知のデータ（= 学習に使われなかったデータ．したがって，正解は付与されていない）に対して正しい判別を行えるとは保証の限りではないが，教師あり学習の 1 つのアプローチであり，これを分類といっている．

一方，教師あり学習には分類とは別に回帰分析がある．回帰とは元々は統計学の用語で，ごく簡単にいうと測定値は平均値に回帰するということである．回帰分析とは学習データから入力と出力の関係性に内在するであろうモデルを推定し当てはめてその妥当性を検証し，そのモデルを用いて未知の入力に対する出力を推定する手法である．

このように，教師あり学習を代表する学習アルゴリズムは分類と回帰分析であるが，以下，本節では，これら 2 つの手法を例題を交えて概観する．

10.2.1 分　類

分類（classification）の典型例は，電子メールを分類してスパムメール（= 迷惑メール）か否かを判定する問題（スパムフィルタの構築），ローンの申請があったとき取引情報や信用情報などを分析してそれを認めるか否かを判定する問題，あるいは企業が倒産するか否かを判定する問題などである．これらは，判定が yes（Y）か no（N）という意味で **2 値分類**（binary classification）といわれる．一方，たとえば，画像としての手書きの数字を 0〜9 に分類するような問題（画像認識）は多値分類である．

分類には決定木，ランダムフォレスト，サポートベクトルマシン（Support Vector Machine, SVM），ロジスティック回帰などの手法が使われている．用途，性能，処理時間，分かり易さなど，さまざまな要因に照らし合わせてどの手法を使うかを選択していくこととなる．ここでは，決定木を取り上げてその概要を示す．決定木は古くから用いられている機械学習法であり新鮮さはないが，「なぜそのような判断が下されたのかを第三者に明確に示すことができる」点が評価できる．

■ 決定木

キンラン（J.R. Quinlan）により考案された**決定木**（dicision tree）の最も基本的な作り方である **ID3**（Iterative Dichotomizer 3）[39] を紹介する．たとえば，表 10.1 に示されるようなデータセット D が与えられたとする．これはある人がショッピングに出かけたかどうかをその日の天候状態のデータと共に記録した 14 個のデータからなっている．天気は晴，曇，雨，気温は高，中，低，湿度は高，平常，風は強，弱，という値をとる．ショッピングに出かけたらY，出かけなかったらNが記録されている．OID（Object ID）はデータ識別番号である．

表10.1　決定木を作成するためのデータセット D

OID	天気	気温	湿度	風	ショッピング
1	晴	高	高	弱	N
2	晴	高	高	強	N
3	曇	高	高	弱	Y
4	雨	中	高	弱	Y
5	雨	低	平常	弱	Y
6	雨	低	平常	強	N
7	曇	低	平常	強	Y
8	晴	中	高	弱	N
9	晴	低	平常	弱	Y
10	雨	中	平常	弱	Y
11	晴	中	平常	強	Y
12	曇	中	高	強	Y
13	曇	高	平常	弱	Y
14	雨	中	高	強	N

ID3による決定木の作り方は以下の通りである．

【ID3による決定木の作り方—例—】

ステップ1　データセット D の**エントロピー**（entropy）$E(D)$ を求める．D では，ショッピング＝Yが9個，ショッピング＝Nが5個記録されているので，$E(D)$ は次のように計算される．なお，エントロピーは状態の混沌さの度合いを表し，データにばらつきがなければエントロピーは0であるが，データが不揃いだと1に近付き，たとえば50–50%では1である．エントロピーの単位はlogの底を2とした場合，bitである．

$$E(D) = -\frac{9}{14}\log_2\frac{9}{14} - \frac{5}{14}\log_2\frac{5}{14} = 0.940$$

ステップ2　各属性(天気,気温,湿度,風)がとる各値に対するエントロピーを求め，それに基づき各属性の**情報利得**（information gain）を求める．まず，天気について計算する．天気の値は晴，曇，雨の3つのいずれかである．そこで，D を再編成

して 天気 = 晴 のときのデータセット $D_{\text{天気}=\text{晴}}$ を 表 10.2のように構成すると，そこでは ショッピング = Y が 2 個，ショッピング = N が 3 個記録されているので $D_{\text{天気}=\text{晴}}$ のエントロピーは次の通りとなる．

$$E(D_{\text{天気}=\text{晴}}) = -\frac{2}{5}\log_2\frac{2}{5} - \frac{3}{5}\log_2\frac{3}{5} = 0.971$$

以下同様に次の通りである．

$$E(D_{\text{天気}=\text{曇}}) = -\frac{4}{4}\log_2\frac{4}{4} - \frac{0}{4}\log_2\frac{0}{4} = 0$$
$$E(D_{\text{天気}=\text{雨}}) = -\frac{3}{5}\log_2\frac{3}{5} - \frac{2}{5}\log_2\frac{2}{5} = 0.971$$

したがって，天気という属性の情報利得，これを $G(D_{\text{天気}})$ と記す，は次のように計算される．

$$\begin{aligned} G(D_{\text{天気}}) &= E(D) - \sum_{i\in\{\text{晴},\text{曇},\text{雨}\}} \frac{|D_{\text{天気}=i}|}{|D|} E(D_{\text{天気}=i}) \\ &= E(D) - \frac{5}{14}E(D_{\text{天気}=\text{晴}}) - \frac{4}{14}E(D_{\text{天気}=\text{曇}}) - \frac{5}{14}E(D_{\text{天気}=\text{雨}}) \\ &= 0.940 - \frac{5}{14}\times 0.971 - \frac{4}{14}\times 0 - \frac{5}{14}\times 0.971 = 0.246 \end{aligned}$$

以下，同様にして，$G(D_{\text{気温}})$，$G(D_{\text{湿度}})$，$G(D_{\text{風}})$ を求めると次のようである．

$$G(D_{\text{気温}}) = 0.029, \quad G(D_{\text{湿度}}) = 0.152, \quad G(D_{\text{風}}) = 0.048$$

表 10.2　データセットの再構成—データセット $D_{\text{天気}=\text{晴}}$—

OID	気温	湿度	風	ショッピング
1	高	高	弱	N
2	高	高	強	N
8	中	高	弱	N
9	低	平常	弱	Y
11	中	平常	強	Y

ステップ 3　情報利得の最も大きい属性を決定木の根（root）とする．この例では，$G(D_{\text{天気}})$ が一番大きいので，天気が決定木の根となる．

ステップ 4　根である天気は晴，曇，雨，という 3 つの値を持つので，根である天気からそれらに対応して 3 本の枝が出る．先に計算したように，$E(D_{\text{天気}=\text{晴}}) =$

$E(D_{天気=雨}) = 0.971$ であったが，$E(D_{天気=曇}) = 0$ であってそのすべてのショッピング値はYであったので曇の枝の末端は“Y”である「葉」(leaf) である．

ステップ5　一方，天気 = 晴 と 天気 = 雨 に対しては，その枝の先にくる属性を決定しないといけないが，データセットを再編して上記と同様なステップを繰り返す．この例では，たとえば，天気 = 晴 に対しては，D の代わりに $D_{天気=晴}$ でステップ1に戻り，同様なステップを繰り返すことで，その部分木の頂点の属性が決まる．

ステップ6　すべての枝の末端が葉になるまで上記のステップを繰り返す．

図10.1に得られた決定木を示す．なお，ID3はステップごとにその場その場で最良解をとっていくので，**貪欲** (greedy) なアルゴリズムである．

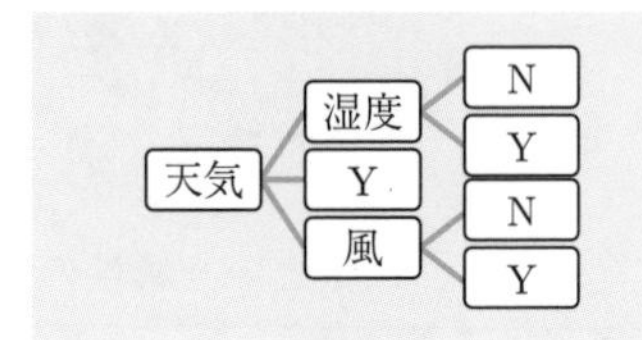

図10.1　データセット D からID3により求められた決定木

10.2.2　回　帰　分　析

回帰分析 (regression analysis) とは，説明変数 x と目的変数 y の回帰関係 f を $y = f(x)$ と表したとき，与えられた学習用データセット D を使って f を求め，「新たな入力値に対する出力値を予測しよう」という手法である．f が $y = ax + b$ と説明変数が1個の1次方程式で書けるとき単回帰分析といわれる．説明変数が2個以上使われている場合，たとえば，$y = a_1x_1 + a_2x_2 + b$ のようなとき重回帰分析といわれる．ここに，a，b，a_1，a_2 は回帰係数と呼ばれる．また，$y = ax + b$ や $y = a_1x_1 + a_2x_2 + b$ は**回帰モデル**と呼ばれる．なお，目的変数が説明変数の1次式で表現されるとき線形回帰，非線形な関係で表現されるとき非線形回帰と呼ばれる．ここでは，単回帰分析の簡単な事例を用いてその概念を示す．

単回帰分析

単回帰分析 (simple regression analysis) を例で説明する．そこで，被検者の年齢と測定された血圧値を表すデータセットが表10.3のように与えられたとする．

表10.3　年齢と血圧を表すデータセット

検査ID	1	2	3	4	5	6	7	8	9	10
年齢	30	60	20	40	40	60	20	50	70	50
血圧	120	130	110	110	140	140	120	150	140	110

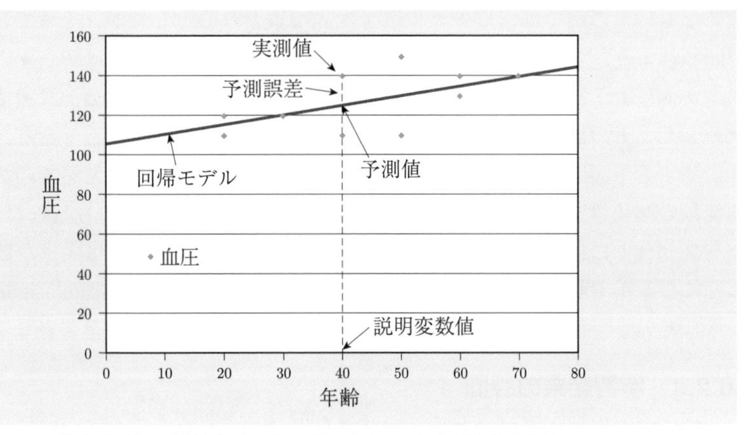

図 10.2 年齢と血圧のデータセットと回帰モデル

このデータを横軸（x）を年齢，縦軸（y）を血圧として 2 次元グラフとしてプロットすると，図 10.2のようになる．

ここでは，単回帰分析を行うので回帰モデルを $y = ax + b$ として，a，b を推定していく．ここで，検査 ID が i（$1 \leqq i \leqq 10$）の x 値と y 値を x_i，y_i と書くことにする．このとき，ある回帰モデル $y = ax + b$ が得られたとしても，一般には $y_i = ax_i + b$ とはならないであろう．予測値との誤差，つまり予測誤差 ε_i を伴うであろう．つまり，$y_i = ax_i + b + \varepsilon_i$ と表される．

そこで，回帰モデルの推定にあたっては，この場合，予測誤差 ε_i の 2 乗の総和が最小となるように回帰係数 a，b を決めることとする（予測誤差はそのままでは正の場合もあれば負の場合もあるので，それらが相殺しないように 2 乗とし，すべてを正の値にする）．つまり，次式を最小にする a，b を求める問題，すなわち最小 2 乗法を解く問題に帰結される．

$$\sum_{i=1,\ldots,10} \varepsilon_i^2 = \sum_{i=1,\ldots,10} (y_i - b - ax_i)^2$$

最小 2 乗法の解は，勾配 a 並びに切片 b に関して偏微分をとっていくことで得られるが，この例では $a = 0.5$，$b = 105$ と求められる（最小 2 乗法の計算は Excel の LINEST 関数を用いて行った）．つまり回帰モデルは次の通りである．求められた回帰モデル並びに諸概念を図 10.2にプロットしている．

$$y = 0.5x + 105$$

以上，回帰分析の一端を示したが，求めた回帰モデルはデータセットが取得された実世界をどれほど正確に反映しているか，その予測力がどれほどのものであるかが心配になる．上の例では回帰モデルは1次式で表されるとしたが，それで良かったのかが問われよう．次数を上げていくと，外れ値やノイズ，あるいはデータの偏りなどにフィットしようとグラフが直線ではなく曲線になるから，直線のときよりも与えられたデータセットの説明変数値については予測値がより実際の値に近くなり，データセットに関する予測誤差は小さくできるだろう．しかし，それが実世界での説明変数と目的変数の関係性をより正確に表すようになったとは言えないかもしれない．つまり，データセットにはない未知の説明変数値に対する目的変数の値は大きな誤差を生じることになるかもしれない．このような状況を**過学習**（overtraining. overfitting ともいう）という．回帰モデルの設定にあたってはこの兼ね合いが重要となる．

10.2.3 学習結果の評価

一般に学習機械がどれほど正しい結果を出力してくれるのかについて，さまざまな観点からさまざまな指標（metrics）が導入されているが，**2値分類**では**正解率**（accuracy），**適合率**（precision），**再現率**（recall），**F値**（F-measure）が基本的指標として広く受け入れられており，それらは次のように定義される．

つまり，2値分類なので，正解を A と $\overline{A}$ とするとき，予測結果は A か $\overline{A}$ のいずれかであるが，その関係性は**混同行列**（confusion matrix）として表10.4のように表される．ここに，TP, TN, FP, FN は各々 true positive（真陽性），true negative（真陰性），false positive（偽陽性），false negative（偽陰性）の頭字語であり，そのように分類された数を表すとする．統計学では FP を第1種の誤り，FN を第2種の誤りという．

表10.4 2値分類の混同行列

		予測結果	
		A	$\overline{A}$
正解	A	TP（真陽性）	FN（偽陰性）
	$\overline{A}$	FP（偽陽性）	TN（真陰性）

さて，TP, TN, FP, FN を用いて，正解率，適合率，再現率，F値は次のように定義される．ここに，/ は割り算を表す．なお，F値は適合率と再現率の調和平均である．

$$
\begin{aligned}
\text{正解率} &= (\text{TP} + \text{TN})/(\text{TP} + \text{TN} + \text{FP} + \text{FN}) \\
\text{適合率} &= \text{TP}/(\text{TP} + \text{TN}) \\
\text{再現率} &= \text{TP}/(\text{TP} + \text{FN}) \\
F\,\text{値} &= 2/(\text{適合率}^{-1} + \text{再現率}^{-1}) \\
&= 2 \times ((\text{適合率} \times \text{再現率})/(\text{適合率} + \text{再現率})) \\
&= \text{TP}/(\text{TP} + ((\text{TN} + \text{FN})/2))
\end{aligned}
$$

10.3 教師なし学習

教師なし学習（unsupervised learning）では，文字通り学習機械が学習するにあたり，学習データ，すなわち正解データは与えられていない．しかしながら，全く何も与えられていないのか，というとそうではない．それでは決して学習はできないわけで，そこでは何らかの学習の仕組みが与えられている．たとえば，画像をデジタル化して，それに基づいて画像の類似性を学習することができれば，多数の動物の写真が入力されると，デジタル画像としての特徴の似たもの同士をクラスタとして類別することが可能となろう．これをクラスタリングという．教師なしなので，正解とか不正解という概念はない．したがって，犬同士が集まったクラスタができ上がったとしても，それが「犬」であるという認識を学習機械が持ち合わせたわけではない．この点を注意するべきである．クラスタリングには階層的クラスタリングと非階層的クラスタリングがある．クラスタリングの他に，説明変数の次元を削減する主成分分析という手法がある．クラスタリングと主成分分析は教師なし学習でよく用いられる学習アルゴリズムである．以下，クラスタリングと主成分分析を説明する．

10.3.1 クラスタリング

クラスタリング（clustering）は各データ間の類似度によってデータをクラスタに分類するが，階層的にクラスタを作る階層的クラスタリングと階層を作らない非階層的クラスタリングの学習方法に分類される．前者に属する手法としてはデンドログラム（dendrogram，樹形図），後者に属する手法としては k-平均法がよく知られている．ここでは，クラスタリングでよく用いられる k-平均法を例題で説明する．

■ k-平均法

分析の対象となるデータセットを D とするとき，**k-平均法**（k-means clustering）は D を k 個のクラスタに分割する手法であり，その手順は次の通りである．

k-平均法の手順

(1) データセット D の中から k 個の点をランダムに選び k 個のクラスタの中心と仮決めする．

(2) 各データを一番近い中心のクラスタに割り当てる（一番近い中心が複数あればどれかをランダムに選択する）．

(3) 仮にでき上がったクラスタ，これを仮クラスタという，の重心座標を計算する．それに最も近い点を新たな重心として，(2) と (3) を繰り返す．このとき，仮クラスタが変化しなくなる（この処理が収束），あるいは処理が収束しなかったり時間がかかりすぎる場合にクラスタリングを終了させる．

【2-平均法の実行例】

k-平均法の動きを，$k=2$ としてデータセットを2分割する動きをシミュレートしてみる．まず，データセット D は次の通りとする．D を2次元空間で表示すると，図10.3に示す通りである．

$$D=\{d_1=(1,4),d_2=(2,1),\\ d_3=(2,3),d_4=(3,2),\\ d_5=(3,5),d_6=(4,3),\\ d_7=(5,1),d_8=(5,4),\\ d_9=(6,2)\}$$

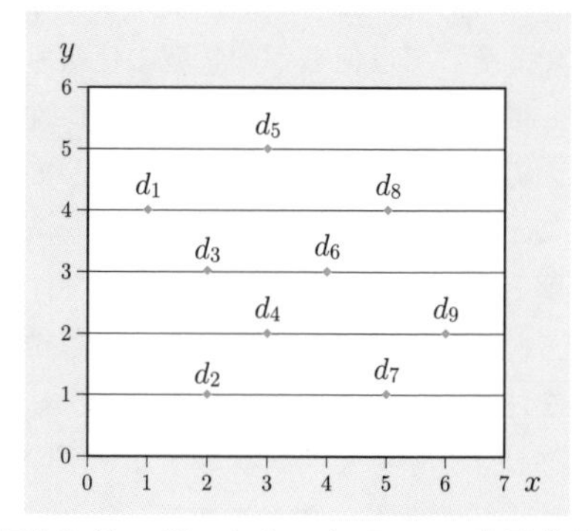

図10.3 データセット D の2次元表示

(a) 手順(1)に従いランダムに選ばれた2点を $d_5=(3,5)$ と $d_7=(5,1)$ とする．

(b) 2点間の距離をユークリッド距離，つまり $\sqrt{(x_i-x_j)^2+(y_i-y_j)^2}$ とするとき，d_1，d_3，d_8 は d_5 に近く，d_2，d_4，d_9 は d_7 に近いが，d_6 は d_5 と d_7 に等距離である．そこで，手順(2)に従い，d_5 を中心とした仮クラスタを D_{11}，d_7 を中心とした仮クラスタを D_{12} とし，ランダム選択により d_6 は d_5 に近いとする．すると，d_5 の仮クラスタは $D_{11}=\{d_1,d_3,d_5,d_6,d_8\}$ となり，その重心は $(3,3.8)$ と計算される．これに一番近いデータは $d_3=(2,3)$ である．一方，$D_{12}=\{d_2,d_4,d_7,d_9\}$ の重心は $(4,1.5)$ と計算される．これに一番近いデータは $d_4=(3,2)$ と $d_7=(5,1)$ と2つあるので，手順(2)に従いランダム選択した $d_7=(5,1)$ が重心に一番近いデータとする．

(c) そこで，$d_3=(2,3)$ と $d_7=(5,1)$ を中心としてクラスタを再編すると $D_{21}=\{d_1,d_2,d_3,d_4,d_5,d_6,d_8\}$ と $D_{22}=\{d_7,d_9\}$ となる．続けて，新たな重心を計算すると，D_{21} の重心は $(2.86,3.14)$，D_{22} の重心は $(5.5,1.5)$ なので，新たな中心は，D_{21} については d_3 と d_6 のランダムな選択となるので d_3 を選択し，D_{22} についてはこれも d_7 と d_9 のランダムな選択となるが d_7 を選択する．

(d) そうすると，手順は(c)に戻ることになるが，新たにデータのランダム選択にあたっては，(c)で行ったと同じ選択をするとすれば，処理は収束したとみなされ，得られたクラスタは次のようになる．

$$\{d_1, d_2, d_3, d_4, d_5, d_6, d_8\} \quad と \quad \{d_7, d_9\}$$

なお，上述のように，k-平均法では，手順 (1) のデータセットの中から k 個の点をランダムに選び，k 個のクラスタの中心と仮決めする，あるいは，手順 (2) の各データを一番近い中心のクラスタに割り当てる（一番近い中心が複数あればどれかをランダムに選択する）に見られるようにデータの選択を「ランダム」に行わなくてはならない場合があり，その結果，出力されるクラスタが変わってくることに注意しなければならない（章末問題 4 を参考にすること）．

10.3.2　主成分分析

主成分分析（principal component analysis）は分析の対象となるデータの次元が大きい場合に有効な手法で，複数の説明変数で示される事象を 1 つの合成変数で説明すること，これを**次元削減**（dimensionality reduction）という，で分析を容易にする．たとえば，学生の国語，社会，算数，理科の成績データから，オールラウンドによくできる生徒，文系に強い生徒，理系に強い生徒を，それぞれ {国語, 社会, 算数, 理科} から総合力，{国語, 社会} から文系，{算数, 理科} から理系という合成変数を導入することによって，うまく表現できるようになる．合成変数を主成分といい，それはデータを新しい視点で見るための軸となる．

10.3.3　強化学習

強化学習（reinforcement learning）は教師がいないという意味では教師なし学習の一種とも考えられるが，学習方法が教師あり学習や教師なし学習とは一線を画するので別枠と捉えてよいであろう．たとえば，将棋や囲碁の AI プログラムには強化学習が用いられる．将棋では敵の王将をとることが最大の報酬と設定されて高評価となる攻め方を学習することで目的を達成しようとする．

10.4　ニューラルネットワークと深層学習

本節ではニューラルネットワークと深層学習を概観する[38], [40], [41]．

10.4.1　ニューラルネットワーク

脳の情報処理は**ニューロン**（neuron，神経細胞）が織りなす**ニューラルネットワーク**（neural network，神経回路網）によって行われている．ニューロンは他のニューロンから受け取った微弱な電気信号の総和がある閾値（しきいち）に等しいかそれより大きい（＝閾値以上）と発火して[42]，その軸索を介して他のニューロンの樹状突起とシナプス結合して微弱な電気信号を伝える．ヒトの脳と脊髄から構成される中枢神経系には千数百億個のニューロンがあるといわれている．この仕組みの数理モデルを以下で述べる．

形式ニューロン

形式ニューロン（formal neuron）とはマカロックとピッツによりモデル化されたニューロンをいい，図10.4に示されるようである（以下，単にニューロンという）．ニューロンは一般に n（$n \geqq 1$）個の入力 $x_1, \ldots, x_n$ を持ち，1個の出力 z を持つ．各 x_i の**シナプス結合荷重**（以下，単に結合荷重，あるいは**重み**という）を w_i とするとき，重み付き総和 $y = \sum_{i=1,\ldots,n} w_i \times x_i$ が閾値 θ 以上であれば発火して $z = 1$ となり，そうでなければ $z = 0$ である．つまり，形式ニューロンの発火条件は**ステップ関数**が決めている．この発火条件を決める関数を一般に**活性化関数**（activation function）というが，ニューラルネットワークではシグモイド関数 $f(x) = \frac{1}{1+e^{-x}}$ や ReLU（Rectified Linear Unit，正規化線形関数）が使われることが多い．それらを図10.5に示す．

形式ニューロンの定義になぜ「重み」が導入されているかというと，それは「神経

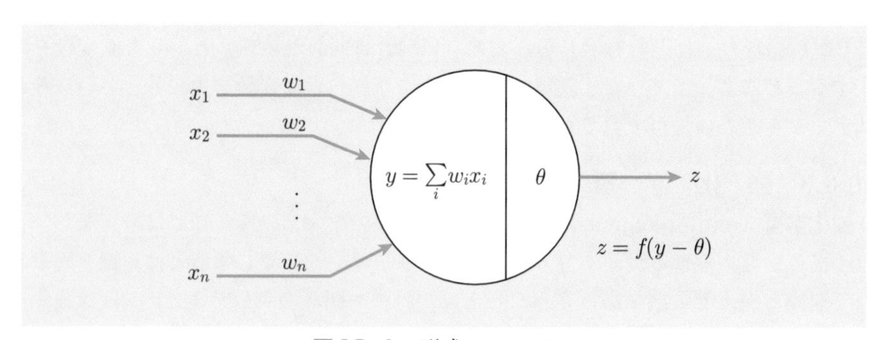

図10.4 形式ニューロン

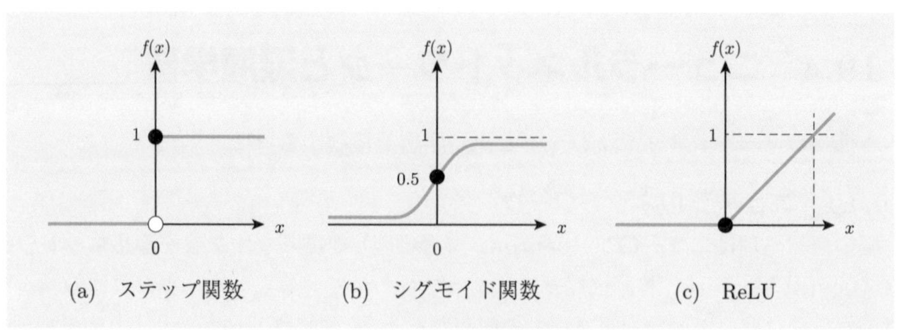

図10.5 活性化関数 $f(x)$

細胞Aの出力が神経細胞Bに入力さたとき，Bが興奮すると，AからBへのシナプス結合荷重が大きくなる」という**シナプスの可塑性**（plasticity）をモデル化したことによる．つまり，シナプス結合荷重は入力との関係で変化するということである．これが，以下で述べるパーセプトロンが「学習」する，つまり，教師あり学習の概念の下で，重みや閾値を修正して入出力の関係を学習データにできる限り近付けられると考える根本原理である．

パーセプトロン

ローゼンブラットがパターン認識のために発案した**パーセプトロン**は入力層（S層），隠れ層（A層，中間層ともいう），出力層（R層）の3層からなるニューラルネットワークである[42]．パーセプトロンの基本形である**単純パーセプトロン**（simple perceptron）を図10.6に示す．入力層は（刺激を感覚器官から神経中枢に伝達するための）単なる入り口にしかすぎないのでニューロンである必要はないが，隠れ層や出力層はニューロンからなる．出力層のニューロンは隠れ層のすべてのニューロンから入力を受ける．入力は，入力層から隠れ層，そして出力層へ1方向に流れる．単純パーセプトロンでは入力層から隠れ層への重みは固定であるが，隠れ層から出力層への重みは可変である．また，隠れ層の各ニューロンの閾値が固定であるのに対して，出力層のニューロンの閾値は可変である．したがって，単純パーセプトロンの学習の対象となるのは隠れ層から出力層への重みと出力層の閾値となる．

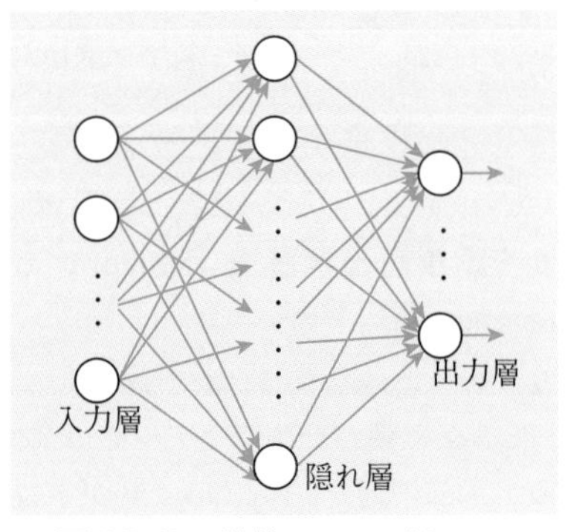

図10.6　単純パーセプトロン

さて，単純パーセプトロンのパターン認識能力であるが，1968年にミンスキーとパパートによって，単純パーセプトロンは線形分離可能な決定問題しか学習できないことが指摘された．たとえば，論理積（AND）や論理和（OR）や論理否定（NOT）の真理値表は学習できるが，排他的論理和（XOR）の真理値表は学習できないということで，これにより第1次AIブームが終焉したことは本章冒頭で記した通りである．このことを直感的に示せば，論理積（AND）の真理値表を2次元平面で表示すると図10.7 (a) のようになり，1本の直線で真理値0（白点）と1（黒点）を分離できるが，同図 (b) に示すように排他的論理和（XOR）では真理値0と1を1本の直線で分離することはできないことを意味する．

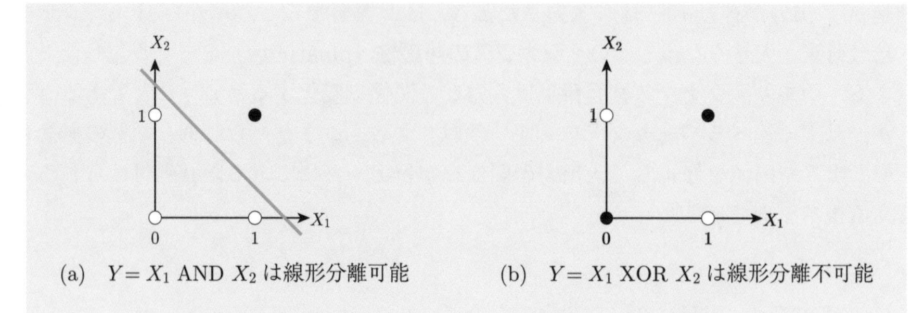

(a) $Y = X_1$ AND X_2 は線形分離可能　(b) $Y = X_1$ XOR X_2 は線形分離不可能

図10.7 単純パーセプトロンの線形分離可能性

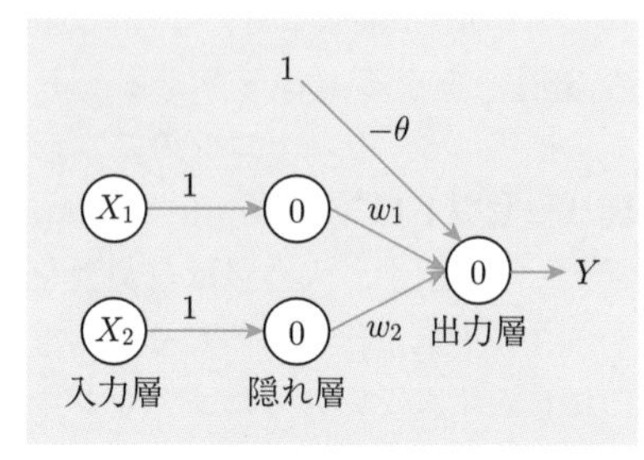

図10.8 簡単な単純パーセプトロン

ここで，単純パーセプトロンが論理積(AND)をどのようにして学習しているかを**誤り訂正学習法**(learning by error-correction)を用いて説明してみると次のようである．ここでは，図10.8に示すような「簡単な単純パーセプトロン」を設定している．上述の通り，w_1，w_2，θが学習の対象となる．ちなみに，この「簡単な単純パーセプトロン」の動作は，$w_1 \times X_1 + w_2 \times X_2 - \theta \geqq 0$ならば$Y = 1$，そうでなければ$Y = 0$である．学習は，入力層に入力が与えられるごとに，出力値oと正解tの差に**学習率**η $(0 < \eta \leqq 1)$を掛け合わせて，重みと閾値の修正が行われる．なお，閾値については，出力層のニューロンの閾値を0とし，常に入力$x_0 = 1$で重み$w_0 = -\theta$の入力が出力層に与えられるとすると，重みを学習すると同様に閾値を学習できるのでそうする．学習率ηであるが，学習の速度を決める因子である．大きな値にすると学習速度は向上するが，重みが発散したり計算が振動したりするので通常は小さな値に設定する．各重みの修正量は入力層への入力が与えられるごとに，式$\boldsymbol{\Delta W} = \eta(t - o)\boldsymbol{O}$で決定される．この例では，$\boldsymbol{\Delta W} = (-\Delta\theta, \Delta w_1, \Delta w_2)$，$\boldsymbol{O} = (1, X_1, X_2)$である．

さて，誤り訂正学習法による論理積(AND)の学習例を1つ示す．

【誤り訂正学習法の学習例】

ステップ1　学習データを用意する．この例では，学習対象が論理積であるので，入力パターンは$(X_1, X_2) = (0,0), (1,0), (0,1), (1,1)$の4つであり，正解は$(0,0)$，$(1,0)$，$(0,1)$のとき$Y = 0$，$(1,1)$のとき$Y = 1$である．

ステップ2　w_0 $(= -\theta)$，w_1，w_2の初期値を乱数を用いてランダムに小さい値に設定する．また，学習率 η $(0 < \eta \leqq 1)$ を与える．ここでは，$w_0 = -0.25$，$w_1 = 0.1$，$w_2 = 0.3$，$\eta = 0.05$ としてみた．

ステップ 3　$Z = w_0 \times 1 + w_1 \times X_1 + w_2 \times X_2$ を，たとえば，入力 $(0,0)$, $(1,0)$, $(0,1)$, $(1,1)$ 順で計算する．まず，$(0,0)$ については $Z = -0.25$ なので $Y = 0$ となり正解であるので，$\boldsymbol{\Delta W} = 0$ となり修正はない．次に，$(1,0)$ の場合，$Z = -0.15$ なので $Y = 0$ となり正解であるので，$\boldsymbol{\Delta W} = 0$ となり修正はない．次に，$(0,1)$ の場合，$Z = 0.05$ なので $Y = 1$ となり正解の $Y = 0$ となっていない．そこで，上式に従い修正量を計算すると，$\boldsymbol{\Delta W} = 0.05 \times (-1)(1,0,1) = (-0.05, 0, -0.05)$ となり，修正を施した後の重みは $w_0 = -0.3$，$w_1 = 0.1$，$w_2 = 0.25$ となる．続けて，この修正された重みを使って (1, 1) の場合を計算すると，$Z = 0.05$ なので $Y = 1$ となりこれは正解であるので，重みの修正はない．

ステップ 4　上記の操作を繰り返す．すべての入力パターンに対して重みを修正する必要がなくなれば終了する．

この例では，1 順目のステップ 3 で計算された重み $w_0 = -0.3, w_1 = 0.1, w_2 = 0.25$ で，反復して入力パターン $(0,0)$, $(1,0)$, $(0,1)$, $(1,1)$ について出力を計算していくと，順に出力は 0, 0, 0, 1 となり，確かに，この状態で図 10.8 の「簡単な単純パーセプトロン」は論理積を学習したことが分かる．なお，重みや学習率の与え方によっては，重みの修正なしで学習が終了したり，あるいは振動してしまうなどの挙動は容易に確認することができる．実際には，重みの変化が所定の値以下になれば学習を終了させたり，反復計算回数の上限を設けたりする場合もある．

理論的には，学習の対象が線形分離可能であれば，パーセプトロンの学習が収束することが知られている．なお，図 10.8 に示した「簡単な単純パーセプトロン」の入力を一般に $x_1, \ldots, x_n$ とすれば，これは教師あり学習のときに論じた重回帰分析のための回帰モデルとなっていることが分かろう．

■ ニューラルネットワーク

ニューラルネットワークとは単純パーセプトロンの隠れ層を多段にした階層型ネットワークをいう．たとえば，手書きの数字 0〜9 を認識するニューラルネットワークを構築しようとした場合，数字を 5×3 のマトリクスで表現したとすれば入力層は 15 $(= 5 \times 3)$ 個のニューロンを，出力層は 0〜9 に対応して 10 個のニューロンを必要としよう．隠れ層を何段にし，各隠れ層を構成するニューロンを何個にするかは，初期設定を学習の様子を見ながら調整して決めていく．

10.4.2 深 層 学 習

多層ニューラルネットワークとはニューラルネットワークの隠れ層が多段であることを強調した表現である．多層ニューラルネットワークを用いた機械学習を**深層学習**（deep learning）という．隠れ層を多段にするとモデルとしての表現力が高まることは知られていたが，どのようにして多層ニューラルネットワークを学習させるか（深層学習）が課題であった．この問題を解決したのが1986年にラメルハート（D.E. Rumelhart）らが考案した**誤差逆伝播法**（error backpropagation method）である．この手法により，出力層から入力層に向かってより深い隠れ層の重みを修正することが可能となった（だから逆伝播といわれる）．これは多層ニューラルネットワークに対する教師あり学習法として広く認知されている．その概略は次の通りである．

【誤差逆伝播法の概略】

ステップ1　学習データを用意する．

ステップ2　入力層，隠れ層，出力層の順に各ニューロンの出力を計算する．

ステップ3　正解と実際の出力の2乗誤差を計算する（損失の計算）．

ステップ4　損失が少なくなるように，出力層から入力層に向かって各層間の重みを修正する．

ステップ5　すべての入力パターンに対する損失が設定値以下になれば計算を終了する．そうでなければ，ステップ2に戻る．

誤差逆伝播法を単純パーセプトロンの誤り訂正学習法と比べてみると，入力層から隠れ層に対する重みも考慮されていること，ニューロンの活性化関数としてステップ関数ではなく微分可能な**シグモイド関数** $f(x)=\frac{1}{1+e^{-x}}$ が使用されていること（したがって，ニューロンの出力は0〜1の実数である），正解と実際の出力の2乗誤差が所定の値以下になれば学習が終了することなどが異なる．

なお，ステップ4であるが，2乗誤差（= 損失）を少なくするための手法として**勾配降下法**（gradient descent method）が用いられる．この手法は，適当に初期点を選び，損失関数を（偏）微分して勾配を求め，それに基づき最急降下する方向を計算し，あらかじめ決められた幅だけその方向に進み，この操作を繰り返して最少点を求めようとする．ただ，この手法は解が極小に止(とど)まり最小を保証しないことがある点に注意を要する．

このように，隠れ層を多層化することにより，排他的論理和（XOR）の真理値表の学習はもとより，複雑な入出力関係を持ったモデルの学習が可能となったが，勾配降下法と誤差逆伝播法を用いた深層学習は勾配消失問題という難問と遭遇することとなった．ここに，**勾配消失問題**（vanishing gradient problem）とは，深層ニューラルネットワークでは微分可能な活性化関数を用いているので，勾配降下法で利用される重みの修正量を微分値によって算出できるものの，多層による何重もの微分値の積算により活性化関数の勾配（微分値）がゼロに近くなり，入力層に近い隠れ層の重みの修正ができなくなり学習が困難になることをいう．

この問題を解決してみせたのが，2006 年にヒントン（G. Hinton）らが発案した**積層オートエンコーダ**（stacked autoencoder）である．積層オートエンコーダが勾配消失問題をどのように解決したのかを掻い摘んで見てみると，入力層に一番近い隠れ層の学習から始めて，1 段 1 段出力層に近い隠れ層まで学習をし，それら学習済みの隠れ層を積み重ねて深層学習を成し遂げるという手法である．このとき，学習すべき隠れ層の入力と出力は同一の設定とする，つまり，隠れ層の入力層をその出力層にそのまま設定し，それらに挟まれる隠れ層のニューロンの数は入力層（と出力層）を構成するニューロンの数より小さくすることにより，情報圧縮，つまり特徴抽出が行えるということである．学習済みの隠れ層を順次入力層としてこの操作を入力層から出力層に至る隠れ層に適用し，最終的にそれらを積み重ねる．手順からして勾配消失は起こりえない．使用した活性化関数はシグモイド関数である．積層オートエンコーダは学習データを必要としないので教師なし学習となっている．

RNN，CNN，GAN

積層オートエンコーダが学習の対象とした応用はパターン認識であったが，それ以降，深層学習をさまざまな分野に適用するべく，多くの深層学習が世に出ることとなった．中でも RNN，CNN，GAN の認知度が高い．なお，これらの深層学習では活性化関数として，シグモイド関数に代わり **ReLU** が用いられることが多い．その理由は，シグモイド関数 $f(x) = \frac{1}{1+e^{-x}}$ を微分すると $f'(x) = (1 - f(x)) \times f(x)$ となり，その値は 0〜0.25 で最大値は 0.25 にしかならず，シグモイド関数の重ね合わせで勾配が失われてしまうが，一方，ReLU は微分するとその値は 0 か 1 で，最大値が 1 であることにより勾配が失われず，勾配消失問題の解決に寄与できるからである（図 10.5 参照）．

RNN（Recurrent Neural Network，反復ニューラルネットワーク）は，音声処理，自然言語処理，機械翻訳など時系列データの深層学習に適した手法として知られている．

CNN（Convolutional Neural Network，畳み込みニューラルネットワーク）は，人間の視覚をモデルとしていて，その結果，入力層–畳み込み層–プーリング層–全結合層–出力層の構成となる．通常のニューラルネットワークとの違いは，畳み込み層–プーリング層にあるが，畳み込み層は人間の単純型細胞をモデルに考えられたもので，特定の形状に反応するように構成され，プーリング層は複雑型細胞をモデル化したもので，入力画像におけるフィルタ形状の位置ずれを吸収するように働く．CNNは主に画像認識で用いられ自動運転や監視カメラ，あるいはAlphaGOでの碁盤の局面認識にも利用されているという．

GAN（Generative Adversarial Network，敵対的生成ネットワーク）は，教師なし学習を行うニューラルネットワークで，生成ネットワークと識別ネットワークの2つのネットワークから構成されている．識別ネットワークは生成ネットワークの出力の正しさを判定する．そうすると，生成ネットワークは識別ネットワークを欺こうと学習し，一方，識別ネットワークはより正確に識別しようと競い合うこととなり，GAN全体としての学習能力が向上する．

深層学習は他の学習法とも組み合わされてより強力な学習能力を達成できる．たとえば，2016年にAIが初めて囲碁のプロのトップ棋士を破って名を馳せたAlphaGOはCNNと強化学習を組み合わせた**深層強化学習**が使われたという．

現在，深層学習は画像認識，音声認識，自然言語処理，ロボット工学，医療診断，ゲーム，翻訳，画像・音声合成，推薦システム，データマイニングなどさまざまな分野で活用されている．ただし，深層学習は多層ニューラルネットワークによる学習法なので，入力と出力間の因果関係を説明しようとすると，古典的学習法である決定木などと違って，一般にはその説明が難しいことはよく指摘されている通りである．

■ 遺伝的アルゴリズム

脳の情報処理ではなく，生物の遺伝のメカニズムを模した問題解決法が**遺伝的アルゴリズム**（genetic algorithm）である．遺伝は「環境に適するように進化する」ということなので，数学的にはさまざまな組合せの中から目的に合った最適の組合せを求めるという「組合せ最適化問題」の解決に寄与できる．具体的には，遺伝子の交叉（こうさ）（crossover）と突然異変（mutation）を繰り返していくことにより，準最適解を求めることができる．最適解を保証するものではないが，巡回セールスマン問題など多くの有用な適用事例がある．

第 10 章の章末問題

問題 1　機械学習に関する次の文章の空欄 (ア)∼(カ) を埋めなさい.

機械学習は学習方法の違いにより教師あり学習と教師なし学習の 2 つに大別される. 教師あり学習を代表する学習アルゴリズムは (ア) と (イ) である. (ア) には (ウ), ランダムフォレスト, サポートベクトルマシンなどの手法が使われている. (イ) とは, 説明変数 x と目的変数 y の関係性を学習用データセットを使って求め, 新たな入力値に対する出力値を予測しようという手法である. その関係性が 1 次方程式で書けるとき (エ) といわれる. 教師なし学習でよく用いられる学習アルゴリズムは (オ) と主成分分析である. (オ) は階層的アプローチと非階層的アプローチに分類されるが, 後者に属する手法として (カ) がよく知られている.

問題 2　身長と体重を測定したところ, 次のようなデータセットを得た.

測定 ID	1	2	3	4	5	6
身長（cm）	165	170	160	170	180	165
体重（Kg）	60	60	60	70	70	65

(問 1)　説明変数を身長, 目的変数を体重として, 単回帰分析を行い, 結果を示しなさい. なお, 最小 2 乗法の計算は Excel の LINEST 関数を用いて行ってよい.

(問 2)　(問 1) で得られた単回帰分析の結果を使って, 身長が 175 cm の人の体重を予測した結果を示しなさい.

問題 3　スパムメールとは自分が受け取りたくない迷惑メールのことをいう. 着信したメールがスパムメールかそうでないかを機械学習させた. この学習結果を評価するために, 100 通のメールを用意した. このうち半数がスパムメールである. その結果, この学習機械は, 50 通のスパムメールのうち 40 通をスパムメールと判定し 10 通をそうでないと判定し, 50 通のスパムではないメールのうち 45 通をスパムではないメールと判定し 5 通をスパムメールと判定した. 次の問いに答えよ.

(問 1)　混同行列を示しなさい.

(問 2)　正解率は何パーセントか示しなさい.

(問 3)　適合率は何パーセントか示しなさい.

(問 4)　再現率は何パーセントか示しなさい.

(問 5)　F 値を求めなさい.

問題 4　10.3 節の教師なし学習で示した 2-平均法の実行例のステップ (b) で,「d_6 は d_5 と d_7 に等距離であるので, ランダム選択により d_6 は d_5 に近い」として手順を進めたが, もし「d_6 は d_7 に近い」としたならば, どのようなクラスタリングとなったであろうか, 考えられるシナリオを 1 つ示しなさい.

第11章 インターネット

11.1 インターネットとは何か

インターネットは，英語では the Internet と書かれるように，定冠詞 the が付く固有名詞である．これは，世界にただ 1 つしか存在しないからである．つまり，インターネットは IP アドレスを持っている世界中のすべての機器を相互接続する世界でただ 1 つの地球規模の通信インフラストラクチャということである．

コンピュータネットワークの歴史は 1960 年代の ARPANET（本章末コラム「ARPANET」参照）に遡(さかのぼ)り，インターネットは 1990 年代に入り急速に普及した．この理由は，ウェブ（Web）が 1989 年に発明され，1991 年にコンピュータネットワークが商用に解放されたことによる．図11.1にインターネットの概念を示す．

図に示されているように，インターネットでは，さまざまなコンピュータネットワークが**ルータ**（router）を経由して相互接続している．分かり易い具体的なイメージは，たとえば，ネットワーク A は A 大学のキャンパスネットワークであり，ネットワーク B は B 会社の社内ネットワーク，ネットワーク C は C 省の省内ネットワークといった類である．これらのネットワークはインターネットを構成する要素としてのネットワークなので，サブネットワーク（sub-network），略してサブネット，とも呼ばれる．また，それらのサブネットは通常は有線 **LAN**(ラン)（Local Area Network）や無線 LAN でコンピュータやプリンタなどの機器を繋(つな)いでいる．

インターネットは地球規模でさまざまなネットワークを結合してでき上がっているが，インターネット上においては，管理のための特定の集中した責任主体は存在しない．つまり，インターネット全体を 1 つの組織のネットワークとして管理するのではなく，接続しているさまざまな組織が各ネットワークを自分の責任で管理する分散協調型のシステム構成が建前となっている．ただし，インターネット全体として 1 つのまとまった機能を実現するためには，インターネットに接続された機器には世界で唯一のアドレス，これをグローバル IP アドレスという，を与える必要があり，またそのアドレスを解読する仕組みである DNS は世界でただ 1 つのシステムとして機能しなければならない．インターネットに接続され，かつグローバル IP アドレ

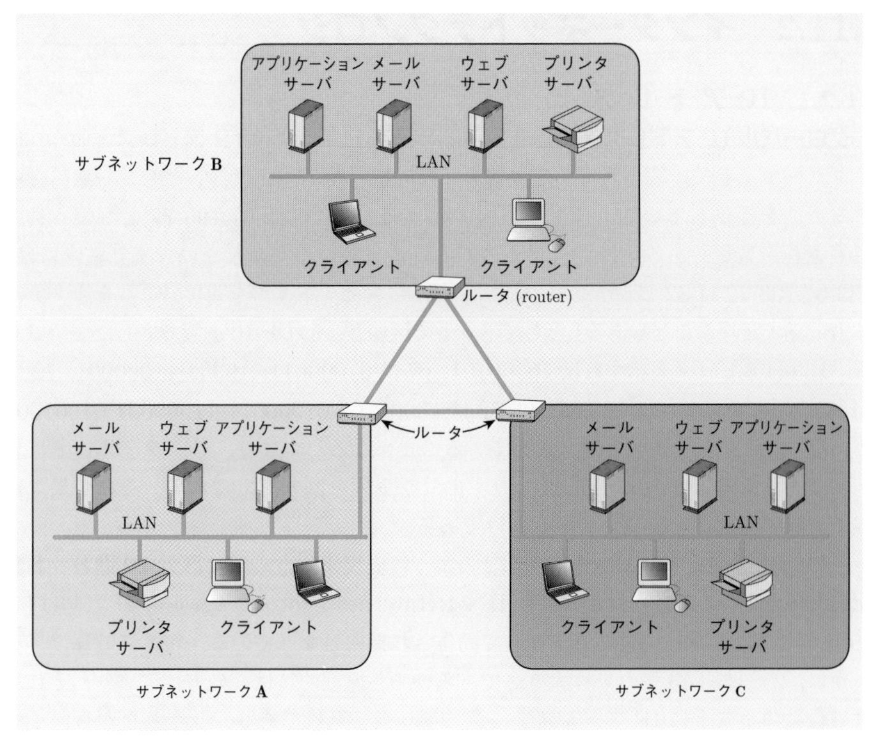

図 11.1　インターネットの概念

スを有するコンピュータやプリンタやルータなどさまざまな機器を**ホスト**（host）という．

IoT（Internet of Things，モノのインターネット）という用語が広く行き渡っているが，モノとはグローバル IP アドレスを有する機器のことをいい，IoT とはそのような機器がすべてインターネットに繋がった状況を指す言葉である．

なお，インターネットのさまざまな統計情報は『インターネット白書』（インターネット協会）や『情報通信白書』（総務省）などに詳しいので，それらを参照されたい．

11.2 インターネットテクノロジ

11.2.1 IP アドレス

グローバル IP アドレス（global IP address. 以下，単に **IP アドレス**という）はインターネットに接続されている機器を「世界でただ1つの機器」として一意に識別する機能を提供している．IP アドレスは，たとえば，133.67.193.72 とかいう具合に表され，見覚えあるいは聞き覚えのある読者も多いかもしれない．より厳密には，133.67.193.72 は 32 ビットのビット列を左から 8 ビットずつを単位（これをオクテット（octet）と呼ぶこともある）としてドットで区切り，それを 10 進数で表した表示である．133 は 8 ビット表示すれば 10000101，67 は 01000011，193 は 11000001，72 は 01001000 であるから，133.67.193.72 は 10000101 01000011 11000001 01001000 という 32 ビットのビット列を表していることになる．つまり，インターネットに繋がれている機器はこのような 32 ビットのビット列を割り当てられて，その結果，世界で一意の識別性を実現しているわけである．

さて，IP アドレスを 133.67.193.72 のように表現する方式を **4 区分 10 進ドット表記法**というが，この方式は正式には **IPv4**（Internet Protocol version 4）と呼ばれ，1981 年に IETF から RFC791 として勧告され標準となっている．容易に計算できるように，2^{32} は約 43 億という大きさであるから，原理的にはこの方式により，それだけの台数のホストに IP アドレスを一意に割り当て可能である．しかしながら，インターネットに接続されているホストを管理するという観点から考えると，32 ビットをただひたすら機器のアドレスとして割り当てるのではなく，32 ビットを組織だって割り当てたい．そこで，IPv4 による IP アドレスの組織だった割当て方法を見てみることにするが，大別して，アドレスクラスに基づいて割り当てるアドレスクラス方式とサブネットマスクを用いるサブネットマスク方式がある．歴史的には，アドレスクラス方式から始まったが，できうる限り多くの IP アドレスを配布できるように，現在はサブネットマスク方式が広く使われている．

なお，インターネットの興隆により，約 43 億個では世界中の情報機器に IP アドレスを振ることができないという「IPv4 アドレス在庫枯渇問題」が現実のものとなり，その解決策として IPv6 が標準化された．それについては 11.2.5 項で述べる．

11.2.2 アドレスクラス方式

IPv4 による IP アドレスをアドレスクラスに基づいて割り当てる**アドレスクラス方式**（classful addressing）では，IP アドレスをクラス分けし，32 ビット（= 4 バイト）のビット列をクラスに応じてある固定長の**ネットワーク部**（上位ビット，すなわち

ネットワーク部 ホスト部

1000 0101 0100 0011 1100 0001 0100 1000

図11.2 クラスBのIPアドレスの一例

32 ビット列の左側）と**ホスト部**（下位ビット，同じく右側）に分割する．**クラスA**，**クラスB**，**クラスC** のネットワーク部のビット長はそれぞれ 8（= 1 バイト），16（= 2 バイト），24（= 3 バイト）である．したがって，クラス A では残りの 24 ビットが，クラス B では 16 ビットが，クラス C では 8 ビットがホスト部となる．図11.2 にクラス B の IP アドレスの一例を示す．

IP アドレスをクラス分けするという発想なので，IP アドレスが与えられたときに，それはどのクラスのアドレスかを一意に識別できれば方式の有用性が高まると考えられた．そのために，クラス A では最左端のビットは必ず 0 とすることを約束する．クラス B は 10 から始まる．クラス C は 110 から始まるとする．そうすれば，IP アドレスの最初の 8 ビットが表す数字が 10 進数で 0〜127 ならばそれはクラス A の IP アドレスを，128〜191 ならクラス B を，そして 192〜223 ならばクラス C の IP アドレスを表していることが分かる．したがって，133.67.193.72 はクラス B の IP アドレスであるということがすぐ分かる．

ホスト部に関しては，そのすべてのビットが 0 だと 32 ビット列はネットワークそのものを表すアドレス，これを**ネットワークアドレス**という，となるので機器の IP アドレスとしては使用しない．またホスト部のビットがすべて 1 の場合は，ブロードキャストアドレスと呼ばれ，このネットワークアドレスを有するサブネットのすべてのホストに**パケット**（packet，ネットワークでデータを送信するときの単位として，IP アドレスを宛先とし小さく分割されたデータのひとかたまりのこと．郵便小包のイメージ）を送信するための IP アドレスとするので機器の IP アドレスには使用しないことにしている．したがって，各クラスで定義できるネットワークの数とそのネットワーク内で定義できるホストの数をまとめると表11.1 のようになる．

明らかに，アドレスクラス方式では，割当て可能な IP アドレスの総数は，フルに使えるとした約 43 億より約 6 億個減じて約 37 億個となり，それは次のように計算される．この計算で分かるように，割当て可能な IP アドレスの 6 割近くをクラス A が占め，その半分をクラス B が，そしてその半分をクラス C が占めている．

$$
\begin{aligned}
&128 \times 16,777,214 + 16,384 \times 65,534 + 2,097,152 \times 254 \\
&\fallingdotseq 2,147,000,000 + 1,064,000,000 + 537,000,000 \fallingdotseq 37\text{億}
\end{aligned}
$$

表11.1 アドレスクラスに基づくIPv4アドレス法

クラス	ネットワーク部のビット表示	定義可能なネットワーク数	定義可能なホスト数	IPアドレス(10進表示)の特徴
A	8ビット部 0xxxxxxx	128 $(=2^7)$	16,777,214 $(=2^{24}-2)$	0.〜127.で はじまる
B	16ビット 10xxxxxxxxxxxxxx	16,384 $(=2^{14})$	65,534 $(=2^{16}-2)$	128.〜191.で はじまる
C	24ビット 110xxxxxxxxxxxxxxxxxxxxx	2,097,152 $(=2^{21})$	254 $(=2^8-2)$	192.〜223.で はじまる

アドレスクラス方式は，アドレスから即座にどのクラスのアドレスかが分かるので，ルーティング（11.4.2項）が容易という長所がある．反面，定義可能なホスト数にクラス間で大きな隔たりがあることに加えて，定義可能なホスト数をすべて消費するような場合が少なくて無駄が多い．具体的には，たとえば，大学などはクラスBのIPアドレスを取得することが多いが，IPアドレスを割り当てないといけないコンピュータ等が65,534台よりはるかに少ない場合もあるだろう．しからばと，クラスCのアドレスを取得すれば定義できるホスト数は最大でも254とこれでは少なすぎるであろう．

11.2.3 サブネットマスク方式

サブネットマスク方式を説明するにあたり，アドレスクラス方式におけるクラスA，クラスB，クラスCの違いを再検討しておくことは意味のあることである．上述のようにクラスAではネットワーク部に割り当てられている8ビットのうち自由に使えるビット数は7である．したがって，$2^7 = 128$個の異なったクラスAのネットワークアドレスを指定しうる．一方，1つのネットワークアドレスに対してホストは$2^{24}-2$個指定しうる．そしてこの数は，前述の通り，16,777,214である．当初，クラスAは多くの機器を保有する大組織や，多くの顧客を有する大規模なインターネットサービスプロバイダ（ISP）に割り当てるために用意され，クラスCは小規模な組織に割り当てられ，クラスBはその中間規模の組織に割り当てるつもりで設計されたという．しかし，ISPでもクラスAは大きすぎ，一方クラスCは小さすぎたため，割当ての要求がクラスBに集中することとなった．つまり，クラスBのサブネットワークに割り当てるべきネットワークアドレスが足りなく，IPアドレス在庫枯渇問題が現実となったわけである．

そこで，ネットワーク部とホスト部の境界を8ビット単位に固定して考えるのではなく，32ビットの上位の任意長のビット列を自由にネットワーク部に指定する**サブネットマスク方式**（subnet masking）が考え出された．この方式を少し詳しくかつ具体的に見てみよう．今，ある組織が，組織内のコンピュータ群をインターネット接続するために，IP アドレスを取得したいと考えたとする．この組織内のホストの数は年々増加しても高々 1,000 であろうと予測しているとしよう．したがって，クラス C のホスト数の上限が 254 では不足するが，クラス B の 65,534 では多すぎる．従来のアドレスクラス方式では無駄を承知でクラス B のネットワークアドレスを申請するしかない．ところが，サブネットマスク方式では，サブネットマスク 255.255.252.0 のネットワークアドレスを申請して，その無駄を最大限に取り除くことができる．以下それを見てみよう．

まず，$2^{10} = 1,024$（$> 1,000 + 2$）であるので（+2 はネットワークアドレスとブロードキャストアドレスの分），ホスト部は 10 ビットあれば足りることが分かる．したがって，22（$= 32 - 10$）ビットをネットワーク部，10 ビットをホスト部とした IP アドレスを割り当てられれば十分である．そこで，仮に 22 ビットのネットワーク部として 10000101 01000011 110000，このネットワークアドレスの下で 01 01001000 というホスト部の値が与えられたとしよう．このネットワーク部とホスト部を連結して得られる IP アドレスが次である．この 8 ビットごとの 10 進数表示のドット表記法による値は 133.67.193.72 である．

10000101 01000011 11000001 01001000

さて，このビット列はどのようなアドレスを表しているのであろうか再考する．もし，アドレスクラス方式の IP アドレスならば，先頭のビット列が “10” で始まっているからクラス B であることが直ちに分かり，そのネットワーク部は上位 16 ビットの 10000101 01000011（つまり，ネットワークアドレスは 133.67.0.0）でそのホスト部はそれに続く 11000001 01001000 であることが分かる．しかし，これがサブネットマスク方式の場合，最初の 2 ビットが 10 である（つまりクラス B である）から，上位 16 ビットがネットワーク部を構成していることは分かるが，下位 16 ビットのうち，先頭から何ビットがサブネットアドレス部に使われているのかは分からない．

そこで，この IP アドレスは，先頭から 22 ビットをネットワークアドレス部（厳密にはクラス B のネットワークアドレス部とそれに続くサブネットワークアドレス部）に使用しているということを明示的に宣言して，その唯一性を保証することにする．その書き方（プレフィックス表示）は次の通りである．サブネットマスクの付いた IP アドレスを**拡張 IP アドレス**という．

10000101 01000011 11000001 01001000/22

あるいは，次のように表す．

133.67.193.72/22

さて，拡張IPアドレスから，ネットワーク部の値，つまりこのIPアドレスを有する機器が接続されているネットワークアドレスを求めるために，**サブネットマスク**（subnet mask）を使用する．上記の例では，上位22ビットがネットワークアドレス部を構成しているので，上位22ビットがすべて1，それに続く下位10ビットがすべて0の32ビットのビット列を考えて，これを22ビットのサブネットマスクと呼び，下に示した通りとする．この8ビットごとの10進数表示のドット表記法は255.255.252.0である．

11111111 11111111 11111100 00000000

この値と上記のIPアドレス 10000101 01000011 11000001 01001000 の論理積（AND）をビットごとにとると，次を得る．

10000101 01000011 11000000 00000000

この8ビット（= オクテット）ごとの10進数表示のドット表記法は133.67.192.0である．つまり，22ビットサブネットマスクの下では，133.67.193.72と記されたIPアドレスのネットワークアドレスは133.67.192.0であったわけで，たとえば，133.67.193.72宛のメールはネットワークアドレスが133.67.192.0のサブネットに配信される．図11.3にサブネットマスクの概念を示す．

IPアドレス	10000101	01000011	11000001	01001000
AND				
サブネットマスク	11111111	11111111	11111100	00000000
ネットワークアドレス	10000101	01000011	11000000	00000000

図11.3 サブネットマスクの概念

サブネットマスク方式の下では，クラスA，クラスB，クラスCのサブネットマスクは，8ビットごとの10進数表示のドット表記法で表せば，それぞれ255.0.0.0，255.255.0.0，255.255.255.0となる．これらを**デフォルトマスク**（default mask）と呼ぶ．

11.2.4 IPアドレスの管理

IPアドレスの割当てがどのように執り行われているのか見てみる．IPアドレスは世界で一意のアドレスであるので，個人が勝手に割り当てるわけにはいかない．では，誰が割り当ててくれるのであろうか？ 我が国では，IPアドレスの割当てを受けたい場合には，**JPNIC**（Japan Network Information Center），あるいはその管理下にある IP アドレス管理指定事業者，あるいは **ISP**（Internet Service Provider，インターネットサービスプロバイダ）にその割当てを申請する．申請にあたってはサブネット化が標準となっているので，申請する組織が構築するネットワークの規模に見合ったサブネットマスクを併せて申請書に記載しなければならない．

図 11.4 に示すように，IP アドレスの管理は，**ICANN**（the Internet Corporation for Assigned Names and Numbers）の下部組織である **IANA**（Internet Assigned Numbers Authority）を頂点とする階層構造で行われている[43]．IANA の下に RIR（地域インターネットレジストリ），その下に LIR（ローカルインターネットレジストリ）があり，一部の国では NIR（国別インターネットレジストリ）が RIR と LIR の間にある．JPNIC は日本の NIR という位置付けとなっている．JPNIC の下に OCN，Nifty，Biglobe，IIJ などの 1 次 ISP が IP アドレス管理指定事業者として LIR に位置付けられ，上位の ISP から回線を買う 2 次 ISP がその下に位置する．通常，インターネットへの接続を目的として IP アドレスが欲しい場合，接続を予定している ISP に申請する．

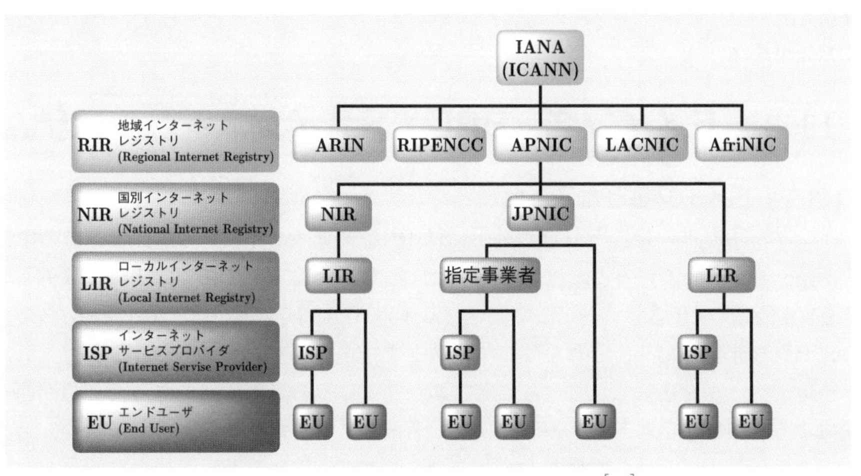

図 11.4　IP アドレス管理の階層構造[43]

11.2.5　IPv4 アドレスの在庫枯渇問題—IPv6—

IPv4 のアドレスクラス方式では，識別できるネットワークの数は $128 + 16,384 + 2,097,152$（$\fallingdotseq$ 210 万，そのほとんどがクラス C）であり，またこの割り当て方で定義できる IP アドレスの数は，最大でも先述のごとく約 37 億であり，これまでの IP アドレスの割当て実績から推定するに，このままのペースで IP アドレスの割当てを要求するホストの数が増加していくと2010年すぎには割り振るべきIPアドレスは枯渇してしまうという予測であった．この予測は的中し，2011年2月に実際にIANAが管理するIPv4によるIPアドレスの在庫が枯渇したと報告したことで現実の問題となった．

この**IPアドレスの在庫枯渇問題**を解決するために，IPアドレスを構成するビット長をIPv4の32ビットから128ビットに拡張してIPアドレスを振る**IPv6**（IP version 6）が検討され，それは1998年にIETF（the Internet Engineering Task Force，インターネット技術特別調査委員会）からRFC2460として勧告され，2017年に国際標準となりその配布が進むこととなった．IPv6は128ビットを用いてIPアドレスを付与するので，その数は理論上$2^{128} \fallingdotseq 340$澗（かん）（$= 3.4 \times 10^{38}$）個となり実質的に無限といえる．規格では，IPv6のIPアドレスは，128ビットを16ビットごとにコロン（：）で区切り，8つのフィールドに分け16進数で表記する．たとえば，次のようである．

2001:00D3:0000:0000:02AB:0011:FE25:8B5D

IPv4とIPv6を共存させる，あるいはIPv4からIPv6への移行の際に用いられる技術として，トンネリング，デュアルスタック，トランスレータがあり，IPv6の普及が進んでいる．

11.3 ドメイン名，URL，ドメインネームシステム

11.3.1 ドメイン名とホスト名

インターネットに接続されたホストにはIPアドレスと呼ばれる世界で一意の識別子が割り当てられていることは先に述べた．しかし，32ビットのビット列は論外としても，4区分の10進ドット記法で表される133.67.193.72といったIPアドレスですら，それを記憶したり，それを使ってホストを指定してウェブページにアクセスしたり，電子メールを送信したりすることはユーザには気の重い作業である．この問題を解決するために，ホストにユーザに優しい名前，これを**ホスト名**（host name）という，を付与して，それらの作業ができる命名法が考え出された．その命名法は**ドメイン**（domain）と**ドメイン名**（domain name）を使う方法で，それによりユーザに優しい世界で一意の名前がホストに付与される．その命名は，図11.5に示されるようなドメインの階層構造に基づき行われる．この階層構造の生み出す空間を**ドメイン名空間**（domain name space）という．

ドメイン階層のルート（root，根）は**ルートドメイン**を表す（ルートドメインの名前は空）．これはこの命名システム全体を管理するために設けたドメインである．実際に

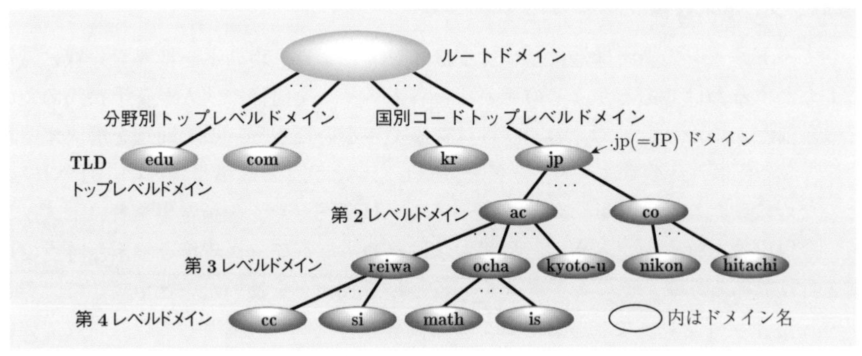

図11.5　ドメインの階層構造—ドメイン名空間—

は世界に 13 のルートドメインとそこに設置された**ルートネームサーバ**があるが（アジア地区には M-Root DNS），仮想的に 1 つのドメインとしている．その直下に**トップレベルドメイン**（Top Level Domain，**TLD**）として，**分野別トップレベルドメイン**（generic TLD，**gTLD**）と**国別コードトップレベルドメイン**（country code TLD，**ccTLD**）がある．.com，.edu，.gov，.net，.org，.int などは分野別トップレベルドメインであり，それぞれ，営利企業，教育機関，連邦政府機関，ネットワークインフラ，非営利組織，国際機関等が登録できるドメインである．**.jp** は日本の国別コードトップレベルドメインである．TLD の直下に第 2 レベルドメイン，その直下に第 3 レベルドメインと，理論上は何段にも渡りサブドメインを設けることができる．たとえば，.jp ドメイン直下の第 2 レベルドメインとして，.ac.jp，.co.jp，.ed.jp，.go.jp，.ne.jp，.or.jp などのドメインがあり，それぞれ，高等教育機関，会社，初等中等教育機関，政府機関，ネットワークサービス，法人等が登録できる．ちなみに，.ocha.ac.jp（お茶の水女子大学）は .jp ドメイン直下の第 3 レベルドメインの例であり，.lib.ocha.ac.jp（お茶の水女子大学附属図書館）は .jp ドメイン直下の第 4 レベルドメインの登録例である．

国別コードトップレベルドメインでは各国のコードが定められているが，それは ISO 3166 に基づき 2 文字と規定されている（日本は jp）．第 2 レベル以下のサブドメイン名はその上位ドメインをドット記法で併記しないとドメイン名空間のどのノードのことを指しているのか一意には定まらないので，たとえば ac.jp という具合に書く．これにより，ac.kr と区別できる．なお，ドメインとドメイン名であるが，日本を例にとれば，「.jp がドメインで，jp はドメイン名」ということを再確認しておく．TLD で終わるドメイン名，たとえば，lib.ocha.ac.jp を**完全記述型ドメイン名**（Fully Qualified Domain Name，FQDN）という．

ドメイン名の登録

さて，ドメインの階層構造に基づくドメイン名により，ホストを世界で一意に識別しようとするわけであるが，その元となる各ドメインを組織や個人が勝手に決めたのでは名前がぶつかり合ってその一意性は保証できないだろう．この問題を解決するために，たとえば，日本ではドメイン名を登録したいと欲する組織や個人は，JPNICがそのために設立した日本レジストリサービス（**JPRS**）やその指定事業者にドメイン名の登録申請を行う．たとえば，令和大学はそのネットワーク環境を整えた時点で申請を行うであろうが，そのときドメイン名としてreiwaを使いたいと申請して，それが .ac.jp ドメインにすでに登録されている高等教育機関の名前として登録されていなかった場合にその使用が許され，.ac.jp ドメインのネームサーバに登録される．ここに，**ネームサーバ**（name server）とは，そのドメインに登録されたホスト名（= ドメイン名）をIPアドレスに変換すること，及びそのドメインの直下のサブドメインのネームサーバのIPアドレスを管理しているホストのことをいい，**DNSサーバ**とも呼ばれる（11.3.3項）．このとき，reiwa.ac.jp は**登録ドメイン名**（registered domain name）と呼ばれる．この名前は，令和大学に割り当てられたクラスBのネットワークアドレス，たとえば133.2.0.0に対応することになる．

さて，令和大学は附置の情報処理センタに設置したウェブサーバをインターネット接続したいと考えたとしよう．このとき，令和大学はその責任において，まず情報処理センタを表すサブドメイン，これを .cc.reiwa.ac.jp としよう，を .reiwa.ac.jp ドメインの他のサブドメインと名前がぶつからないように配慮して定義し，それを .reiwa.ac.jp ドメインのネームサーバに登録する．この時点で，cc.reiwa.ac.jp はドメイン名となる．通常はこれに伴い，.reiwa.ac.jp ドメインに置かれているネームサーバに加えて，.cc.reiwa.ac.jp ドメインにネームサーバを設置する．続いて，公開したいウェブサーバ（= ホスト）のローカル名を一意性に留意しながら決める．これを，たとえば，www としたとする．そうすると，www.cc.reiwa.ac.jp は，世界で一意にこのウェブサーバを識別できる（ユーザに優しい）名前となり，これをこのウェブサーバ（= ホスト）の（グローバル）ホスト名という．この名前は，ドメイン名空間の命名法に従っているので，このウェブサーバのドメイン名ともいう．したがって，一般にホストの（グローバル）ホスト名，あるいはドメイン名は次のように定義されることになる．

ホストのローカル名.ホストが属するドメイン名

上記の例では，ウェブサーバ（= ホスト）のホスト名，あるいはドメイン名は www.cc.reiwa.ac.jp であり，そのローカル名が www，それが属しているドメイン名がcc.reiwa.ac.jpである．上記のように定義されるホスト名とドメイン名の対応関係について更に補足をすると，一般にホスト名はドメイン名となるが，ドメイン名は必ずしもホスト名にはならない．たとえば，上記の例で，ドメイン名cc.reiwa.ac.jpは.reiwa.ac.jpドメインに（ローカル）ホスト名がccというホストが存在すればホスト名になるが，そうでなければ単にドメイン名である．つまり，ホストであるドメインには機器，上記の例ではウェブサーバ，が対応し，学内で他とぶつからないIPアドレス，たとえば133.2.40.47が与えられ，それがIPアドレスとなる．

11.3.2　URL

ウェブ上で公開されているホームページを閲覧したい，あるサイトにあるファイルをダウンロードしたい，などという要求を満たすためには一体どのような仕組みを考えておくとうまくいくのであろうか．この仕組みが**URL**（Uniform Resource Locator）である．URLは一般に次のように定義される．ここに，**スキーマ名**は所望のドキュメントをどのようなプロトコルでアクセスするのかを示している．( )はポート番号やパス名やドキュメント名が省略可を表す．

スキーマ名://ドメイン名(:ポート番号)(/パス名)(/ドキュメント名)

たとえば，令和大学のホームページにある情報処理センタのボタンをクリックすることにより情報処理センタを記述しているページが表示されるが，そのページをウェブブラウザのアドレスバーに情報処理センタのページを記述しているHTMLドキュメントを指している下記URLを直接打ち込んでも表示させることができる．

https://www.reiwa.ac.jp/research/laboratory/informatics/index.html

このURLは，スキーマ名がhttpsなのでセキュアなプロトコルHTTPSを用いてドメイン名がwww.reiwa.ac.jpであるウェブサーバと，ポート番号が明示されていないのでデフォルトのHTTPSポートである443番ポートで接続し，ディレクトリパス/research/laboratory/informatics/を辿(たど)って（最初の/がルートディレクトリ），informaticsフォルダにあるindex.htmlファイルをウェブブラウザに送信してほしいと指示している．

ポート番号やパス名やドキュメント名は省略可であり，往々にして，下記のようなURLが現れる．

https://www.reiwa.ac.jp

この場合，ウェブブラウザはウェブサーバにhttps://www.reiwa.ac.jpを送るが，ウェブサーバはそれをhttps://www.reiwa.ac.jp/と変換し，ルートディレクトリ（/）に格納されている所定のHTML文書をウェブブラウザに送信する．このように処理されるので，https://www.reiwa.ac.jp と入力しても https://www.reiwa.ac.jp/ と末尾スラッシュ（trailing slash）を付けて入力してもウェブサーバからの結果は同一である．

インターネットに接続されている **FTP サーバ**（FTP を用いてファイルの送受信を行うサーバ）からファイルをダウンロードする場合は，クライアントはウェブブラウザのアドレスバーにスキーマ名が **ftp**（file transfer protocol）で始まる URL を入力すればよい（たとえば，URI を規定した IETF の勧告 REC3305 をダウンロードするためには ftp://ftp.funet.fi/pub/standards/RFC/rfc3305.txt を入力する）．ウェブブラウザのメーラを起動させて電子メールを作成するには mailto で始まる URL を入力すればよい（たとえば，mailto:hanako@is.ocha.ac.jp）．なお，**URI**（Uniform Resource Identifier）とは URL の上位概念で，https://www.reiwa.ac.jp が URL ならば https://www.reiwa.ac.jp も URI でもある，という具合に読む．

11.3.3 ドメインネームシステム（DNS）

ウェブページを閲覧するにせよ，ファイルをインターネット越しにダウンロードするにせよ，あるいは電子メールを送信するにせよ，相手先の IP アドレスを直接入力す

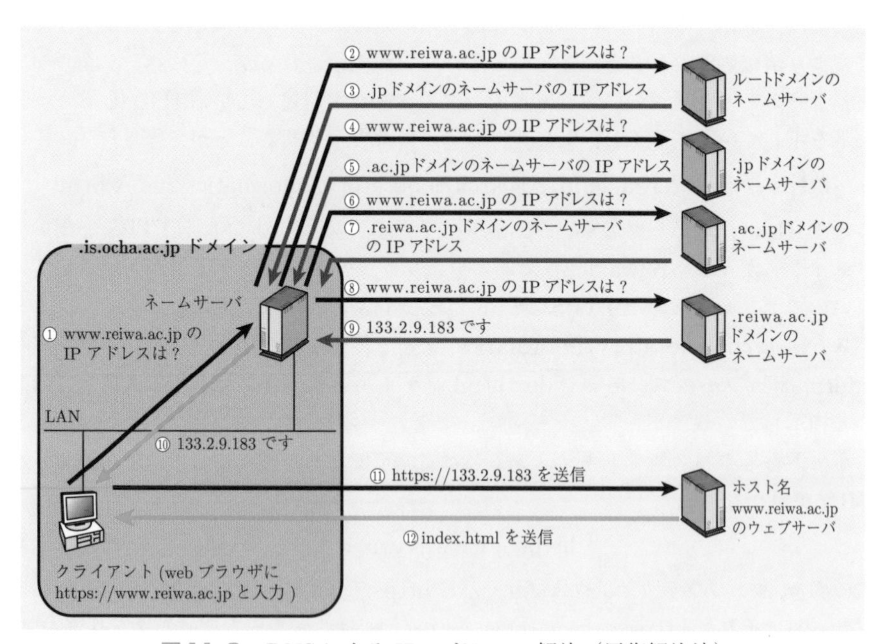

図11.6 DNS による IP アドレスの解決（反復解決法）

るのであれば特段問題はないが，ドメイン名を入力する場合には，それに対応する IP アドレスを「解決する」(resolve) ためにドメインネームシステム (Domain Name System, **DNS**) の力を借りねばならない．DNS は各ドメインに置かれたネームサーバが協調することにより機能する．

たとえば，.is.ocha.ac.jp ドメインのクライアント (= ユーザ) が令和大学のホームページを閲覧しようとウェブブラウザのアドレスバーにその URL である https://www.reiwa.ac.jp を入力したとしよう．このとき，DNS は次のように動作して，ドメイン名 www.reiwa.ac.jp の IP アドレスを解決する．この方法はその動作の仕方から，**反復解決法**といわれる．この様子を図11.6に示し，その動作を①～⑫にまとめる．なお，実際には⑥はなくて，⑤の段階でいきなり⑦の答えが返ってくる．

反復解決法

① クライアントが属している .is.ocha.ac.jp ドメインのネームサーバに www.reiwa.ac.jp の IP アドレスを問い合わせる．
② .is.ocha.ac.jp ドメインのネームサーバは，その IP アドレスを知っていれば (つまり，その IP アドレスがキャッシュされていれば) それを返す．知らない場合は，ルートドメインのネームサーバに問い合わせる．
③ ルートドメインのネームサーバは .jp ドメインのネームサーバの IP アドレスを .is.ocha.ac.jp ドメインのネームサーバに返す．
④ .is.ocha.ac.jp ドメインのネームサーバは，.jp ドメインのネームサーバに www.reiwa.ac.jp の IP アドレスを問い合わせる．
⑤ .jp ドメインのネームサーバは，.ac.jp ドメインのネームサーバの IP アドレスを .is.ocha.ac.jp ドメインのネームサーバに返す．
⑥ .is.ocha.ac.jp ドメインのネームサーバは，.ac.jp ドメインのネームサーバに www.reiwa.ac.jp の IP アドレスを問い合わせる．
⑦ .ac.jp ドメインのネームサーバは，.reiwa.ac.jp ドメインのネームサーバの IP アドレスを .is.ocha.ac.jp ドメインのネームサーバに返す．
⑧ .is.ocha.ac.jp ドメインのネームサーバは，.reiwa.ac.jp ドメインのネームサーバに www.reiwa.ac.jp の IP アドレスを問い合わせる．
⑨ すると，.reiwa.ac.jp ドメインのネームサーバはそれを知っているので，www.reiwa.ac.jp の IP アドレスを .is.ocha.ac.jp ドメインのネームサーバに返す．
⑩ .is.ocha.ac.jp ドメインのネームサーバは，クライアントに www.reiwa.ac.jp の IP アドレスを返す．

⑪ クライアントはIPアドレスを用いたURLを作成して，令和大学のウェブサーバ www.reiwa.ac.jp にアクセスする．

⑫ 令和大学のウェブサーバは index.html ファイルをクライアントに送信する．

11.4 インターネットアーキテクチャ

11.4.1 TCP/IP

インターネット上のさまざまなアプリケーション（電子メール，ウェブ，FTP，遠隔ログインなど）同士が円滑に通信できるように考えられた仕組みを**インターネットアーキテクチャ**（Internet architecture）という．インターネットの開発と共に考え出され，国際的に認知されたインターネットアーキテクチャが **TCP/IP**（Transmission Control Protocol / Internet Protocol）である．歴史的には，1973年にスタンフォード大学のサーフ（V.G. Cerf）が中心となって開発したといわれている．1980年代初期に ARPANET の標準プロトコルになり，その後デファクト標準（de facto standard，事実上の標準）となり広く使われることとなった．**プロトコル**（protocol）とは元々は外交用語で外交儀礼上のしきたりを意味する言葉であるが，コンピュータ間を送受信するメッセージの頭に付けて通信規約を表すコンピュータ用語として定着している．TCP/IP は図11.7に示されるように4段のプロトコル階層（hierarchy）から成り立っている．トランスポート層とインターネット層は最上位のアプリケーション層と最下位のネットワークインタフェース層の翻訳過程として機能している．この階層性は抽象レベルの違う機能同士がコミュニケーションを図ろうとした場合，それらが使う言葉を段階的に翻訳していくと考えれば，ごく自然な発想ということができる．

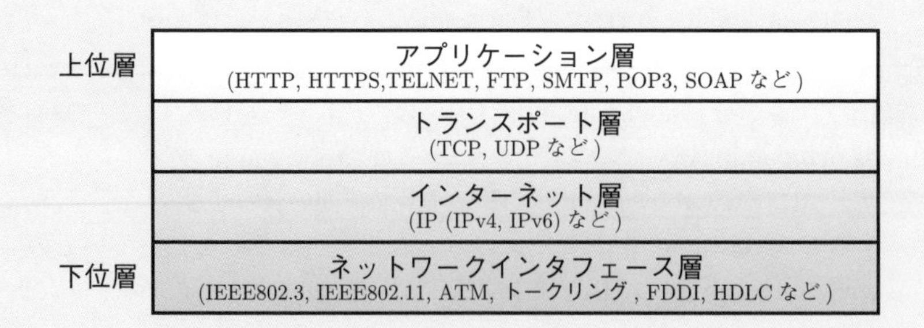

図11.7 TCP/IP（各層で規定されるプロトコル）

アプリケーション層

アプリケーション層では，HTTP，HTTPS，TELNET，FTP，SMTP，POPなどのアプリケーション開発用のプロトコルが規定されている．その概略を表11.2に示す．

表11.2　主なインターネットアプリケーションとプロトコル

アプリケーション	アプリ開発に使用されるプロトコルの略称	アプリ開発に使用されるプロトコルの正式名称
ウェブアプリケーション	HTTP HTTPS	HyperText Transfer Protocol HyperText Transfer Protocol Secure
遠隔ログイン (telnet)	TELNET	TELetypewriter NETwork
ファイル転送	FTP	File Transfer Protocol
電子メール送信	SMTP	Simple Mail Transfer Protocol
電子メール受信	POP	Post Office Protocol

トランスポート層

データ転送の信頼性を確保するためのプロトコルであるTCPなどが定められている．アプリケーション層から送信を依頼されたデータをTCP（ヘッダ付）パケットに分解してインターネット層に渡したり，逆にインターネット層を通して送られてきたTCPパケットの整序や誤り訂正，及び再送要求などを行い，信頼性の高い通信を確立する．

インターネット層

トランスポート層から送信を依頼されたTCPパケットをIP（ヘッダ付）パケットに変換して，IPアドレスを頼りに，経路制御の下，IPパケットを宛先に送り届けるプロトコルとしてのIP（IPv4，IPv6）などが規定されている．通信経路で障害が発生して，IPパケットが失われても，それは与（あずか）り知らないという意味で，信頼性の低い通信をサポートしている（通信の信頼性はトランスポート層で実現する）．

ネットワークインタフェース層

ネットワークインタフェース層は具体的には有線LANであるイーサネットのためのプロトコルIEEE 802.3i/u/z/aeなど，**無線LAN**のためのプロトコルIEEE 802.11a/b/g/n/ac/axなど，専用線プロトコル，ATM（Asynchronous Transfer Mode，非同期転送モード）などのプロトコルに従ってコンピュータ間の通信を成立させるためにある．たとえば，2台のホストがイーサネットで接続されていてデータを送受信しようとする場合，IEEE 802.3 がデータ送受信用のプロトコルとしてこの層で規定されている．同時にこの層の上位層であるインターネット層とのデータのやり取りの仕方が取り決められている．

図11.8は一般的に異なるネットワークをまたいで接続される2台のホストの相互接続の様子を示す．異なるネットワークを接続するためにルータが使用されているが，ルータを介して異なるネットワークが次々と接続されていく様子が示されている．ポイントは，ルータはイーサネットと専用線プロトコル，あるいは専用線プロトコルとATM など，ネットワークインタフェースレベルでは全くプロトコルの異なるネットワーク同士を，インターネット層レベルで通信可能として相互接続している点である．つまり，インターネット層はインターネットレベルの通信を司り，その上にTCP 層を置くことにより，正しい通信が確立され，その上でアプリケーションが稼動するという仕組みがこの図で再確認できる．

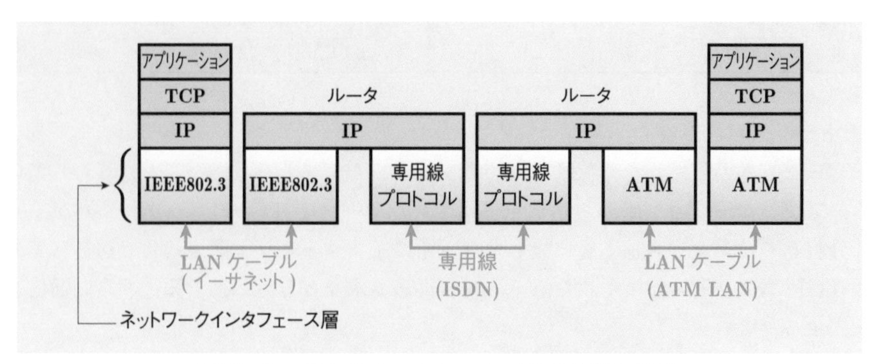

図11.8　異なるネットワークの相互接続の様子

11.4.2 ルーティング

さて，DNS の働きによりドメイン名は IP アドレスに変換されて，ウェブの閲覧や電子メールの送受信が可能となることを知った．ただ，インターネットはネットワークのネットワークなので，たとえば，電子メールを送信する場合では，一般には幾つかのネットワークを経由して相手に配信されることになる．加えて，ネットワークは相互に接続し合っているから，自分のサイトから相手のサイトに至るルート（route, 経路）は一般にはただ1つではなく，さまざまなルートが考えられよう．また，インターネット全体として，整然とした経路選択の戦略が求められるところでもある．これを**ルーティング**（routing，経路制御法）という．

では，ルーティングの仕組みを**電子メール**（e-mail）が相手にどのようにして到達するのか，例題を用いて説明する．そこで，仮に電子メールアドレス taro@reiwa.ac.jp

のユーザが電子メールアドレス hanako@ocha.ac.jp のユーザに電子メールを送る場面を想定する．ここに，電子メールアドレスは次のように定義される．

ユーザ名@ドメイン名

上記の例では reiwa.ac.jp がドメイン名で，taro はそのドメイン.reiwa.ac.jp で唯一のユーザ名である．ユーザ名をメールボックス名ともいう．より詳しくは，taro@reiwa.ac.jp から hanako@ocha.ac.jp に電子メールを送信するということは，ユーザ taro がログインしているクライアントマシンで稼動しているメーラ（mailer），たとえば Microsoft Office Outlook など，がドメイン名 reiwa.ac.jp の（送信）メールサーバ（このローカルホスト名を，たとえば，smtp としよう）とやり取りをし，続いて，（グローバル）ホスト名 smtp.reiwa.ac.jp のメールサーバは，ドメイン名 ocha.ac.jp のネームサーバにコンタクトして送信先である .ocha.ac.jp ドメインの（受信）メールサーバの IP アドレスを DNS の働きで解決する．これは，ネームサーバは自分のドメインに属しているメールサーバの IP アドレスを知っているから可能である．したがって，それを通知された .reiwa.ac.jp ドメインのメールサーバ smtp.reiwa.ac.jp は今や完全に電子メールの送信先のメールサーバの IP アドレスを知ることができたのでメールを送信できる．図11.9に電子メールが配達される仕組みを示す．メールを送信するときのメーラとメールサーバ間のやり取り，及びメールサーバ間同士のやり取りには **SMTP**（Simple Mail Transfer Protocol）という TCP/IP のアプリケーション層で定義されるプロトコルを使う．受信された電子メールはメール

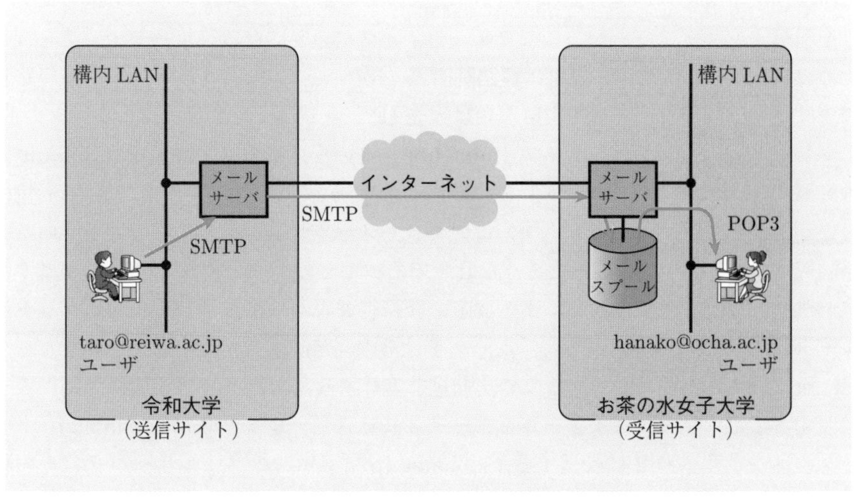

図11.9　電子メールの配達の仕組み

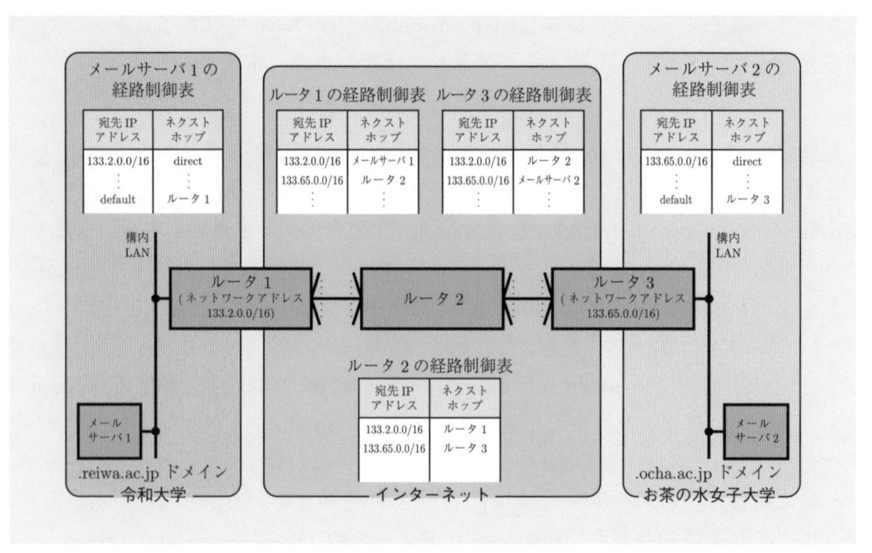

図11.10 経路制御表によるルーティング

スプール（mail spool）が管理する宛先ごとのファイルに格納され（このファイルをメールボックス（mail box）という），**POP3**（Post Office Protocol version 3, ポップと発音）と呼ばれるアプリケーション層のプロトコルを用いてメールを読み出す．

さて，電子メールの配達先のIPアドレスが分かると，インターネット越しにメールを配信することになるが，ここでルーティングが必要になる．ルーティングを行うために，メールサーバやルータは**経路制御表**（routing table）を持っている．経路制御表は，基本的に2項の表で，第1項は宛先IPアドレス，第2項は次のルータのIPアドレス，これをネクストホップ（next hop）という，である．第1項のdefault値は登録されている宛先IPアドレスに該当しない場合を表す．第2項のdirect値は宛先が自サイトであることを表す．このとき，メールサーバやルータの持っている経路制御表が図11.10に表したような具合であったとしよう．すると，taroが属する.reiwa.ac.jpドメインのメールサーバ1の経路制御表から，電子メールのパケットはルータ1に転送される．すると，ルータ1はその経路制御表を見ると，それをルータ2に転送するように書いてあるので，転送を実行する．ルータ2はその経路制御表を参照することにより，電子メールをルータ3に転送し，ルータ3は.ocha.ac.jpドメインのメールサーバ2に転送する．.ocha.ac.jpドメインのメールサーバ2はその経路制御表から，受けとった電子メールは自サイトのユーザhanako宛のものであることを知り，hanako のメールボックスにそれを入れる．

なお，ホストやルータが保持している経路制御表を誰がどうやって作るのかについては，それを人手で行う静的（static）ルーティングと経路制御プロトコルによりそれを自動的に構築する動的（dynamic）ルーティングの 2 つがある．この機能はインターネット層の機能ではなく，それと切り離してインターネット層の負荷を少なくするために，独立して定義されている．

本章では，インターネットとその仕組みを筋道立てて論じたが，更に理解を深めるべく TCP/IP プロトコル群とセキュリティに関心を持った読者には文献[44]を，一方，インターネットリテラシの習得を目指す読者には文献[45]の一読を勧めたい．

第 11 章の章末問題

問題 1 IoT とは何か説明しなさい（100 字程度）．

問題 2 133.67.193.72 を IPv4 アドレス方式の 4 区分 10 進ドット表記法による IP アドレスとする．次の問いに答えよ．

(問 1) 133.67.193.72 をビット列で表してみよ．

(問 2) IPv4 では原理的に最大何個の IP アドレスを割り当てることができるか答えよ．

(問 3) この IP アドレスはどのクラスに属するか答えよ．

(問 4) この IP アドレスのネットワークアドレスを 4 区分 10 進ドット表記法で示してみよ．

問題 3 ウェブブラウザのアドレスバーに下記 URL を打ち込んだ．次の問いに答えなさい．

https://www.reiwa.ac.jp/research/laboratory/informatics/index.html

(問 1) この URL のスキーマ名は何か答えなさい．

(問 2) この URL の指定するホストは何か答えなさい．

(問 3) この URL の示していることを説明しなさい（150 字程度）．

問題 4 .is.ocha.ac.jp ドメインのクライアントが令和大学のホームページを閲覧しようとウェブブラウザのアドレスバーにその URL である https://www.reiwa.ac.jp を入力したとする．このとき，反復解決法では，DNS は次のように動作して，ドメイン名 www.reiwa.ac.jp の IP アドレスを解決する．以下は，反復解決法での最初の 5 ステップを表しているが，空欄 (ア)～(オ) を埋めるにふさわしい言葉を示せ．

① クライアントはそれが属している (ア) のドメインのネームサーバに (イ) の IP アドレスを問い合わせる．

② (ア) ドメインのネームサーバは，それを知っていれば（つまり，それがキャッシュさ

れていれば）それを返す．知らない場合は，それを (ウ) ドメインのネームサーバにそれを問い合わせる．

③ (ウ) ドメインのネームサーバは (エ) ドメインのネームサーバの IP アドレスを (ア) ドメインのネームサーバに返す．

④ (ア) ドメインのネームサーバは，(エ) ドメインのネームサーバに (イ) の IP アドレスを問い合わせる．

⑤ (エ) ドメインのネームサーバは，(オ) ドメインのネームサーバの IP アドレスを (ア) ドメインのネームサーバに返す．

コラム　ARPANET

今日のインターネットの基となったコンピュータネットワークが **ARPANET**（アルパネット）である．1969 年，米国 DoD（国防総省）の ARPA（Advanced Research Project Agency）のプロジェクトとしてその開発がスタートした．当初，カリフォルニア大学ロサンゼルス校 (UCLA)，スタンフォード研究所 (SRI)，カリフォルニア大学サンタバーバラ校 (UCSB)，ユタ大学の 4 大学を繋（つな）いで開通し，その後徐々に接続箇所を増やしていった．ARPANET 開発の狙いは，核攻撃を受けても全体が停止することのない広域分散型コンピュータシステムを構築するためだったといわれている．この研究の一環として，1973 年にスタンフォード大学のサーフらが TCP/IP というインターネットプロトコル体系の開発に成功して，インターネットの礎（いしずえ）が築かれた．その後，NSF（全米科学財団）は 1986 年に全米の研究・教育機関を結ぶ TCP/IP を用いた学術用ネットワーク **NSFNET** を開発した．それは 1989 年に ARPANET を吸収した．それまではコンピュータネットワークは軍事用あるいは学術用に利用目的が制限され商用に使用できなかったが，1991 年に商用化が解禁され，ISP が出現し始めた．1992 年に全世界のあらゆる人々の利益のため，インターネットのオープンな開発/進歩/利用を保証するという目的でインターネット協会（Internet Society，ISOC）が米国に設立された．同年，当時の米国副大統領ゴア（A. Gore）が情報スーパーハイウエイ（information superhighway）構想を提唱してインターネットの普及に拍車がかかった．NSFNET は 1994 年に民間企業に運用が移管され商用ネットワークに移行した．

一方，1989 年にインターネットを基盤とする地球規模のハイパーメディアシステムとしてウェブ (Web) がバーナーズ=リー（T. Berners-Lee）により発明され，インターネット事情が一変した．1994 年に Amazon.com や Yahoo! が登場，1995 年に Internet Explorer（IE）や Java が登場，1998 年に Google が登場，2000 年代に入ってブログ（blog）が出現，など数々のインパクトが今日のインターネット興隆の礎となっている．

第12章 ウェブ

12.1 ウェブのしくみ

12.1.1 ハイパーテキストとウェブ

ウェブはバーナーズ＝リー（T. Berners-Lee）が発明した地球規模のハイパーテキストであるが，ハイパーテキストそのものは彼の発想ではない．その原型を構想したのはブッシュ（V. Bush）である．彼は当時まだコンピュータが世に出ていなかった1945年にMEMEX（メメックス）（MEMory Extender）という未来の装置を提案した．それは彼の著名な論文 “As we may think”（Atlantic Monthly, July 1945）で示されている．MEMEXの構想で彼が主張したことは，人間の心は所望のファイルをディレクトリ構造に従って上位から下位へ辿（たど）って見付け出すような方法ではうまく働かず，**連想**（association）によって機能する，ということであった．そのMEMEXは机のような装置であり，そこにはそれを使用する個人が所有するすべての書籍，記録，手紙類が格納され，卓越した速度と自由度で情報を交換するように仕組まれている．つまり，MEMEXは人間の記憶を拡張するかけがえのない補完装置ということであった．

ハイパーテキスト（hypertext）はコンピュータを利用した文書管理システム（Document Management System, DMS）の1つで，ハイパーテキスト記述言語を使ってハイパーテキストを記述し，専用の閲覧ソフトウェアを使って表示し，文書中に埋め込まれたアンカー（ホットスポットともいう）をクリックすることにより直ちに他の文書に遷移でき，リンクを辿って次々と文書を表示できる．図12.1にハイパーテキストの概念を示す．なお，ハイパーメディアという用語はハイパーテキストを構成している要素がテキストのみならず，画像，動画，音声，音楽などのマルチメディアデータに及んでいることを強調した言い方である．

さて，**ウェブ**（the World Wide Web, the WWW，あるいは単に**Web**）は「クモの巣」という意味であるが，ウェブはインターネット技術を背景に実現された地球規模のハイパーテキストであるという点に新規性があった．世界で唯一なので，the Internetと同様に，the World Wide Webあるいはthe WWWと定冠詞が付く．

ウェブの発明者のバーナーズ＝リーは英国生まれのコンピュータサイエンティスト

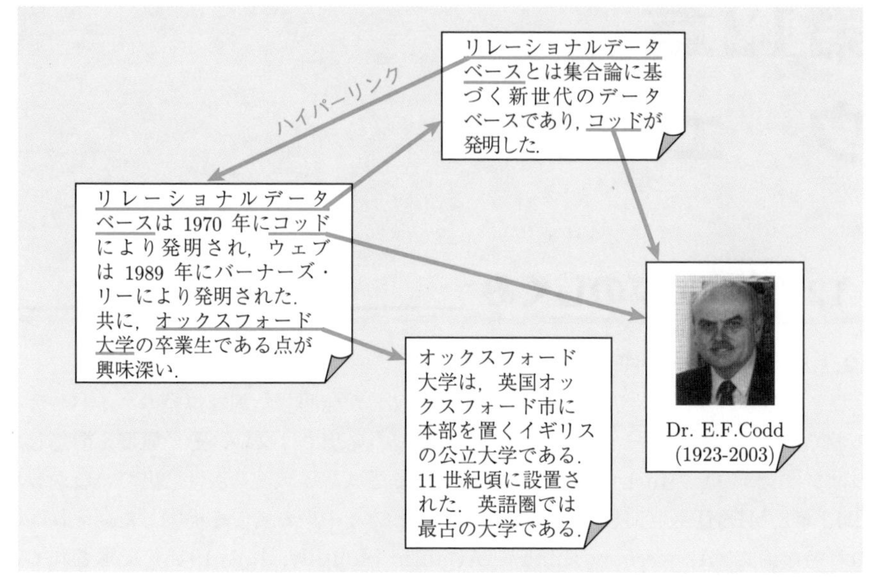

図 12.1 ハイパーテキストの概念

で，スイスにあるCERN（セルン）（欧州原子核研究機構）に勤務していた．CERN での効率の良い文書管理システムを考えていた彼は，1989 年にウェブの構想に至り，1990 年の暮れに世界で初めてインターネット越しに，彼が策定した HTTP プロトコルの下で，クライアントとサーバが通信することに成功した．そして 1991 年 8 月 6 日にバーナーズ＝リーにより世界で初めてのウェブサイトが開設された．これがウェブの幕開けであり，彼は 1991 年をもって**ウェブ元年**としている．彼の発明を整理しておくと次の 2 つである．

(1) ハイパーテキスト用のマークアップ言語 HTML を設計・開発した．

(2) TCP/IP のアプリケーション層に HTTP という通信プロトコルを設計・開発した．

12.1.2 HTML と HTTP，そして HTTPS

HTML

ウェブに情報発信する人もいれば，それにアクセスする（＝ ブラウザで閲覧する）人もいる．ウェブで文書を公開するためにはインターネットに結合されたウェブサーバ（Web server）と称するコンピュータにウェブページをアップロードしなければならない．発信したい事柄を記載したウェブページは **HTML**（HyperText Markup

```
<h1> データベース入門 [ 第 2 版 ]</h1>
<i><b> 増永良文 (YoshifumiMasunaga)</b></i><br>
<ahref="https://www.saiensu.co.jp/"> サイエンス社 </a><br>
2021<br>
ISBN978-4-7819-1500-5
```

(a) HTML文書（database2.html）

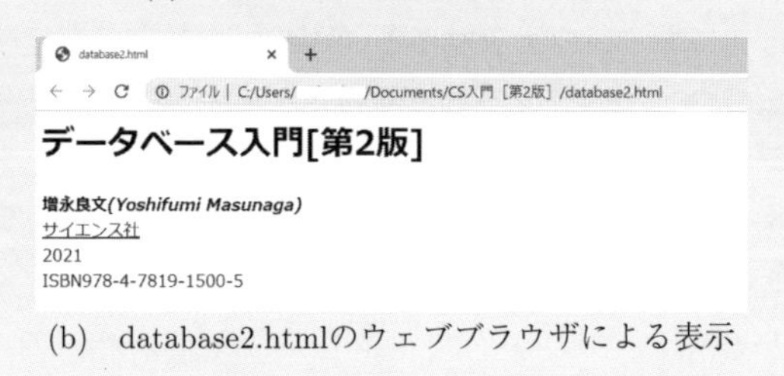

(b) database2.htmlのウェブブラウザによる表示

図 12.2 HTML 文書とそのウェブブラウザによる表示

Language）を用いて記述される．Markup とは文書の論理的な構造を示すために文書にタグ付けをすることをいう．それにより，受信された文書が意図された構造通りにウェブブラウザで表示される．図 12.2 (a) と (b) にそれぞれ HTML 文書のソースコードとそれをウェブブラウザで表示した結果を示す．ここでは，拙著『データベース入門 [第 2 版]』の書誌情報を HTML で記述した場合を例としている．書目である「データベース入門 [第 2 版]」が大見出し（<h1>···</h1>）でタグ付けされている．一般に<h1>を開始タグ，</h1>を終了タグという．著者である「増永良文」がボールド（= 太文字）（<b>···</b>）でタグ付けされ，さらにそれがイタリック体（<i>···</i>）でタグ付けされている．続いて，改行を行うために
がタグ付けされている．
は終了タグなしで使える．アンカーテキスト「サイエンス社」からサイエンス社のウェブページ（https://www.saiensu.co.jp/）にリンクを張ることを<a>···</a>タグで指示している．改めて，改行し，発行年の 2021 年，ISBN と続く．このファイルの内容が図 (a) で，これを html ファイルとして保存し（この例では，database2.html），それをウェブブラウザで閲覧すれば，図 (b) のように表示される．

魅力的なウェブページを作成するために，HTML に加えて，CSS（Cascading Style Sheets，スタイルシート）や JavaScript などのプログラミング言語が使われることは先述した（7.3 節）．更にウェブデザインツールやソフトウェア，HTML やプログラミングの知識がなくてもウェブページが作れてしまう WYSIWYG HTML editor（= ホームページビルダー）も入手可能である．ウェブデザイナという職業や，ウェブデザインセンタの経営，あるいはウェブデザインビジネスが産業として成り立っている．

HTTP

HTML 文書としての**ウェブページ**にはインターネットのドメインネームシステム（Domain Name System, DNS）により，世界で唯一の識別子，すなわち **URL**（Universal Resource Locator）が与えられ，それによりインターネット越しに世界のどこからでもアクセス可能になる．**ウェブサイト**（Web site）とは特定のドメイン名の下に置かれている複数のウェブページの集まりのことをいう．ウェブサイトのトップページを**ホームページ**という．ウェブサイトをホストするコンピュータを**ウェブサーバ**（Web server）という．ウェブページは HTML 文書を表示できる**ウェブブラウザ**（Web browser）と称する特殊なプログラムをインストールしたコンピュータ，ウェブクライアント（Web client）ともいう，から閲覧可能となる．このとき，ウェブブラウザとウェブサーバが通信できるのは TCP/IP の定めたアプリケーション層の **HTTP**（HyperText Transfer Protocol）と称するプロトコルによる．この様子を図 12.3 に示す．

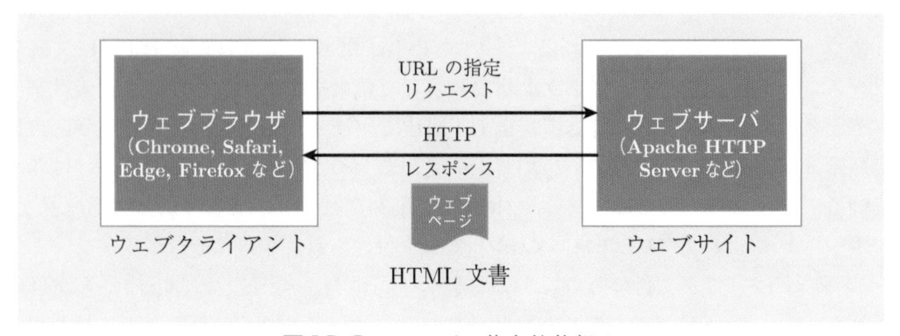

図 12.3 ウェブの基本的仕組み

HTML 文書を閲覧できるウェブブラウザの原型はバーナーズ＝リーにより開発されたが，画像が扱えるウェブブラウザ Mosaic が 1992 年にイリノイ大学で開発され，それは Netscape として 1994 年に商品化された．その後，マイクロソフトは Internet Explorer（IE）と称するウェブブラウザを Windows オペレーティングシステムに組み込んで 1995 年に提供し始めた．その後，アップルは Mac ユーザのために Safari を，モジラファンデーション（Mozilla Foundation）はオープンソースのウェブブラウザ Firefox を，グーグルは Google Chrome を，マイクロソフトは Microsoft Edge を，とさまざまなウェブブラウザが世に出ている．

なお，自分のパソコンで HTML によりウェブページを作成しただけでは，世界にそれを発信することはできない．世界に公開するためには，ウェブサーバにアップロードする必要がある．ウェブ上には，有料・無料のウェブサーバが多数公開されており，契約をして，それを行う．アップロードするためにはHTML文書をファイルとして送信するためにTCP/IPのアプリケーション層のインターネットプロトコルであるFTP（File Transfer Protocol）をサポートするクライアントソフトが必要である．

HTTPS

ウェブは本来HTMLとHTTPがセットとして成り立つ概念であったが，HTTPのセキュリティ上の脆弱性（ぜいじゃくせい）を補うために，ウェブサーバとクライアントの間の通信を暗号化する**HTTPS**（HyperText Transfer Protocol Secure）という通信プロトコルがTCP/IPのアプリケーション層で策定された．HTTPプロトコルを策定したSSL（Secure Sockets Layer）の後継であるTLS（Transport Layer Security）と呼ばれる規格で（SSL/TLS，あるいは単にSSLともいう），この場合，URLはhttp://ではなく，**https://**で始まるので，クライアントはそのURLを確認することでセキュアな通信が担保されているかどうかを確認することができて分かり易いかもしれない．ただ，https://から始まるURLにアクセスしている場合でも，https://を利用した詐欺サイトである可能性が排除できないので，疑わしい場合は，しかるべき手順で**SSL/TLSサーバ証明書**を確認して，本物のサイトであるかどうかを確認することが必要である．

12.2 ウェブアプリケーションとウェブサービス

ウェブアプリケーションとウェブサービスという用語がややもすると明確な概念区分なしに使われているように見受けられるので，本節でそれらの違いを明確にする．

12.2.1 ウェブアプリケーション

ウェブアプリケーション（Web application）とは，ウェブクライアントがウェブブラウザを通して，ウェブサーバ（= HTTPSサーバ）が提供するモノ（things）ではなくサービス（services）を（基本的に無料で）享受できるようにさまざまな組織のウェブサーバ上で稼動しているアプリケーションプログラムのことをいう．ウェブアプリ，英語ではWeb app(s)と略すことも多い．

現在，ウェブ上には数えきれないほどのウェブアプリが稼動している．たとえば，ウェブブラウザに（URLである）https://www.amazon.co.jpを打ち込み，その結果として表示されたAmazonのホームページからオンラインショッピングを楽しめるのは，Amazonのウェブサーバ上でそのためのウェブアプリケーションが稼動しているからである．検索サイトであるGoogleにアクセスして検索キーワードを入力すると（固定された画面が表示されるのではなく）入力された検索キーワードに応じて検索結果が表示されるのは，Googleのウェブサーバ上でそのためのウェブアプリケーションが稼動しているからである．Google Search，Gmail，Google Earth，Google Maps，Google翻訳，Facebook，Instagram，LINE，Pinterest，Skype，Twitter，Wikipedia，Wiki，Yahoo!，YouTube，Zoom，クックパッド，食べログ，メルカリ，ヤフオクなど，それらが提供するサービスを利用者が享受できるのは，そのためのウェブアプリケーションがそれぞれのウェブサーバ上で稼動しているからである．再度，強調しておきたいことは，これらはウェブサービスではなくウェブアプリケーションであるということである．ウェブサービスという用語は次節で説明するが，全く別の概念を示す専門用語である．

12.2.2 ウェブサービス

ウェブサービスというと，Googleでウェブ情報検索ができるというようなことをイメージする人々が多いのではないかと懸念するが，そうではない．

そもそも，**ウェブサービス**（Web service）という用語はウェブの標準化を司っているW3C（World Wide Web Consortium）によりWeb Services Architectureとして勧告された文書できちんと次のように定義されている（Web Services Architecture, W3C Working Group Note, 11 February 2004）．この勧告が出されるまではウェブサービスとは何か，確たる定義が与えられていなかったので，その意味では世界で初めての定義であった．

【定義】ウェブサービス

ウェブサービスは，ネットワーク越しに相互運用可能なコンピュータとコンピュータのインタラクションをサポートするためのソフトウェアシステムである．それは，機械処理可能なフォーマット（特にWSDL）で記述されたインタフェースを持つ．他のシステムはウェブサービスと，典型的には他のウェブ関連標準と連動してXMLシリアライゼーションを伴うHTTPを使って伝達されるSOAPメッセージを用いた記述により定められたやり方で情報を交換する．

幾つか専門用語が出現して難解に感じるかもしれないが，Googleを事例としてウェブサービスを説明すると次の通りである．ウェブ上には，ウェブをプラットフォームとしてウェブアプリケーションを開発して世の中の人々に喜んでもらおうとか，あるいはそれを使用してもらう過程で自社に利益をもたらそうとか，さまざまな目的でウェブプログラマがウェブアプリケーションを開発している．そこではさまざまなウェブプログラミング技術やマッシュアップ（mashup，複数のウェブアプリケーションを混ぜ合わせる）技術が磨かれ使用されている．Google はそのようなウェブアプリケーション開発を支援するために，**Google APIs**（Application Program Interfaces）と称するウェブサービスを提供している．たとえば，ウェブプログラマが Google Maps の機能を使って新たなウェブアプリケーションを開発したいと思ったとしよう．このとき，Google Maps はそのプログラマからの要求を拒絶するのではなく，そのウェブプログラマを支援するべく Google Maps APIs と称するウェブサービスを提供している．この APIs を通して，ウェブプログラマは JavaScript を用いて自分の作成するプログラムに Google Maps を組み込んだ新たなウェブアプリケーションを開発してウェブクライアントに提供することができる．Google は他にも Google Cloud APIs，Mobile APIs，Social APIs，YouTube APIs などさまざまな APIs を提供している．念押しになるが，地図を見たくて Google Maps にアクセスしても，検索行為に対して課金はされないので，ユーザは何かタダで「サービス」をしてもらったように感じるかもしれないが，それをウェブサービスとはいわないということである．

ウェブサービスの基本概念を図 12.4 に示す．図示されているように，ウェブクライアント（= ウェブブラウザ）が直接ウェブサービスの恩恵にあずかることはない．ウェブサービスを享受するのは，ウェブアプリケーション（を開発している企業やプログラマ）である．ウェブサービスを提供しているのが企業（business）だとすれば，この意味ではウェブサービスは B2B（Bussiness to Bussiness，企業間）のサービス授受であり，B2C（Bussiness to Customer，企業と一般消費者間）のそれではない．

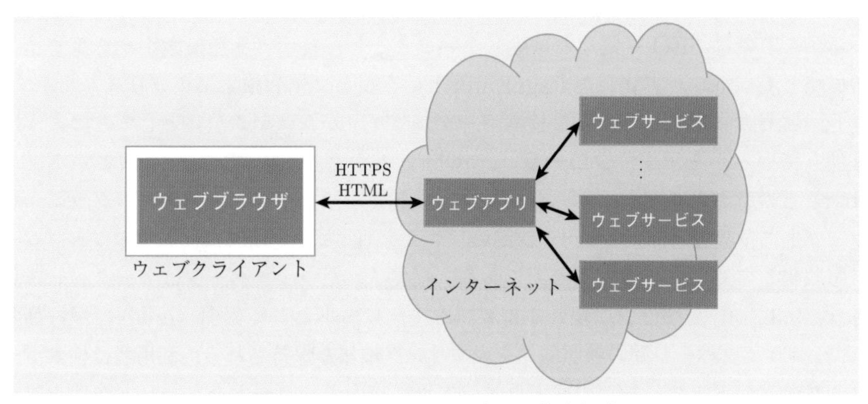

図 12.4　ウェブサービスの基本概念

12.3 ウェブ情報検索

12.3.1 ウェブ情報検索とは

ウェブ情報検索（Web search）とは，ウェブを構成している多数のウェブページから利用者の検索要求に合ったウェブページを見付け出すことをいう．一般に，ウェブページにはURLが付随し，ウェブページには入リンク（in-link）や出リンク（out-link）のハイパーリンクが付随しているから，ウェブブラウザがあればURLを頼りに所望のウェブページを見付けることができるかもしれないが，計り知れないほどあるウェブページの中からリンクを辿って所望のウェブページを見付け出すことは不可能なことであろう．

そこで，所望のウェブページを迅速に見付けるために，ウェブ上で**検索ポータルサイト**（search portal site）が稼動している．ポータルとは玄関口という意味であり，ウェブ検索をしたいなら，まずそのサイトを訪れなさいという意味である．検索ポータルサイト（以後，単に検索サイトということも多い）には，大別するとロボット型とディレクトリ型の2種類があるが，ここではGoogleに代表される**ロボット型検索ポータルサイト**を前提に話を進める．ロボット型では，検索の対象はウェブページであり，検索手法はコンピュータアルゴリズムによる．探索ロボットが収集した莫大な数のウェブページが検索の対象となり，利用者は検索キーワードを自由に入力できる．その結果，多数の検索結果が表示されるが，検索アルゴリズムの特性により，必ずしも所望のページが上位に表示されているとは限らない．加えて，本来重要度の高くないページが**SEO**（Search Engine Optimization，検索エンジン最適化）技術が駆使されるなどして高順位に検索されることがあるなど，検索精度上の問題も指摘されている．ここではSEO対策などは論じないこととし，ロボット型検索ポータルサイトの概略とGoogleが実装したPageRankというウェブ情報検索アルゴリズムを示す．

図12.5に一般にロボット型検索ポータルサイトがシステム全体としてどのように機能しているかを示す．**クローラ**（crawler）とかクモ（蜘蛛，spider）とかボット（bot）とか称されるウェブページ探索ロボット（= ウェブページ巡回プログラム）をウェブ上に多数放ち，ウェブページ間のリンクを辿って，定期的に世界中のウェブページを収集してくる．その数は膨大である．収集されたウェブページはデータベース化され（9.3.3項），ページに現れる重要語をキーワードとして索引（index）が付与され，かつウェブページ間の参照関係を表すリンク情報も保持される．利用者は検索ポータルサイトのトップページの検索ウインドウに検索キーワードを入力して検索を要求すると，検索エンジンがコンピュータアルゴリズムにより**SERP**（サープ）（Search Engine Results Page）を計算して，それを利用者に表示する．

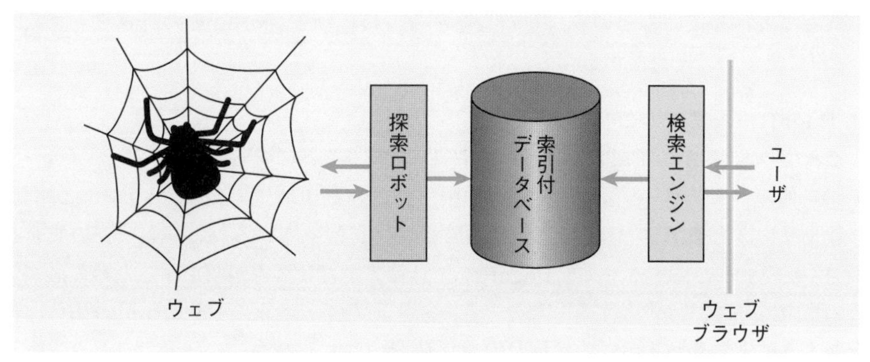

図 12.5 ロボット型検索ポータルサイトの仕組み

言うまでもないが，SERP で最も重要なファクターはその順位付け (ranking) である．順位が命であることは言をまたないが，これに関しては Google の**黄金の三角形** (golden triangle) として興味深い結果が知られている．つまり，Google で SERP の上位 10 位を 1 画面に表示した場合に，1 位～3 位に位置したウェブページは利用者の 100%の視認率を得るが，7 位で 50%となり，10 位となると視認率は 20%に下がったと報告されている．つまり，検索されたウェブページの SERP 順位ができるだけ上位に食い込むことが必須となるわけで，ウェブページにどのようなキーワードを散りばめると上位に順位付けされるか，特に広告などを意図したウェブサイトにとってはそれが死活問題となり，広告主は SEO 対策に躍起となる．

12.3.2 PageRank

世界で最初の本格的なウェブ検索エンジンは 1998 年に開発された **Google Search** である．これは **PageRank** というウェブ検索アルゴリズムに基づいている．ロボット型検索ポータルサイトの草分けであるグーグルは 1998 年に当時スタンフォード大学の大学院生であったブリン (S. Brin) とペイジ (L. Page) により設立されたことはよく知られていることである．検索キーワードの出現回数が多いウェブページを検索結果の上位に表示する従来の方法よりは，ウェブページが多数のバックリンクを有している場合や数は少なくても高いランクを持ったウェブページからバックリンクを有している場合 (たとえば，Yahoo! (のホームページ) からリンクが張られている場合) の方が重要なウェブページであるという尺度，これを PageRank という，を使う方がより良い検索結果を提示するであろうという彼らの博士論文を実践するべく起業された．勿論，現在の Google Search は，ウェブページの重要度を計算するにあたり，バックリンクの数だけでなく，実にさまざまな要因を勘案・処理して検索結果を求めて表示しているという．しかしながら，核心は PageRank の計算アルゴリズム[46]にあるのでそれを概観する．

PageRank のアルゴリズム

ウェブページ A の PageRank を $PR(A)$ と書くことにする．また，ウェブページ A から他のウェブページに（向かって）張られているリンク（以下，出リンクと略記）の数を $L(A)$ と表し，ウェブページ A にリンクを張っているウェブページの集合を $S(A)$ と表すことにする．d を PageRank 計算アルゴリズムが収束するための減衰係数（damping factor）とする．このとき，各ウェブページ A の PageRank $PR(A)$ は次のように定義される．ここに，$PR(B)/L(B)$ はウェブページ B からリンク先ウェブページ A への**投票値**である．

$$PR(A) = (1-d) + d \times \sum_{B \in S(A)} (PR(B)/L(B))$$

この定義を見て分かることは，あるウェブページの PageRank は一般に他のウェブページの PageRank を用いて計算されるが，計算に用いたそのウェブページの PageRank は実は PageRank を計算しようとしていたウェブページの PageRank を用いて計算されていたかもしれない．つまり，この計算は再帰的に反復して行われるものである（逐次近似法）．単に反復計算を行えば，計算値は ∞ に発散してしまうかもしれないので，それを押さえて，計算値が収束するようにするために減衰係数 d が導入されている．$d = 0.85$ と設定している場合が多い．PageRank の計算値はきちんと決まる場合もあれば，ある値に向かって収束する挙動を示す場合もある．後者の場合，どこで計算を打ち切るかが問題となるが，ある許容変動幅 δ を決めておき，連続した反復計算値の差が δ に収まれば計算を打ち切る．

PageRank の計算例

図 12.6 に示される極めて単純なウェブページ群とその間のリンク構造を用いて，実際に PageRank を計算してみる．

計算にあたっては，各ウェブページの PageRank の初期値が与えられていないと計算ができないので，それを 1 としている．初期値を基に各ウェブページの PageRank を計算するステップを第 1 反復，ということにする．以下，反復を繰り返していくと，値が収束して，各ウェブページの PageRank が求

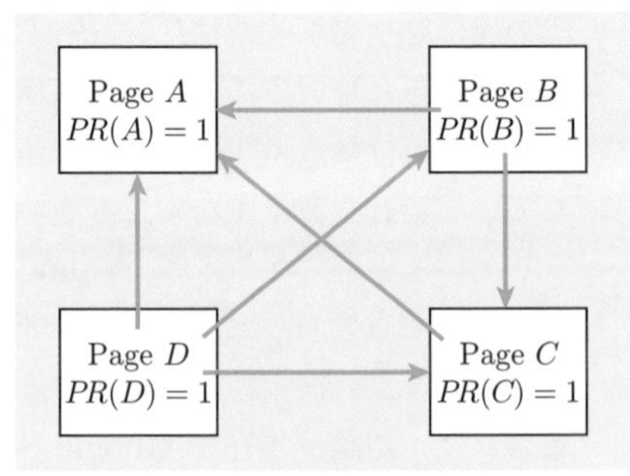

図 12.6 PageRank 計算のためのリンク構造例

まる様子が見てとれる．

[第 **1** 反復結果]

$$PR(A) = 0.15 + 0.85 \times \left(\frac{1}{2} + 1 + \frac{1}{3}\right) = 1.708$$

$$PR(B) = 0.15 + 0.85 \times \frac{1}{3} = 0.433$$

$$PR(C) = 0.15 + 0.85 \times \left(\frac{1}{2} + \frac{1}{3}\right) = 0.858$$

$$PR(D) = 0.15 + 0.85 \times (0) = 0.15$$

[第 **2** 反復結果]

$$PR(A) = 0.15 + 0.85 \times \left(\frac{0.433}{2} + 0.858 + \frac{0.15}{3}\right) = 1.106$$

$$PR(B) = 0.15 + 0.85 \times \frac{0.15}{3} = 0.193$$

$$PR(C) = 0.15 + 0.85 \times \left(\frac{0.433}{2} + \frac{0.15}{3}\right) = 0.377$$

$$PR(D) = 0.15 + 0.85 \times (0) = \mathbf{0.15} \leftarrow \text{最終値}$$

[第 **3** 反復結果]

$$PR(A) = 0.15 + 0.85 \times \left(\frac{0.193}{2} + 0.377 + \frac{0.15}{3}\right) = 0.595$$

$$PR(B) = 0.15 + 0.85 \times \frac{0.15}{3} = \mathbf{0.193} \leftarrow \text{最終値}$$

$$PR(C) = 0.15 + 0.85 \times \left(\frac{0.193}{2} + \frac{0.15}{3}\right) = 0.275$$

$$PR(D) = 0.15 + 0.85 \times (0) = 0.15$$

[第 **4** 反復結果]

$$PR(A) = 0.15 + 0.85 \times \left(\frac{0.193}{2} + 0.275 + \frac{0.15}{3}\right) = 0.508$$

$$PR(B) = 0.15 + 0.85 \times \frac{0.15}{3} = 0.193$$

$$PR(C) = 0.15 + 0.85 \times \left(\frac{0.193}{2} + \frac{0.15}{3}\right) = \mathbf{0.275} \leftarrow \text{最終値}$$

$$PR(D) = 0.15 + 0.85 \times (0) = 0.15$$

[第5反復結果]

$$PR(A) = 0.15 + 0.85 \times \left(\frac{0.193}{2} + 0.275 + \frac{0.15}{3}\right) = \mathbf{0.508} \leftarrow \text{最終値}$$

$$PR(B) = 0.15 + 0.85 \times \frac{0.15}{3} = 0.193$$

$$PR(C) = 0.15 + 0.85 \times \left(\frac{0.193}{2} + \frac{0.15}{3}\right) = 0.275$$

$$PR(D) = 0.15 + 0.85 \times (0) = 0.15$$

このように，計算を反復して行うことにより，各ウェブページのPageRankが求まっていく．計算により値が収束していく様子を表12.1にまとめる．

表12.1 図12.6を例にしたPageRankの計算過程

反復回数	$PR(A)$	$PR(B)$	$PR(C)$	$PR(D)$
1	1.708	0.433	0.858	0.15
2	1.106	0.193	0.377	**0.15**
3	0.595	**0.193**	0.275	0.15
4	0.508	0.193	**0.275**	0.15
5	**0.508**	0.193	0.275	0.15

なお，実際にはPageRankの計算は，膨大な数のウェブページ全体を対象にして行われるものであり，Googleが具体的にこの計算をどのように行っているのかその実態は報告されていない．PageRankは1998年にスタンフォード大学より申請され，2001年に認可された米国特許（U.S. Patent 6,285,999 B1）であり，特許申請はMethod for Node Ranking in a Linked Databaseのタイトルで行われている．

12.4 推薦システムと評判システム

12.4.1 推薦システム

我々は，日々の暮らしで口コミや推薦状や新聞に掲載されている映画や本のレビューや，あるいはガイドブックに掲載されている調査記事など，他人の薦め（recommendation）に頼って生活している．この他人の薦めは，何か意思決定をする際に，さまざまな選択肢に対して十分に経験や知識を有していない場合に大変役に立つ．**推薦システム**とはこの自然な社会過程（social process，社会を構成する個人や集団の相互作用の過程）を手助けしたり，あるいは補強するシステムである．

さて，推薦システムの嚆矢（こうし）は1992年にゼロックスPARCで開発された**Tapestry**

といわれており（tapestry とはつづれ織りの意），そこで協調フィルタリングという言葉が初めて使われた．Tapestry は電子メールを仕分けするシステムで，ユーザはすべてのメールをスキャンして興味のあるメールだけを選択してくれるフィルタ（filter）を指定できるように設計されている．このフィルタリングは基本的にはメールの内容を分析して行う内容ベースフィルタリングを行うことにはなるが，Tapestry ではそれに加えて，協調フィルタリングを行う．ここで，協調とは，人々が，それぞれ読んだメールに対する反応を記録することによって，フィルタリングを行うことをお互いが助け合うべく「人々が協調する」という意味である．

さて，一般に，推薦システムは用いる手法で次の 2 つに大別される．

(a)　内容ベースフィルタリング

(b)　協調フィルタリング

内容ベースフィルタリング（content-based filtering）は，文字通り推薦するか推薦しないかを，対象となった電子メールや文章の内容を分析して決める．たとえば，ユーザが好みの俳優とジャンルに基づいて，かつて購入し評価した品目（たとえば，DVD）を与えると，類似度を計算するプログラムが動き，好みの俳優とジャンルの他の人気の DVD を推薦してくれる．

協調フィルタリング（collaborative filtering）は，多数のユーザの存在を前提とする．ここが内容ベースフィルタリングと全く異なるところである．また，それが故に集合知（13.1 節）の 1 つの活用形態として取り上げられるべき事例であると考えられる．協調フィルタリングは記憶ベース協調フィルタリング（memory-based collaborative filtering）とモデルベース協調フィルタリング（model-based collaborative filtering）という 2 つの手法に分かれる．更に，前者は品目ベースアプローチ（item-based approach）とユーザベースアプローチ（user-based approach）の 2 つに分類される．

ここでは，記憶ベース協調フィルタリングの品目ベースアプローチ（item-based approach of memory-based collaborative filtering），以下，簡単に**品目ベース協調フィルタリング**（item-based collaborative filtering）という，を掻い摘んで紹介するが，これは Amazon が考案・実装した手法で，2001 年には US 特許を取得し，2003 年には学術論文としてその手法の一端が公開されている[47]．その論文で Amazon は e-コマースの推薦アルゴリズムは次のよう挑戦的な環境で稼動しなければならないと指摘している．

- 大規模小売業者は巨大な量のデータ，何千万もの顧客，そして何百万ものカタログ品目を持っていよう．
- 多くのアプリケーションが，高品質の推薦結果が，リアルタイムで，（それが難しければ）0.5 秒以内に返されることを要求する．

- 新規顧客は，ほんの少数の購入あるいは製品評価しかしていない，極端に情報の少ないことがほとんどである．
- 古参顧客は（過去の）何千もの購入と評価に基づく過剰なほどに大量の情報を持つことがある．
- 顧客データは揮発性である．つまり，顧客とのやり取りの一つひとつが価値ある顧客データを提供するので，推薦アルゴリズムはこの新しい情報に直ちに応答しなければならない．

換言すれば，Amazon の品目ベース協調フィルタリングはこれらの問題点を解決せんがために考案されたということである．それを簡素で的確な例題を挙げて説明する．

さて，この方式の目指すところは，ユーザの購入履歴から同時に注文される 2 つの品目間の割合を類似度として，商品 X を注文した人にそれと最も類似度の高い商品 Y を推薦することにある．そこで，今仮に，表 12.2 に示される顧客の購入履歴があったとして，品目ベース協調フィルタリングがどのようなものなのか，次のように議論を進めてみよう．

まず，表は太郎ら 6 人の顧客の購入履歴である．この表の読み方であるが，Amazon は推薦システムを構築するにあたり，「同時に注文される品目」という概念で顧客の購入履歴を分析しているので，「顧客が 1 回の注文で購入した商品と購入した個数を表す」と考える．たとえば，太郎は品目 A を 2 個，C を 2 個，D を 1 個，1 回の注文で購入したという具合である．

表 12.2　顧客の購入履歴

顧客名＼品目	A	B	C	D	E
太郎	2	0	2	1	0
次郎	0	2	1	0	0
健太	0	3	0	2	2
花子	1	0	2	1	0
桃子	1	0	1	0	0
かほり	0	2	3	0	1

縦軸：ユーザ，横軸：品目，行列の値は購入した個数を表す

さて，Amazon はどのユーザが何を購入したかという個人的な購買履歴には関心がなく，「この商品を買った人はこんな商品も買っています」と言いたいわけであるから，表 12.2 を基にして，表 12.3 に示す表を作成する．

表12.3　同一ユーザが同時に購入した商品の組合せの個数

品目＼品目	A	B	C	D	E
A	—	0	3	2	0
B	0	—	2	1	2
C	3	2	—	2	1
D	2	1	2	—	1
E	0	2	1	1	—

縦軸：同時に注文される品目，横軸：注文された品目

ここに，横軸は上記の5品目を表し，縦軸はその品目と同時に注文された品目を表し，行列の値は同一ユーザが同時に購入した商品の組合せの個数を表す（対角線上には値を入れる必要はない．また作り方から，対称行列になる）．

次に，各品目の組合せの数の総和から，セットで購入される品目の割合を計算し，その値を記入して表12.4を作成する．注文された品目（横軸）に対して同時に注文される品目（縦軸）の割合を計算している．

表12.4　セットで購入される品目の割合

品目＼品目	A	B	C	D	E
A	—	0	3/8	1/3	0
B	0	—	1/4	1/6	1/2
C	3/5	2/5	—	1/3	1/4
D	2/5	1/5	1/4	—	1/4
E	0	2/5	1/8	1/6	—

縦軸：同時に注文される品目，横軸：注文された品目

さて，作成した表12.4を基に推薦リストを作成すると，表12.5のようになる（ここでは，値を小数点第1位を四捨五入して，%で表している）．したがって，新規であるか購買歴があるかを問わず，顧客が品目 A を注文したとき，その顧客がもしまだ C を注文していないなら，D よりも推薦の度合いが高い C を「この商品を買った人はこんな商品も買っています」というメッセージと共に推薦する．これが品目ベース協調フィルタリングの骨格である．

なお，品目ベース協調フィルタリングの問題点としては，商品をセットで購入する顧客が少ない場合，推薦が困難になったり，推薦の精度が悪くなったりする．当然の

表12.5 推薦リスト（の一部）

品目	推薦品目	推薦の度合い（%）
A	C	60
A	D	40
B	C	40
B	E	40
B	D	20
$\cdots$	$\cdots$	$\cdots$

ことながら，誰もが購入するような人気の高いアイテムに推薦が偏ることになる．逆に言えば，大多数の顧客の購入履歴を基に品目間の関連性を分析しているために，レアな商品を購入した顧客の購入履歴が推薦に影響することがほとんどない．また，顧客情報はこの計算過程に入ってこないので，パーソナライズされた推薦というわけにはいかない．たとえば，新しく母親となった顧客に赤ちゃんグッズを推薦するというようなことはできない．

12.4.2 評判システム

評判システム（reputation system）を一言で定義するのは難しいが，最も典型的な例はオンラインオークションウェブサイト（online auction Web site，以下，**オークションサイト**）であろう．米国では eBay，日本では Yahoo!オークション（ヤフオク）がよく知られている．そこではさまざまな品物がオークションにかかり，売買が成立している．そのとき，売り手（= 出品者）は買い手を，買い手は売り手を評価して，それがオークションサイトに記録され，オークションサイトの訪問者はそれを閲覧することが売り手や買い手の信頼性を知る唯一の手がかりとなる．出品者を評価する仕方はさまざまであるが，ヤフオクでは評価欄で「非常に良い・良い・どちらでもない・悪い・非常に悪い」の5段階評価のいずれかを選択できる．そして，評価の理由や出品者の対応への感想などをコメント欄に入力できる．

レビューサイト（review site）は評判システムの一種である．さまざまなレビューサイトがあるが，たとえば，我が国では，「食べログ」や「価格.com」は典型的なレビューサイトである．Amazon は前節で述べた通り推薦システムで有名であるが，カスタマレビューでも知られており，その意味ではレビューサイトとして機能している．

さて，評価の仕方であるが，たとえば，食べログでは，さまざまなジャンルの飲食店に対して，利用者が「料理・味」，「サービス」，「雰囲気」，「CP」（コストパフォーマンス），「酒・ドリンク」の5つの項目に対して5段階評価をし，システムはレビューア（= 評価者）の影響度や食通度を勘案して店に点数付けをする．また，レビューアは店の雰囲気やメニューなどに対するレビュー（= 口コミ）を書く．そのサイトの訪問客は評価値やレビューを参考にして，行くべき店を決める．これらのサイトは，いわゆる「口コミ」(words of mouse) のウェブ版であるが，人を介して伝わる実際の口コミに比べてウェブを介して伝わるインパクトは強い．より広い意味では，たとえば，動画投稿共有サイトである YouTube での再生回数も評判を表している．更に広い意味では，ブログや Twitter も評判システムの側面を持っている．実際，ブログや Twitter で「あのショップはひどい」と書かれれば，それは一気に広がり，皆が敬遠するところとなる．見方を変えれば，評判システムは，ユーザ発信型コンテンツ（user generated contents）のための一技術ともいえる．

評判システムの最大の問題点は，信頼（trust）である．かつて，実際に食べログでは，いわゆる「やらせ」が発覚して大きな社会的問題となった．意図的に評判を上げようと投稿してくる者は，その飲食店の利用者を装われてしまうとそれを見抜くことはなかなか難しい．ヤフオクでは，落札価格をギリギリまで吊り上げて落札直前にスッと身を引く「吊り上げ ID」が実際にいて大きな問題となった．残り時間が短い状況での行為であり，吊り上げてくる買人がどのような者かを瞬時にハンドルネームだけで見極めることは不可能に近く，これは詐欺罪に該当する犯罪行為であると認識されている．

やらせや吊り上げ ID などは論外として，一般に評判システムの信頼性を向上するための手法が考えられないわけではないが，いざそれを実現するとなるとなかなか難しいようである．1 つは，レビューアの数をできるだけ多くすることが考えられる．しかし，たとえ 1 件しか評価がなくてもそれが的確であった場合は，それ 1 つでも十分な場合もある．信頼を獲得するためのもう 1 つの可能性は，言うまでもないことであるが，評判をどこまで可視化 (visible) することができるかである．つまり，この評価はどこの誰が下したのか，その人は信頼に足る人なのか？ つまり，評判システムは単にレビューアの下した評価をそのまま集計したりリストアップするのではなく，過去の投稿歴や（できればプロファイルなども取得して）この者はどれほど信頼できる投稿者なのかを評価したデータを付記したり勘案した総合評価を行うことが求められるであろう．しかしながら，ウェブの世界は現実社会ではなく，**匿名性**（anonymity）がいとも簡単にまかり通るインターネット上の仮想世界である．とどのつまりは，我々はこのような意味での「信頼の限界」を常に念頭に置きつつ，自衛するしかないのかもしれない．

本章では，ウェブのしくみから始まり，ウェブアプリケーションとウェブサービス，そしてウェブ情報検索や推薦システムを概観してきたが，ウェブを活用するためには，ハイパーメディア，検索，情報発信，ライセンス，シェア，アカウント，クラウド（crowd，群衆），暗号，ウェブアプリケーション，データベース，クラウド（cloud，クラウドコンピューティング），間接参照といった事柄に十分精通しておきたい[48]．また，ウェブの検索エンジンの世話になったことがないという者は大変少ないのではないかと考えられるが，単に検索できたに留まらず，検索エンジンの仕組み，評価，情報推薦の仕組み，その信頼性などについても十分な見識を有しておくことが必要である[49]．なお，ウェブの始祖バーナーズ＝リーの著した書籍[50]やウェブの展望を語った論文[51]は一読に値しよう．

第12章の章末問題

問題1 HTML ファイルについて，次の問いに答えよ．

(問1) レポートのタイトル「コンピュータサイエンスレポート」を大見出し（`<h1>···</h1>`）で，レポート提出者の山田太郎（Taro Yamada）をボールド（= 太文字）（`<b>···</b>`）でかつイタリック体（`<i>···</i>`）でタグ付けし，続いて改行し，提出年月日を 20xx 年 yy 月 zz 日とする HTML ファイル report.html を作成せよ．

(問2) report.html をウェブブラウザで表示し確認しなさい．

問題2 ウェブサービスとはウェブの標準化を司っている W3C により「ネットワーク越しに相互運用可能なコンピュータとコンピュータのインタラクションをサポートするためのソフトウェアシステムである」と定義されている．

(問1) ウェブサービス，ウェブアプリケーション，ウェブクライアントの関係性を図示してみなさい．

(問2) この関係性を説明しなさい（100 字程度）．

問題3 ウェブページ A の PageRank，これを $PR(A)$ と書く，は次のように定義される．ここに，$L(A)$ はウェブページ A から他のウェブページに（向かって）張られているリンクの数を表し，$S(A)$ はウェブページ A にリンクを張っているウェブページの集合を表し．d は減衰係数で 0.85 とする．なお，各ウェブページの PageRank の初期値は 1 とする．

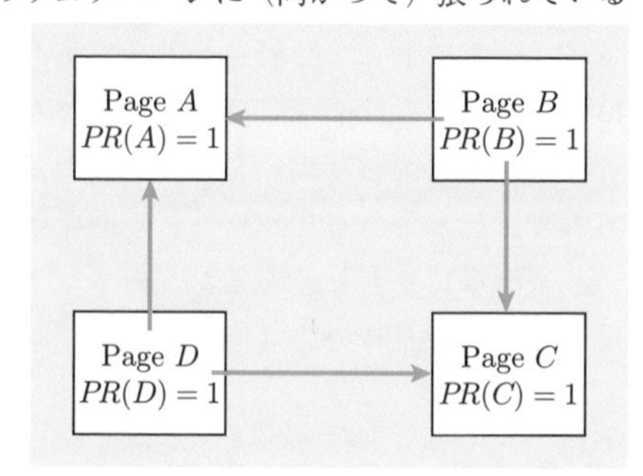

$$PR(A) = (1-d) + d \times \sum_{B \in S(A)} (PR(B)/L(B))$$

図に示すウェブページ群があったとして，各ページの PageRank を第 3 反復まで計算して，それを表示せよ．

問題 4　図 12.6 を使った PageRank の計算例では，減衰係数を 0.85 に設定したが，それを次のように設定したときどのような現象が発生するか説明せよ．

(問 1)　減衰係数を 0.5 と設定したとき．

(問 2)　減衰係数を 0（減衰なし）と設定したとき．

(問 3)　減衰係数を 1（100%減衰）と設定したとき．

第13章 ウェブと社会

ウェブは生得的にソーシャル（社会的）である．それが故に，ウェブには人々のさまざまな営為が写し込まれている．では，ウェブと社会はどのように関連しているのであろうか？ 本章では，集合知，Web 2.0，ソーシャルネットワーク，ウェブ時代の社会調査法といった観点からそれを論じてみたい．

13.1 集合知

集合知（collective intelligence）という言葉が認知されている．この言葉が現代社会，特にウェブ社会で受け入れられるようになった原因は 2 つあると考えられる．1 つは，2004 年にスロウィッキー（J.M. Surowiecki）が『The Wisdom of Crowds（群衆の英知）』という著作を表して，たとえば，検索エンジン Google の検索アルゴリズム PageRank はまさしく集合知であると記したこと[52]．もう 1 つは，2005 年にオライリー（T. O'Reilly）が Web 2.0 という新しい概念を提唱したときに，ウェブが従来のウェブ（Web 1.0）と異なるための 7 つの原則のうちの 1 つにスロウィッキーのいう「集合知の活用」を挙げたことである[53]．

では，集合知とはどのような概念を指す言葉なのであろうか．歴史を遡（さかのぼ）ると，集合知の概念を最初に提唱したのは，昆虫学者のウィラー（W.M. Wheeler）であるといわれている．ウィラーはアリ（蟻）の行動を観察し，昆虫の個体同士が密接に協力し合って全体として（知力を持った）1 つの生命体のように振る舞う様子から，そのような生命体を超個体（superorganism）と呼んだ．1911 年のことである．その後，集合知という概念は社会学（sociology）で大変興味をそそる研究対象となり数多くのアプローチが取り沙汰されてきた．一方，集合知という言葉が，コンピュータサイエンスの分野で取り沙汰されてきたのは，2000 年代中頃のことである．上述のスロウィッキーの著作とオライリーの論文の影響は大きく，ウェブ社会に大きなインパクトを与えた．より具体的には，スロウィッキーもオライリーも集合知が活用されている典型事例の 1 つに，PageRank を取り上げたことが大きい．PageRank は「ウェブページが多数のバックリンクを有している場合や数は少なくても高いランクを持ったウェブページからバックリンクを有している場合の方が重要なウェブページであることを示す尺度」として導入されたが（12.3.2 項），バックリンクは大衆からの支持であるから PageRank はまさしく集合知である．スロウィッキーは集合知を「群衆によって民主的に形成される知力」であると定義しているから，集合知は群衆参加型の新しい情報処理の形態である**ソーシャルコンピューティング**（social computing）[54]の理論的母体ともなっている．

さて，このような文脈の中，まずスロウィッキーが集合知の 1 つのモデルとして提唱した**群衆の英知**（the wisdom of crowds）を彼の著作をフォローする形で確認してみる．スロウィッキーは群衆の英知の証として事例を幾つか紹介しているが，紙面も限られているので，次を紹介してみたい．

群衆の英知の事例（ゴールトンの実験）

イギリス人科学者（優生学の研究）ゴールトン（F. Galton．チャールズ・ダーウィンは従兄）は，群衆は愚かである，ということを証明したかった．そこで，家畜見本市に出された雄牛の重量を群衆が予測するという実験を行った（1906 年）．彼はこの実験で，選ばれたごく少数の人間だけが社会を健全に保つのに必要な特性を持っていて，世の中の人の圧倒的多数にはこうした特性が欠けていると信じていたので，それを証明しようとした．つまり，グループには，非常に優秀な人が少し，凡庸な人がもう少し，それに多数の愚民の判断が混ざってしまうと，結論は愚かなものになると考えた．したがって，グループの平均値が，全く的外れな値になると予測していた．ところが，多彩な群衆 800 人が予測した重量の平均値（重量の総計を群衆の数で割る）は実際の値にほぼ近かった（予測値の平均は 1,197 ポンドで実際は 1,198 ポンド），つまり，血統の善し悪しに関係なく，「みんなの意見」はほぼ正しく，ゴールトンの目論見は見事に外れた．群衆の持つこの「知力」をスロウィッキーは「群衆の英知」と呼んだ．

スロウィッキーはその著書の中で数多くの群衆の英知の例を挙げている．たとえば，Google の検索エンジンは集合知を使っていてそれが PageRank アルゴリズムである．株式市場（stock market）も群衆の英知の事例である．つまり，市場で株価はどのようにして決まるかというと次の 2 つの原則による．(1) 投資家は，自分が信じるベストの企業の株は（金儲けをするなら）買わない．(2) 多くの投資家は，平均的な投資家の意見だけでなく，平均的な投資家が平均的な投資家の意見をどう考えているかを気にして投資している．選挙の勝者（当選者）を予測するといった**予測市場**（prediction market）も群衆の英知の典型的事例である．ここに，予測市場とは，たとえば，選挙で誰が当選するか，というようなことを事前に予測して，それを商品とする市場である．美人コンテストも集合知の典型例である．つまり，誰が優勝するかを決める投票があったときに（その候補に投票した場合には賞品がもらえるとしよう），自分が一番美人だと思う候補に投票するのでは駄目で，皆が誰を一番に美人だと思うかに思いを馳せてその候補に投票しなければならない．なお，群衆が賢くあるための条件として，多様性（diversity），すなわち認知の多様性，独立性（independence），すなわち他者の考えに左右されないこと，分散性（decentralization），すなわち自立分散を意味し多様性や独立性をもたらす所与のもの，を挙げている．つまり，似たもの同士の集団には群衆の英知は期待できないということである．

13.2 Web 2.0

ウェブは1991年をもってその元年とするが，その後進化を遂げて2005年にオライリーによりWeb 2.0が提唱された．これには経緯があって，その背景にはドットコムバブルの崩壊がある．つまり，ウェブ誕生後数年を経た1995年頃から2000年頃にかけて米国の株式市場はドットコムバブルに沸き返っていた．ドットコム（.com）とは営利企業を表す分野別トップレベルドメイン（generic TLD）である（11.3.1項）．（ハイテク中心の）ドットコムカンパニーのNASDAQ指数は2000年4月10日に5,048で史上最高となった．インターネット関連ベンチャー企業が株式を上場すれば，期待感から高値で取引されたという．しかし，2000年に入ると，次第にこれらのベンチャー企業の優勝劣敗が明らかになり，見込みのないベンチャー企業が次々と破たんするようになり，熱狂は一挙に冷めて株価は大暴落し，2001年秋にバブルは崩壊した．ドットコムバブルがはじけて，多くのウェブ関連ベンチャー企業が泡沫のごとくこの世から消え去ったが，その洗礼を受けつつもその後も成長し続けたベンチャー企業があった．それらは泡沫のごとく消え去ったベンチャー企業とどこが違っていたのか？ オライリーのチームは両者のビジネスモデルの違いに着目して，ブレインストーミングを重ね，その結果がWeb 2.0としてまとめられた．

さて，ドットコムバブルの洗礼を受けつつもその後も成長し続けたベンチャー企業を分析すると「7つの原則」を満たしており，その後のウェブでの活動指針として，それを**Web 2.0**と名付けた．ウェブがWeb 2.0であるための7つの原則とは次の通りである．

(1) プラットフォームとしてのウェブ
(2) 集合知の活用
(3) データは次なるIntel Inside
(4) ソフトウェアリリースサイクルの終焉
(5) 軽量なプログラミング
(6) 単一機器の枠を超えたソフトウェア
(7) リッチなユーザ経験

これら7つの原理は次のようなことを主張している．項目順にごく簡単に補足する．

(1) ウェブは当初，地球規模のハイパーテキストシステムとして構想されたが，これからのウェブは，それ上でさまざまなソフトウェアが走るためのプラットフォームと捉えるべきである．

(2) ドットコムバブルの嵐の中で生き残った企業は，さまざまな形でスロウィッキーが主張する「集合知を活用」している．

(3) データベース管理は，Web 2.0 企業のコアコンピタンス（中核能力）であり，Web 2.0 の重要なウェブアプリケーションには必ずそれを支える専門のデータベースがある．

(4) Web 2.0 以前の企業は，「ソフトウェアを売ってナンボ」の商売をしていた．しかし，ウェブ時代のソフトウェアの決定的な特徴の1つは，それがモノではなく，サービスとして提供される点にある．Google は検索のためのソフトウェアを売っているのではなく，「Google の使命は，世界中の情報を整理し，世界中の人がアクセスできて使えるようにすることです」と謳っているように，Google というウェブアプリケーションが提供する検索サービスを提供することにある（金儲けは AdWords や AdSense という検索連動型広告で行っている）．

(5) 軽量（light weight）なプログラミングとは，ウェブ上のさまざまなアプリケーションが，たとえば，REST といった（SOAP に比べれば大変）軽量なインタフェースを介して，相互に連携が可能で，いわゆるマッシュアップ（mashup）が容易に行えるようなウェブサービスが提供されていることをいう．

(6) 従来，ソフトウェアはプラットフォームとして1台の PC 上を前提に開発されてきた．しかし，プラットフォームとしてのウェブが発展していけば，ウェブ上で稼動するさまざまなアプリケーションの特徴を生かしつつ，それらを緩やかに統合して新しいアプリケーションを生み出すことができる．

(7) Web 2.0 では，ウェブアプリケーションはユーザに PC 並みのリッチなユーザインタフェースを通してリッチな経験をさせられねばならない．ウェブ上でフルスケールのアプリケーションを提供できるということが広く認識されるようになったのは，Gmail や Google Maps による．

7原則の文脈の中では，集合知の活用はそのうちの1つにしかすぎないが，Web 1.0 の時代，つまり Web 2.0 より前の時代に誕生し，ドットコムバブルの崩壊を生き残り，Web 2.0 時代にも繁栄を謳歌している大企業の背後にある中心原理は，集合知を活用するというウェブの力を受け入れてきた，ということである．

このことは，Web 2.0 の時代ではユーザが価値を付加している点と大いに関連している．これを**参加のアーキテクチャ**（the architecture of participation）という．

つまり，企業の開発したウェブアプリケーションの価値を自分の時間を割いてまで高めようというユーザは少ない．そこで，Web 2.0 企業は，ユーザがアプリケーションを利用したときに副次的にユーザのデータを収集し，アプリケーションの価値を高める仕組みを構築した．つまり，Web 2.0 企業のシステムは，利用者が増えるほど，改善されるようになっている．オープンソースソフトウェア（OSS）の成功には，よくいわれるようなボランティア精神よりも参加のアーキテクチャが寄与している．インターネット，ウェブ，そしてLinux，Apache，Perl，PosstgreSQL などのオープンソースソフトウェアには，このようなアーキテクチャが採用されており，個々のユーザが「利己的な」興味を追求することにより，一方で自然と全体の価値も高まるようになっている．これも集合知である．

13.3 ソーシャルネットワーク

13.3.1 ソーシャルネットワークとは

Facebook に注目すればすぐに分かるが，そこでは，友達が友達を誘い，友人の輪ができて，**ソーシャルネットワーク**（social network）ができ上がっている．社会学の言葉を借りれば，人（社会学では行為者（actor）という）と人との繋（つな）がり（社会学では紐帯（ちゅうたい）という）が織りなすソーシャルネットワークがそこにある．つまり，ソーシャルネットワークとは行為者間の紐帯関係を表すネットワークを言い，構造的社会学分野の人々は，その意義を次のように捉えてきた．

「たとえば，ある企業の CEO に Bob が就任したとしよう．Bob ってどんな人？このとき，2 つのアプローチがある．1 つは Bob について，生年，学歴，職歴，家族，特技，趣味といった Bob にかかる属性（attribute）を調べ上げて，Bob はこういう人物ではないか，と迫るアプローチである．もう 1 つは，Bob の職場での人の繋がり，友人関係，知人関係，あるいは趣味で繋がる人間関係などをネットワークとして捉え，そこから Bob とはこういう人物ではないか，と理解するアプローチである．後者が構造的アプローチで，そこで作られる人と人との関係がソーシャルネットワークを形成し，それを分析すると Bob のことがよく分かる.」

行為者は元々は人であったが，その概念はグループや組織に拡大され，社会現象をネットワークと捉えてその本質を解明しようとする**ソーシャルネットワーク分析**（Social Network Analysis，SNA）は，社会学を含む文系学問分野のみならず，理学，工学，情報科学の分野にまで広く浸透し，さまざまな問題解決の手段となっている．

さて，ソーシャルネットワーク分析を行うにあたっては，言うまでもないが，その手法が問題になる．その基本を与えるのが，スモールワールド現象とその解明にあたりとられてきた数学的アプローチであり，インターネットトポロジやハイパーリンクで繋がり合うウェブの構造が見せるスケールフリーな特性の理解である．以下，このような観点から，ソーシャルネットワークを見てみる．

13.3.2　スモールワールド現象

「世間は狭いですねー」(It's a small world, isn't it ?) とはよく我々が会話の中で口にするフレーズである．実際，世間は意外と狭いのではないか．この認識は古くからあったが，世間はどれくらい狭いのであろうか，はっきりした解答は与えられることなく永い時はすぎた．これは**スモールワールド現象** (small world phenomenon) といわれたが，この現象の解明に初めて実験的に取り組んだのがミルグラム (S. Milgram)[55] であり，初めて数学的にその特性を解き明かしたのがワッツ (D.J. Watts) と彼の指導教官であるストロガッツ (S.H. Strogatz) である[56]．スモールワールド現象は次のように定式化される．

■ スモールワールド問題

「世界中から任意に 2 人，X と Y，をピックアップしたとき，X と Y が繋がるまでに，何人（$= n$ 人）の仲介者たる知人が必要か？」

この問題は，もし人と人とが「ランダム」に繋がっているのであれば，自分の友人 2 人が知合いである可能性とベニスのゴンドラ乗りとエスキモーの漁師が知合いである可能性は等しいことになるが，現実の社会はそのような仕組みになっていないことは明らかである．したがって，実際には，n はどれほどなのであろうか？

この問題に対して，数学のグラフ論でその解を明らかにしてみせたのがワッツらであるが (1998 年)，それに先立つこと約 30 年，それを真面目に「実験」して（広いようで）世間は狭いことを証明してみせた学者がいた．社会心理学者のミルグラムである．次にその実験の概要を紹介する．

■ スモールワールド実験

スモールワールド実験 (small world experience) は社会心理学者ミルグラムがハーバード大学に在職中の 1967 年に行った．実験の要点を彼の論文[55]に従って紹介すると次の通りである．

(1)　スモールワールド実験の手順

実験の舞台は米国である（実験当時の米国の人口は約 2 億人）．実験を開始する人が，（この人に託せば何とかなるかと思う）知合いに自分は知らない宛先の人に届くべき郵便物 (mail) を託す．その人が，宛先の人を知らなければ，また，その人の知合いにまたその郵便物を託す．何回このような仲介者を経れば，その郵便物はちゃんと届くであろうか？ 実験する．

具体的には，郵便物が届くべき標的（target）となる人を1人選んだ．マサチューセッツ州はボストン郊外のシャロンに住む株主（stockholder）で，ボストンで正業に就いている．彼の名前，住所，職業と勤務地に加えて，実験に参加した人たちには，彼の卒業した大学と卒業年次，兵役日付，そして彼の奥さんの旧姓と生まれ故郷，も知らせる．実験を開始するにあたり，最初に郵便物を預けられる人々のグループを3グループ形成した．総勢296人のボランティアからなる．そのうちの196人はネブラスカ州（米国の中央に位置する）に在住する人々で，郵便物でこの実験への参加を勧誘されて応じた．このうちの100人は優良株の株主であるということで選んだ．このグループを「ネブラスカ株主」ということにする．残りの96人は，全住民から選ばれた．このグループを「ネブラスカランダム」と名付ける．これら2つのネブラスカグループに加えて，ボストンの新聞広告で募った100人のボランティアからなる「ボストンランダム」グループである．仲介者（intermediaries）は，実験が終わってみると453名であったのだが，郵便物を託した者から，この人に託せば郵便物は標的とするボストンの人に届くのではないかと思われて郵便物を託された人で，その人も同じ思いで次の人に郵便物を託する．すべてボランティアである．何らの報酬も支払っていない．また，論文からは，予想として，標的となった人に文書が届くまでに最大でも仲介者は15人だろうという読みがうかがえる．

(2)　**実験結果**

実験開始時の296人のうち，217人が友人に郵便物を託した．そして，最終的に64通が標的に届いた．到達率は29%であった（$64 \div 217 \fallingdotseq 0.29$）．

(3)　**鎖長の分布**

開始者と標的をリンクするに要した仲介者の数を**鎖長**（chain length）と定義する．その平均長は5.2（人の仲介者）であった．しかしながら，開始者は3つの部分母集団に分かれている：ネブラスカランダムグループ，ネブラスカ株主グループ．そしてボストンランダムグループ．ネブラスカ部分母集団から標的までの距離は約1,300マイルである．一方，ボストン部分母集団から標的までの距離は25マイル以内である．社会的近接は一部分において地理的近接に依存するので，ボストン地区の実験開始者から標的に至った鎖長は，ネブラスカから発した鎖長よりも短いであろうと単純に予測するかもしれないが，この予測はデータによって裏付けられた．表13.1にその結果を示す．

表13.1から分かるように，ボストンランダムグループからの完全鎖長の平均長は4.4（人の仲介者），一方ネブラスカランダムグループのそれは5.7（人の仲介者）であった．鎖長は開始者と標的の居住地という人口統計学的変数に反応している．ネブ

表13.1 開始者から標的に至った（完結した）鎖長

グループ	仲介者数												
	0	1	2	3	4	5	6	7	8	9	10	11	合計
ネブラスカランダム	0	0	0	1	4	3	6	2	0	1	1	0	18
ネブラスカ株主	0	0	0	3	6	4	6	2	1	1	1	0	24
ボストンランダム	0	2	3	4	4	1	4	2	1	0	1	0	22
全体	0	2	3	8	14	8	16	6	2	2	3	0	64

開始グループ	平均長（＝平均仲介者数）
ネブラスカランダム	5.7
ネブラスカ株主	5.4
ネブラスカ全体	5.5
ボストンランダム	4.4
全体	5.2

ラスカ株主グループは金融仲介業者にコンタクトし易いので，標的が株主だからネブラスカランダムグループよりも，より効率的に標的に到達し易いのではないかと推察された．しかし，予想とは異なり，ネブラスカ株主グループの完全鎖長の平均長は5.4（人の仲介者）であった．両者に統計的有意差は見いだせない．ネブラスカ全体の完全鎖長の平均長は5.5（人の仲介者）となる．（人が単位なので）切り上げれば，その平均長は「6」（人の仲介者）となる．以上が，ミルグラムらが行ったスモールワールド実験の結果の概要である．

6次の隔たり

ミルグラムの実験後，しばらくはスモールワールド現象が積極的に取り上げられることはなかったが，1990年に現代アメリカの劇作家グエア（J. Guare）が『Six Degrees of Separation』というタイトルの戯曲を書き上げ，そのブロードウェイでの上演が評判となり，それが1993年には映画化もされて（邦題，私に近い6人の他人），**6次の隔たり**という言葉が広く認知されることとなった．この戯曲はニューヨークの上流階級を舞台に，現代社会の多面性，虚飾，そして偽善を痛烈なタッチで炙（あぶ）り出してゆくコメディドラマとのことであるが，主人公ウィザが娘に向かって「この地球上に住む人は皆，たった6人の隔たりしかない．私たちはたった6人を介して繋がっている」と語ったことから，世間は意外と狭いんだよね，という認識が改めて世界中で認知されることになった．ただ，1つ注意しないといけない問題があって，6次の隔たりとは正確には何を意味しているのか，世間ではその理解にいささか混乱が見られるようなので，一言述べておきたい．

まず，6次の隔たりとは，もし「見知らぬ他人と，自分の知合いの，知合いの，… と辿っていくと6人目にはその他人と繋がっているよね」という具合に理解しているのだとしたら，それは誤解である．正解は「見知らぬ他人と，自分の知合いの，知合いの，… と辿っていくと6人目にはその他人を直接知っている人と繋がっている」である．これが正しい理解であることは，「degree of separation」（隔たりの度合い，分離度）の意味を吟味することで確認できる．つまり，広い世界から任意に2人（AさんとBさんとしよう）をピックアップしてきたとき，もし，AさんとBさんが直接の知合いであったら，「隔たりはない」，つまり「0次の隔たり」である．次に，もしAさんとBさんは直接の知合いではなかったが，Aさんの知人にCさんがいて，CさんがBさんを知っていたら，AさんとBさんは仲介者のCさんを介して知合いであるので，「1次の隔たり」である．以下，同様である．往々にして，Aさんの知合いの知合いという具合に辿っていって，6人目がBさんであるかのように説明している解説や文献に遭遇するが，これでは「5次の隔たり」であるから誤りである．つまり，6人目にBさんを直接知っている仲介者に到達するということである．誤解や誤用のないように注意しなければならない．

13.3.3　スモールワールドネットワークとその事例

ワッツらは，世間は狭いね，という現象，つまり，スモールワールド現象の特徴を定義してくれるようなグラフ，これを**スモールワールドネットワーク**という，のクラスを特定した．この研究の成果の具体的な意味合いを補足すために，実際にどのようなネットワークがこの現象を呈するのかを例示すれば次の通りである．

SNSの友人関係が織りなすソーシャルネットワーク，伝染病が人から人に伝染して広がる様子を表すネットワーク（これは，感染の対象となる人々を行為者と捉えればれっきとしたソーシャルネットワークとして捉えられる），同様に口コミの情報が伝搬する様子を表すネットワーク，加えて，行為者を人に厳密に限定せず，たとえば，集団や企業などの組織体と拡張すれば企業間の資本提携の様子を表す経済ネットワーク，より広義には影響ネットワーク（influence network）もソーシャルネットワークであり，これらはすべてスモールワールド現象の特徴を有している．

ここで，ウェブとの関連で，後2つ，スモールワールド現象の特徴を有するネットワークに言及すると，1つはインターネットトポロジー（接続形態）で，実際，パケットがある地点から別の地点に送信される際に辿らねばならないリンク数は，インターネットのとてつもない広がりにも係わらず，数段階にしかすぎないという．もう1つは，ハイパーリンクで繋がり合っているウェブページの集まりとしてのウェブそのものであるが，バラバシ（A.L. Barabasi）らはウェブ上の任意の 2 つのウェブページを選んだ際に，一方から他方にハイパーリンクを辿って到達するために何回クリックする必要があるかを**ウェブの直径**と定義したとき，それは約 19 であったという[57]．ただし，この場合，注意しないといけないことは，インターネットもウェブも上記のようにスモールワールド現象を呈するが，実はその理由はワッツらのパターンには当てはまらず，ハブ（hub）という莫大なリンクを持つ少数のノードの存在によっていることである．つまり，ネットワークをスモールワールド化する方法は 1 つだけではないということで，スケールフリーネットワークと称される新しいネットワークの理論と実際の導入のきっかけとなった．スケールフリーネットワークについてのより詳しい説明は拙著[54]に譲る．

13.4　ウェブ時代の社会調査法

ウェブには社会のさまざまな営為が写し込まれているので，ウェブマイニングがこれまでの社会調査法とは異なるウェブ時代ならではの新しい社会調査法となりうることを本節で論じる．なお，本書では取り上げないが「ソーシャルメディアによる社会分析およびユーザー心理分析」も可能であり，興味を持つ読者には文献[58]，[59]を薦める．

13.4.1　社会的表象としてのウェブ

ウェブには社会と係わり合いを持ちたいと欲するさまざまな主体（個人，家族，グループ，企業，組織体，自治体，国など）がウェブサイトを立ち上げている．このとき，立ち上げられたウェブサイトにはそれを立ち上げた主体そのものが表現されていると捉えることができる．興味深いことは，実世界ではその全貌をなかなか掴（つか）みにくい主体でもそのウェブサイトを訪問することで知ることもできる．更に，ウェブはハイパーテキストであるから，ウェブページ同士は in-link と out-link のハイパーリンクで参照し合っているから，主体間の関係性もそのリンク構造をたどって説明できよう．

この認識は社会的表象論で説明することが可能である．**社会的表象**（social representation）とは，1984 年にフランスの社会心理学者のモスコビッチ（S. Moscovici）がその言葉を作った．たとえば，路上で，転倒したクルマ，負傷した人，調書をとっている警官などを見かけたら，我々は「事故」が起きたな，と考える．どうしてか？ それは，このような光景が「事故」を「表象」しているから事故なのである，つまり，表象が現実を規定し，知覚に至っている．この学説は，まずは世界が存在していて，しかる後にそれを人間が知覚するのだという社会心理学の前提とは真逆である．換言すれば，存在するから知覚されるのか，知覚されるから存在するのかと問われれば，社会表象論は後者の立場をとるということである．より詳しい議論に関心のある者には拙著[54]を薦めるが，この認識の下で，ウェブマイニングがウェブ時代の社会調査法となりうることを実証的に示せた結果を続けて紹介する．

13.4.2 社会調査法としてのウェブマイニング

ウェブマイニング（Web mining）とは，社会的表象空間としてのウェブを分析し，分析の結果を表象構造と見なしてそれを読み解くことにより，実世界の実態を明らかにしようとする手法である．ウェブマイニングにはウェブ構造マイニング，ウェブコンテンツマイニング，ウェブアクセスログマイニングなどがあるが，ここで着目しているのは**ウェブ構造マイニング**である．その理由は，実世界を写し込んでいるウェブとハイパーリンクを意識しつつウェブページの共時的・通時的変遷を捉えることにより，現実社会の変遷を捉えることができると考えられるからである．たとえば，新たな組織体が設立されれば，それはウェブサイトを立ち上げてその誕生を世界に情報発信するであろうし，その活動に応じてウェブページの内容やハイパーリンクの張替えを行うであろうし，それが活動を停止すればそのウェブサイトも閉じられるであろう．したがって，ある時点で「共時的」にウェブに情報発信しているウェブサイトを押さえることができれば，その時点での仮想世界（= ウェブ）の状態を定着させることができるし，「通時的」にウェブページの変遷，つまり，ウェブページの生誕や消滅，あるいはウェブページの分裂や統合といった履歴を的確に押さえることができれば，世の中の変化を時系列的に知ることができるであろう．これがウェブ構造マイニングである（以下，単にウェブマイニングということも多い）．

■ 我が国のジェンダーコミュニティの発展過程の解明研究

筆者らは，かつて，我が国のジェンダーコミュニティの発展過程の解明に興味があり，それをウェブマイニイングで行うという研究を遂行したことがあった[60]．その結果，ウェブマイニングはウェブ時代の新しい社会調査法であるとの認識を持つことができた．以下，その要点を掻い摘んで記す．

さて，ジェンダー平等の実現は我々に課せられた最重要課題と位置付けられて久しいが，遡（さかのぼ）ること 2000 年には我が国では男女共同参画社会の実現に向けてジェンダー（gender，社会的・文化的に形成された性）問題が大きな社会問題となっていた．当時の歴史的背景に若干言及すれば，1999 年 6 月に我が国では「男女共同参画社会基本法」が制定された．男女共同参画は英語では gender equality と訳されているように，性別によって不利益をこうむることがない平等な社会の実現を目指すためものである．この法の施行に伴い，多様な動きが全国各地で起こったが，このような表面に出易く我々がすぐに認知し易い社会的現象とともに，一方では顕在化しにくいジェンダー問題も多々あると考えられ，筆者らはウェブをマイニングすることによってそれらを顕在化することが可能ではないかと考え実験を行ったわけである．

そこで，まず取り組んだことは，ウェブ構造マイニングツールとして開発されたCompanion−[61]と.jpドメインのウェブアーカイブを用いて，**ジェンダーコミュニティの発展過程**を捉えることができないかという研究であった．Companion−には抽出したウェブコミュニティが時間の経過と共にどのように変遷してきたかを分析することができる機能に加えて，結果を可視化するビューア機能があった．図13.1は，ビューアにキーワード「ジェンダー」を日本語で入力して，2003年3月のジェンダー関連コミュニティ21個を起点に，各コミュニティが1999年から2003年の足掛け5年でどのように変遷してきたかを大筋のところで捉えたもので，ビューアの「Main History」モードの画面を切り取ったものである．コミュニティの発展過程は，共通するURLの数を基軸にして，起点（この場合2003年）から年次ごと段々に過去（左方向）に遡って，脈絡を持たせていくことで横方向に繋がれて表示されている．縦方向の上からの表示順は，コミュニティが保持するキーワードの集合体において，該当キーワードの頻度が高いほど上位に表示されるようなっている．コミュニティを特徴付けるキーワードの集合体はそのコミュニティを構成するいずれかのウェブページを指すリンク元（= バックリンク（backlink）先）のウェブページのアンカーテキストから切り出されたもので構成されている．柱状に表されたコミュニティは左右に分かれ，新規〔赤〕，消滅〔白〕，移動〔青〕によって色分けされており，過去から未来に向けたサイトの変遷が見易くなるように工夫されている．Companion−は2003年に我が国にジェンダーコミュニティが21存在すると表示し，筆者らはその21のコミュニティを詳細に分析して，その妥当性を確認した．

本研究では，上記以外にも「女性センター」コミュニティの発展過程やセクハラコミュニティの履歴と分裂の姿をCompanion−を用いて見事に描き出すことにも成功した．これは文献や調査だけでははっきりと確認できなかった興味あるジェンダー関連コミュニティの動向であり，ウェブマイニングツールの有用性がジェンダー研究の専門家に認められた好例と考えられた．

社会調査法としてのウェブマイニング

上述のように，「社会的表象としてのウェブ」という観点からウェブをマイニングすることで，現実の世界を見ているだけではなかなか掴みづらかったジェンダーコミュニティの実像を把握しえたことは，ウェブマイニングが「ウェブ時代に特有の新しい社会調査法となりうる」ことを実証してみせたということであり，大きな知見を得た

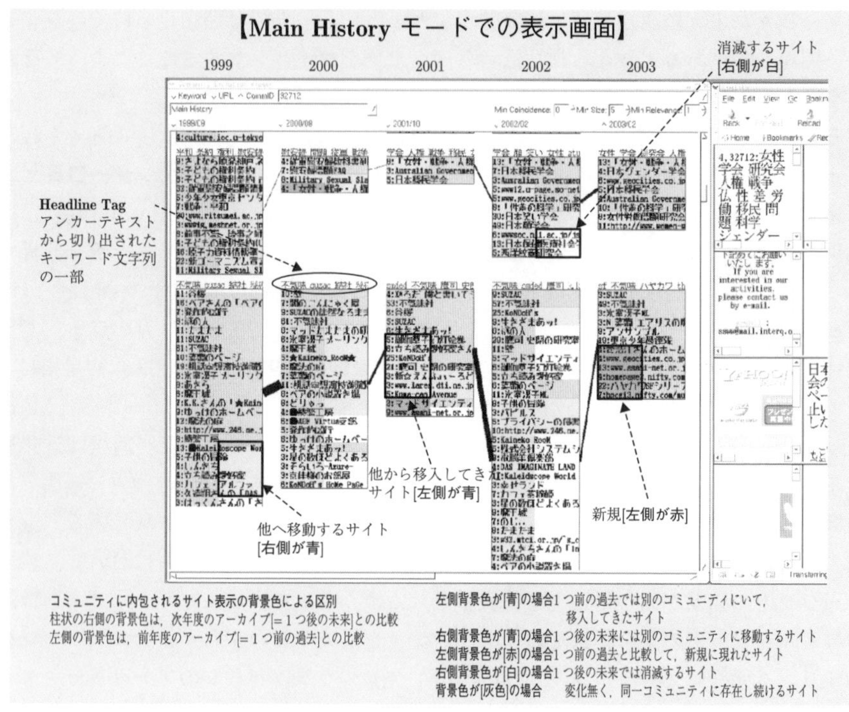

図 13.1　主たる「ジェンダー」コミュニティの発展過程

といえる．

このことを，これまで社会科学でカバーしている**社会調査**（social survey）との関係で論じておく．言うまでもなく，社会科学（social sciences）は社会現象を対象として研究する科学の総称であり，政治学・法律学・経済学・社会学・歴史学・文化人類学及びその他の関係諸科学を含む．社会からデータを取得する方法には，調査や観察などが知られているが，社会に住む人々の意識や行動などの実態を捉えるために社会調査を行う．社会調査は大量のデータをとり社会の全体像を把握することを目的とする統計的社会調査と事例的社会調査の 2 つに大別される．前者を量的調査，後者を質的調査と呼ぶことも多い．前者の典型は国勢調査である．これらの社会調査は，具体的には，インタビュー調査（個別面接調査），留置調査，郵送調査，電話調査，あるいは参加型調査（participation survey）などにより行われる．

本節で論じたウェブマイニングは，社会的表象としてのウェブという視点からマイニング結果を読み解き，実社会での社会的事件（social events）や社会的変革（social change）の実態を明らかにしようとする手法である．実際，「ジェンダーコミュニティの発展過程」の例で示したように，ウェブの構造を通時的にマイニングすることにより，我が国のジェンダーコミュニティの変遷を見事に明らかにできた．この結果を従来型の社会調査法で明らかにすることができたであろうか？ この研究を行った筆者らの研究班にはジェンダー学の専門家も参加していたが，我が国のジェンダーコミュニティの発展過程を足掛け 5 年に渡り網羅的に把握することは，ウェブの力を借りなければほぼ不可能であっただろうとの見解であった．

ウェブマイニングによる社会調査について更に補足すれば，調査時点でアーカイブされているウェブページとそれら間のハイパーリンクの全体が調査の対象となるので，回収率は 100%であり，回答の信頼性を問題にする必要がない．つまり，社会的表象としてのウェブではウェブがすべてで，ウェブでの知覚が実世界での認識を意味することとなるということである．問題点としては，調査対象によるが，ウェブに情報発信する実世界の主体（個人，家族，グループ，企業，組織体，自治体，国など）に偏りがあるならば，それを補正する必要があろうということである．これは従来の社会調査法でいえば，たとえば，電話調査を行った場合，たとえ電話番号がランダムに抽出されたとしても，電話を持たない者は母集団の標本たりえないことに似た問題点である．しかしながら，筆者らのこれまでの事例研究によれば，ジェンダーコミュニティの発展過程の解析にその典型を見たように，社会的に重要な事柄に対しては関係者や関係組織はいち早く敏感に反応してウェブに情報発信しており，このような状況においてはほぼ網羅的であったと考えられ，極端なバイアスはかかっていないのではないかと考えられた．21 世紀はウェブ社会であり，社会調査法そのものも劇的変貌を遂げなければならないときであろう．その意味で「ウェブマイニングはウェブ時代の社会調査法」なのである．

第 13 章の章末問題

問題 1　スロウィッキーもオライリーも集合知が活用されている典型事例の 1 つに PageRank を取り上げている．どういうことか説明しなさい（150 字程度）．

問題 2　ドットコムバブルの崩壊を生き残り，Web 2.0 時代にも繁栄を謳歌している大企業の背後にある中心原理は「参加のアーキテクチャ」であるという．これはどういうことか説明しなさい（200 字程度）．

問題 3　スモールワールド現象を象徴する言葉に「6 次の隔たり」が広く認知されている．これはどういうことか，50 字程度で説明しなさい．

問題 4　ウェブは社会的表象空間であるとの立場に立ち，ウェブマイニングはウェブ時代の社会調査法であることを説明しなさい（200 字程度）．

第14章
情報倫理とセキュリティ

14.1 情報倫理と個人情報保護

14.1.1 情報倫理とは

情報倫理（information ethics）は，本来，図書館情報学（library and information science）分野で司書（＝図書館員）の倫理基準を問題にして，1988年にハウプトマン（R. Hauptman）が新しく作った用語といわれている．その後，この用語はコンピュータ倫理に展開し，現在はメディア，ジャーナリズム，経営情報システム（management information system），ビジネス，インターネット，サイバースペース等々，さまざまな分野での倫理を包括した意味で使われている．当初，検閲（censorship），プライバシ，情報アクセス，著作権（copyright），公正使用（fair use），倫理綱領（code of ethics）などの問題が扱われたが，その後，知的財産（intellectual property），サイバー犯罪（cyber crime）などが積極的に扱われるようになっている．現代のネットワーク社会において，個人情報保護は情報倫理の中でも最も関心の高い事柄である．

14.1.2 個人情報保護法

我が国には**個人情報保護法**という法律がある．これは2003年5月に公布され，2005年4月1日に施行された「個人情報の保護に関する法律」（平成十五年法律第五十七号）[62]の略称である．その後，「個人情報の保護に関する法律等の一部を改正する法律」（個人情報の保護に関する法律の一部改正）[63]が2020年6月に公布され，2022年4月1日に施行された．その主な改正点の1つは罰則規定にあり後述する（14.1.3項）．ここでは，個人情報保護法を見てみることで，個人情報保護で具体的に何が問題なのかを理解する手がかりを掴（つか）む．

まず，**個人情報**とは個人情報保護法第2条において，次のように定義されている．

「この法律において『個人情報』とは、生存する個人に関する情報であって、当該情報に含まれる氏名、生年月日その他の記述等により特定の個人を識別することができるもの（他の情報と容易に照合することができ、それにより特定の個人を識別することができることとなるものを含む。）をいう」

このように，個人情報保護法では，個人情報の定義を生存する個人に関する情報であって特定の個人を識別できるものとしている．つまり，個人情報の「種類」や「内容」には着目せずに，あくまで生存性と個人識別性の要件に照らして個人情報に該当するか否かを判断するにすぎない点に留意するべきである．

個人情報保護法の運用

インターネットの利用を想定しただけでも，次のような場面で個人情報が扱われている．

- オンラインショッピング
- アンケートへの返信
- チケットの購入
- 資料請求
- 登録や届出
- 電子メールの送信

さて，内閣府によれば，個人情報保護法のポイントは2つあるという．

(1) 個人情報の有用性に配慮しながら，個人の権利や利益を保護することを目的としている法律であること．

(2) この法律は，民間の事業者の個人情報の取扱いに関して共通する必要最小限のルールを定めていること．及び，この法律の仕組みは，事業者が，事業等の分野の実情に応じ，自律的に取り組むことを重視していること．

つまり，個人情報保護法は，官民を通じた基本法の部分と，民間の事業者に対する個人情報の取扱いのルールの部分から構成されており，その体系は図14.1に示されるがごとくである[64]．国の責務，施策として地方公共団体等への支援，苦情処理のための措置等，地方公共団体の責務，施策として保有する個人情報の保護，地域内の事業者等への支援，苦情の処理の斡旋等である．一方，個人情報を取り扱っている事業者の義務としては，利用目的による制限，適正な取得，安全管理措置，第三者提供の制限，開示・訂正・利用停止，その他となっている．主務大臣は報告徴収，助言，勧告，命令の権限を有する．

更に，個人情報データベース等を事業の用に供している者，つまり，個人情報保護法の義務の対象である**個人情報取扱事業者**はどのようなルールを守ることになるのか，具体的に見てみると次のようである．

(1) 個人情報の利用・取得に関するルール

個人情報の利用目的をできる限り特定し，利用目的の達成に必要な範囲を超えて個人情報を取り扱ってはならない．偽りその他不正な手段によって個人情報を取得することは禁止される．本人から直接書面で個人情報を取得する場合には，あらかじめ本人に利用目的を明示しなければならない．間接的に取得した場合は，すみやかに利用目的を通知または公表する必要がある．

(2)　**適正・安全な管理に関するルール**

顧客情報の漏洩（ろうえい）などを防止するため，個人データを安全に管理し，従業者や委託先を監督しなければならない．利用目的の達成に必要な範囲で，個人データを正確かつ最新の内容に保つ必要がある．

(3)　**第三者提供に関するルール**

個人データをあらかじめ本人の同意をとらないで第三者に提供することは原則禁止される．

(4)　**開示等に応じるルール**

事業者が保有する個人データに関して，本人から求めがあった場合は，その開示，訂正，利用停止等を行わなければならない．個人情報の取扱いに関して苦情が寄せられたときは，適切かつ迅速に処理しなければならない．

個人情報保護法には，事業者が保有する個人データに関して本人が関与できる仕組みが盛り込まれており，個人情報取扱事業者に対して，次の措置を求めることができる．

(1)　本人から開示の要求があれば，本人に開示しなければならない．

(2)　本人から，個人データに間違いがあるので訂正を求められた場合は，訂正，追加，または削除を行わなければならない．

(3)　本人から，個人データの利用の停止を求められた場合，この法律の義務規定に違反していることが判明したときは，利用停止または消去を行わなければならない．

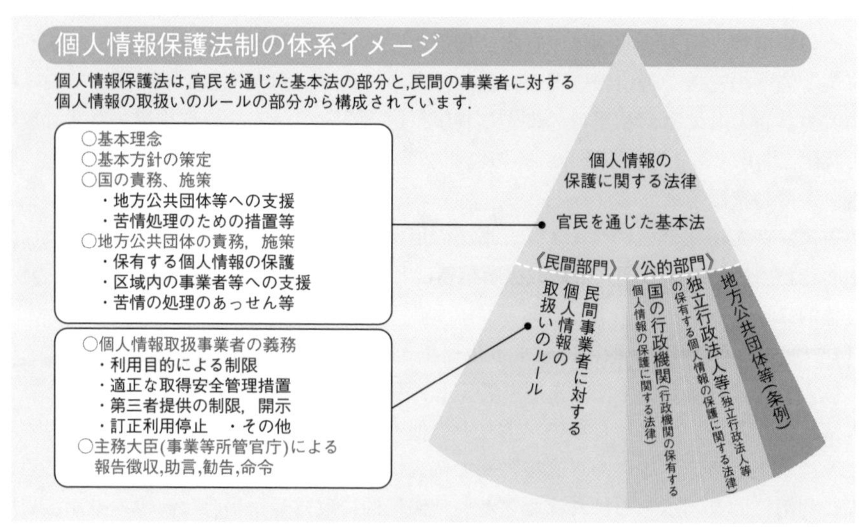

図14.1　個人情報保護法制の体系概略[64]

なお，上記措置は，法定代理人または本人が委任した代理人を通じて求めることもできる．

個人情報に関する苦情については，個人情報取扱事業者自身の取組みにより解決することを基本としながらも，認定を受けた個人情報保護団体や地方公共団体による斡旋等により解決を図ることとしている．

補足すると，この法律では，個人情報データベース等を事業活動に利用している事業者が個人情報取扱事業者として義務規定の対象となっているが，個人情報データベース等にはコンピュータ処理情報の他，紙に書いてある情報であっても，個人情報を五十音順，生年月日順，勤務部署順など一定の方式によって整理し，目次・索引等を付けて容易に検索できる状態に置いてあるものも含まれる．

■ プライバシ

現代社会では，その情報化の進展を背景に，個人情報を利用したさまざまなサービスが提供され，我々の生活は大変便利なものになっている．しかしながら，その反面，個人情報が誤った取扱いをされた場合には，個人に取り返しのつかない被害を及ぼす恐れがあり，それが故に，国民のプライバシに関する不安も高まっている．個人情報とは個人情報保護法に記載の通り，「生存する個人に関する情報であって、当該情報に含まれる氏名、生年月日その他の記述等により特定の個人を識別することができるもの」であるが，プライバシは個人情報保護法では定義されていない．**プライバシ**（privacy）とは，社会的通念としては「私生活をみだりに公開されないこと」ということであろう．つまり，プライバシとして保護対象となる情報は，基本的には他人に知られることを欲しない非公知の情報がこれに該当するといえる．しかし，他人に知られることを欲しない情報については，人それぞれその感覚が異なることから，その基準は多分に主観的要素による影響を免れない．プライバシ侵害による不法行為の成立要件は，① 公開された内容が私生活の事実またはそれらしく受けとられる恐れのある事柄であること，② 一般人の感受性を基準にして当該私人の立場に立った場合公開を欲しないであろうと認められること，③ 一般の人々に今だ知られない事柄であることを要する，とされている[65]．プライバシの侵害等で個人の権利や利益が損なわれた場合は民法上の不正行為や刑法上の名誉毀損罪等によって扱われることになるが，個人情報保護法は，個人情報取扱事業者が個人情報の適正な取扱いのルールを遵守することにより，プライバシを含む個人の権利や利益の侵害を未然に防止することが狙いとなっている．

14.1.3　改正個人情報保護法

改正個人情報保護法，「個人情報の保護に関する法律等の一部を改正する法律」の略称，は 2022 年 4 月に施行されたが，何がどのように改正されたのか，その要点を示すと次のようである[66].

(1) 個人情報の利用停止・消去などを請求できる要件の緩和．改正前は事業者からの個人情報の漏洩が発覚した場合でも，不正取得等した場合以外は，事業者は利用停止・消去などに応じる義務はなかったが，不正取得等した場合に加えて，重大な漏洩が発生した場合など個人の権利または利益が害される恐れがある場合に，個人が利用停止・消去など請求できることが可能となった．

(2) 事業者が個人情報をどこに提供したかを開示請求できるようになった．事業者は個人情報を第三者に提供する場合，本人の同意を得る必要があるが，提供先については明らかにする義務はなかったが，改正により本人に開示請求できるようになった．

(3) 事業活動に利用している個人情報データベース等を構成する個人情報によって特定される個人の数の合計が過去6ヶ月以内のいずれの日においても5,000を超えない事業者（小規模取扱事業者）は個人情報取扱事業者に該当せず，罰則規定の適用から対象外とされていたが，改正によりその要件は撤廃された．

インターネット社会において，氏名・住所・生年月日・電話番号・メールアドレス・各種ID（たとえば，クレジットカードナンバーやマイナンバー）などの個人情報を提供する場面に直面することが多いが，何に同意しようとしているのか，利用規約などを確認し，利用すべきか検討する必要がある．

14.2 知的財産権

14.2.1 知的財産権とは

知的財産権（intellectual property right）とは，「土地とか建物とか有形のモノに対して認められる財産権（= 所有権）ではなく，人間の幅広い知的創造活動の成果，たとえば，発明，考案，意匠，著作物など無形のモノに対して認められる権利で，特許権，実用新案権，育成者権，意匠権，著作権，商標権，その他の知的財産に関してその創作者に一定期間法令により定められた権利又は法律上保護される利益に係わる権利をいう」（知的財産基本法，2002年）[67].

知的財産権のうち，特許権（特許法で保護），実用新案権（実用新案法で保護），意匠権（意匠法で保護）及び商標権（商標法で保護）の4つを産業財産権（= 工業所有権）という．産業財産権制度は，新しい技術，新しいデザイン，ネーミングなどについて独占権を与え，模倣防止のために保護し，研究開発へのインセンティブ（incentive, 動機付け）を与えたり，取引上の信用を維持することによって，産業の発展を図ることを目的にしている．これらの権利は，特許庁に出願し登録されることによって，一

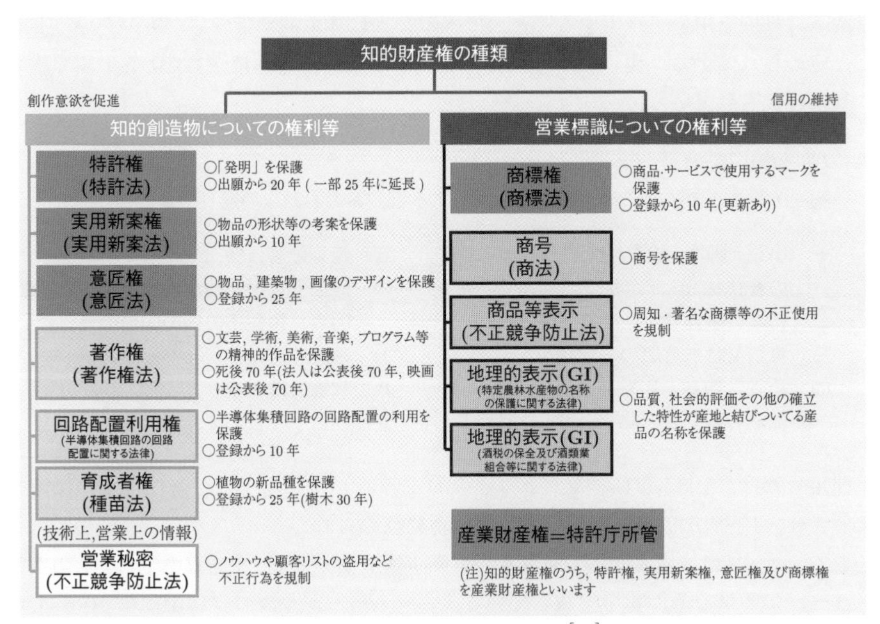

図 14.2 知的財産権の種類[67]

定期間，独占的に実施（使用）できる権利となる．

他に知的財産権には著作法（著作権法で保護），回路配置利用権（半導体集積回路の回路配置に関する法律で保護），育成者権（種苗法で保護）などがある．特許権や著作権などは創作意欲の促進を目的とした「知的創造物についての権利」であるが，図 14.2 に知的財産権の種類を示す[67]．以下，特に著作権について見てみる．

14.2.2 著 作 権

著作権法は 1970 年に制定され，文化庁の所轄である（ちなみに，特許法は特許庁の所轄）[68]．著作権法の第 1 条では，「この法律は，著作物並びに実演，レコード，放送及び有線放送に関し著作者の権利及びこれに隣接する権利を定め，これらの文化的所産の公正な利用に留意しつつ，著作者等の権利の保護を図り，もつて文化の発展に寄与することを目的とする.」と謳(うた)われている．また，その 2 条では，用語の定義が与えられているが,「著作物とは，思想又は感情を創作的に表現したものであつて，文芸，学術，美術又は音楽の範囲に属するものをいう」,「著作者とは，著作物を創作する者をいう」,「プログラムとは，電子計算機を機能させて著作物としての結果を得ることができるようにこれに対する指令を組み合わせたものとして表現したものをいう」,「データベースとは，論文，数値，図形その他の情報の集合物であって，それらの情報を電子計算機を用いて検索することができるように体系的に構成したものをいう」などと定められている．更に細かく著作物を例示すれば，著作権法第10条1項で次のように規定されている．

【著作物の例示】
第10条 この法律にいう著作物を例示すると，おおむね次の通りである．

一 小説，脚本，論文，講演その他の言語の著作物
二 音楽の著作物
三 舞踊又は無言劇の著作物
四 絵画，版画，彫刻その他の美術の著作物
五 建築の著作物
六 地図又は学術的な性質を有する図面，図表，模型その他の図形の著作物
七 映画の著作物
八 写真の著作物
九 プログラムの著作物

補足すれば，1985年にコンピュータプログラムが著作物として著作権法の保護対象とされ，1987年にデータベースが著作物に認められた．

さて，ウェブでは個人や法人やさまざまな団体がウェブサイトを立ち上げ，そのホームページに多様な著作物を掲載している．ホームページやブログは上記第10条1項の著作物の例示には入っていないが，これはこの法律の立法当時にはそのような著作物が想定されていなかったことによる．しかしながら，それらは，同法第2条で定義する「著作物とは，思想又は感情を創作的に表現したものであつて，文芸，学術，美術又は音楽の範囲に属するものをいう」に該当すると考えられるので著作物である．したがって，この法律による保護を受けることとなる．実際，ホームページには，たとえば，「本ウェブサイト内のコンテンツ（文章・資料・画像・音声等）の著作権は，〇〇〇株式会社，その子会社，関連会社または第三者が保有します．営利，非営利，イントラネットを問わず，本ウェブサイトのコンテンツを許可なく複製，転用，販売など2次利用することを禁じます.」などとその著作権を主張している場合が多い．明確に著作権の放棄を謳っていない限り（「素材集」として自由に使える画像などを公開しているホームページなどはそう），通常それらには著作権がある．

著作物を創作する者としての著作者は次に示すような権利，すなわち，**著作権**，を享有する．著作権に含まれる権利の種類には，複製権，上演権及び演奏権，上映権，公衆送信権等，口述権，展示権，頒布権，譲渡権，貸与権，翻訳権・翻案権等，2次的著作物の利用に関する原著作者の権利を専有する．

しかしながら，**著作権の制限**（著作権法第2章第3節第5款）として，私的使用のための複製，図書館等における複製，引用，教科用図書等への掲載，教科用拡大図書等の作成のための複製（つまり，教科用図書に掲載された著作物は，弱視の児童又は

生徒の学習の用に供するため，当該教科用図書に用いられている文字，図形等を拡大して複製することができること)，学校教育番組の放送等，学校その他の教育機関における複製等，試験問題としての複製等，点字による複製等，聴覚障害者のための自動公衆送信，営利を目的としない上演等，時事問題に関する論説の転載等，政治上の演説等の利用，時事の事件の報道のための利用，裁判手続等における複製，行政機関情報公開法等による開示のための利用，翻訳，翻案等による利用，放送事業者等による一時的固定，美術の著作物等の原作品の所有者による展示，公開の美術の著作物等の利用，美術の著作物等の展示に伴う複製，プログラムの著作物の複製物の所有者による複製等，保守，修理等のための一時的複製，ができると謳われている．

ここで，**引用**は次のように定められている．

【引用】

第 32 条 公表された著作物は，引用して利用することができる．この場合において，その引用は，公正な慣行に合致するものであり，かつ，報道，批評，研究その他の引用の目的上正当な範囲内で行なわれるものでなければならない．

2 国若しくは地方公共団体の機関，独立行政法人又は地方独立行政法人が一般に周知させることを目的として作成し，その著作の名義の下に公表する広報資料，調査統計資料，報告書その他これらに類する著作物は，説明の材料として新聞紙，雑誌その他の刊行物に転載することができる．ただし，これを禁止する旨の表示がある場合は，この限りでない．

ウェブページに書かれている内容を引用するときにも，上記に照らし合わせて，ウェブページの URL のみならず，タイトル，著作者などを明示し，あくまで引用の範囲内にとどめることが必要である．一方，ウェブサイトを開設する場合には，ウェブページに書き込む内容は不特定多数に公開されると見なされて，そこでの「公表された著作物の引用」は私的使用のための複製とは見なされなくなるので，その引用にあたっては著作権を侵害しないように十分配慮しないといけない．

なお，「著作権法の一部を改正する法律」が 2021（令和 3）年に成立し，同年 6 月 2 日に令和 3 年法律第 52 号として公布された．本法律による改正事項として (1) 図書館関係の権利制限規定の見直しのうち，① 国立国会図書館による絶版等資料のインターネット送信に関する措置については，公布から 1 年以内で政令で定める日から，② 各図書館等による図書館資料の公衆送信に関する措置については，公布から 2 年以内で政令で定める日から，また，(2) 放送番組のインターネット同時配信等にかかる権利処理の円滑化に関する措置については，2022（令和 4）年 1 月 1 日から施行されることとなった[69]．

14.3 サイバー犯罪

サイバー空間（cyberspace）とは，コンピュータやインターネット上に構築された仮想空間をいう．インターネット上で人々が現実世界のように交流を持ったり社会的な営みを行ったりする場であることを物理的空間に例えた言い方である．サイバー空間は当初文字通り仮想との認識が強かったが，仮想通貨の流通などによりサイバー空間での構築物に資産価値が生じて，その結果，現実世界との区別がつきにくい状況ともなっている．

さて，サイバー空間でも現実世界と同様に犯罪が年々増加しており，犯罪の手口についても高度化・多様化している状況となっている．サイバー空間での犯罪を**サイバー犯罪**（cyber crime）というが，警察庁はそれを次のように定義している[70]．

「インターネット等の高度情報通信ネットワークを利用した犯罪やコンピュータ又は電磁的記録を対象とした犯罪等，情報技術を利用した犯罪」

サイバー犯罪を検挙するために，これまでの法律に加えてサイバー犯罪を念頭においたさまざまな法律が制定されているが，これらの法律に違反したとして検挙されたサイバー犯罪を警察庁は次のような罪名で区分している[70]．なお，ネットワーク利用犯罪でリストアップされた項目は件数の多い順で，年度により多少変動する．

- 不正アクセス禁止法違反
- コンピュータ・電磁的記録対象犯罪等
- ネットワーク利用犯罪
  - 児童買春・児童ポルノ禁止法違反（児童ポルノ）
  - 詐欺
    - 詐欺（うちオークション利用詐欺）
  - 青少年保護育成条例違反
  - 児童買春・児童ポルノ禁止法違反（児童買春）
  - わいせつ物頒布等
  - 著作権法違反
  - 脅迫
  - ストーカー規制法違反
  - 商標法違反
  - 名誉棄損
  - その他

このように，サイバー犯罪はもはや仮想空間の話ではなく我々の日常生活に直接かかわっている身近な問題である．加えて，インターネットが地球規模の通信網であるために，サイバー犯罪は一国に止まらず，容易に国境を越えて行われることから，捜査にあたっては国際連携が欠かせないこともその特徴の１つとなっている．

さて，不正アクセス禁止法違反にはフィッシングやスパイウェアといった高度な技術を利用して他人の識別符号（ID，パスワード等）を取得した犯罪が含まれている．ここに，**フィッシング**（phishing）とは実在する企業の URL やウェブサイトを偽装してクレジットカード番号やパスワードなどを入力させる詐欺のことをいう．**悪意のある第三者**が，ウイルス添付メールを送りつけたり，セキュリティホール（ソフトウェアのセキュリティ対策上，脆弱（ぜいじゃく）な部分）などから PC やサーバに不正に侵入してファイルやデータベースからデータを盗み出したり，改竄（かいざん）したり，破壊したり，あるいは暗号化して復号鍵と引き換えに身代金を要求したりする不正アクセスではマルウェアが横行する．

マルウェア（malware）とは不正かつ有害な動作を行う意図で作成された悪意のあるソフトウェアの総称である．マルウェアにはウイルス，ワーム，トロイの木馬，スパイウェア，ランサムウェアなどがある．**ウイルス**（virus）は侵入したコンピュータのプログラムやファイルを書き換えて「寄生」し，それらが起動すると発症するように仕組まれたソフトウェアである．プログラムやファイルの動作を妨げたり，ユーザの意図に反する有害な作用を及ぼさせる．自分を複製して，それをファイルやメールの交換などを通して，他のコンピュータに拡散させる「感染力」を有する．ウイルスの感染経路には，メール（添付ファイル），ファイルのダウンロード，ウェブアクセス，LAN 経由，USB メモリなどが挙げられる．**ワーム**（worm，虫）はウイルスと同様であるが．プログラムやファイルに寄生しないところがウイルスと異なる．**トロイの木馬**は一見しただけでは問題のない画像や文書などのファイルやアプリなどに偽装してコンピュータに侵入し，外部からの指令によってそのコンピュータを攻撃者の意図の下に操る．**スパイウェア**は，本人も気付かないうちにコンピュータにインストールされ，ユーザの個人情報やアクセス履歴などを収集して外部に送信する．**ランサムウェア**（ransomware）は ransom（身代金）と software を繋げた造語で，たとえば，コンピュータに侵入してデータを暗号化し利用不可能とさせ，復号鍵と引き換えに身代金を要求する．ランサムウェアによるサイバー攻撃が国内外のさまざまな組織で確認されている．

他にも，さまざまな脅威を挙げることができるが，それらの脅威に対してどのような**セキュリティ対策**を講じることができるのかが問題となる．ただ，この問題は，コンピュータなどの情報機器のガードを固めればそのような脅威はなくなるというような問題でもなく，「人」が絡むが故に，その根本的対策は難しい感がある．非常に月並みではあるが，コンピュータへの不正アクセスを排除するために，パスワードや指紋や顔画像などによるユーザ認証，許可されている機器以外のアクセスをさせないアクセス制御，監視，ファイアウォールの設置，暗号化，リモートアクセスの制限，無線LANのセキュリティ強化，不正アクセスの踏み台にならないための対策，インストールするアプリケーションプログラムの制限，クライアントマシンのダム端末（dumb terminal）化（つまり，サーバにすべてのアプリケーションやデータを置き，クライアントは画面表示機能のみを有するとする），などの対策を講じる．電子メールなどによるウイルス感染の脅威に対しては，不審なメールは開けないことを徹底させ，スパム対策プログラムの導入，ワクチンプログラムの定期的な実行，メールの利用制限，ウェブ閲覧制限，などを行う．

電子商取引や電子申請など，従来，書面と押印による認証が必要だった世界に対しては，デジタル署名や電子透かし技術などを駆使して，これらの脅威に備えることが必要である．しかしながら，情報漏洩が，社員が社有パソコンを無断で持ち出して酔っ払った挙句に電車の網棚に置き忘れたことによるなど極めて次元の低い話も後を絶たず，サイバー犯罪に巻き込まれないために最も必要な事柄の1つは（システムのセキュリティ対策もさることながら）情報倫理を中心とした教育の徹底であろう．

14.4 公開鍵暗号

インターネット社会において，悪意のある第三者から身を守るために，通信の秘密，つまり通信の内容や宛先を第三者に知られたり漏洩されたりしない権利，が保護されることは以前にも増して高まっている．

■ 暗号とは

暗号（cipher）とは，通信の秘密を保つために，当事者間のみ了解されるように取り決めた特殊な記号（列）をいう．暗号をかける前の文書を平文（ひらぶん）（plain text）といい，暗号をかけられた結果得られる文書を暗号文（cipher text）という．暗号をかけることを暗号化，暗号文を元の平文に復元することを復号という．世界で最も古い暗号はかのローマ皇帝シーザー（Julius Caesar，BC100 頃–BC44）が使ったといわれる**シーザー暗号**であるといわれている．今から2000年も前のことである．この暗号は至って単純で，英語に当てはめて示せば，平文のアルファベットを n 字分ずらして暗号文とする，というものである．たとえば，次のようである（$n = 2$ とした）．

$$\text{apple} \quad \Rightarrow \quad \text{crrng}$$

ここに，「ずらす方法」を一般に**暗号化アルゴリズム**といい，どれだけずらすかとい

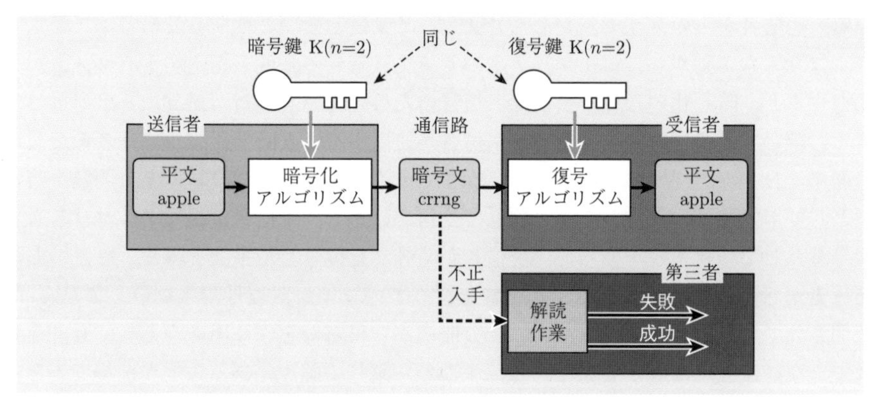

図 14.3　暗号の基本的仕組み（n（= 2）字ずらした文字に変換するシーザー暗号を例にして）

うパラメタを**暗号鍵**という．暗号化アルゴリズムと暗号鍵に対応して，**復号アルゴリズム**と**復号鍵**が定まる．いわゆるサイバー攻撃を仕掛けようとする悪意のある第三者は，暗号文を入手しても，復号アルゴリズムと復号鍵が共に分からなければ復号できない．図 14.3 に暗号の基本的仕組みを示す．なお，通信路で悪意のある第三者に不正に通信文を盗み見られることを防げばよい，という場合には平文はそのまま送信して，通信路を暗号化することも考えられる．

さて，暗号化はメッセージの送信者が行い，受信者が復号するものである．単純には，送信者が暗号化を行い，暗号文を復号するための復号アルゴリズムと，復号鍵を受信者に教えればよい．しかしながら，インターネットを介して遠隔地にいる受信者にどのようにしてそれを教えるか，伝達するかが問題になる（それを教えるために，また暗号化というのでは，話は収束しない）．逆に，受信者が送信者に，この暗号アルゴリズムとこの暗号鍵を使って暗号化してくれ，と頼む場合も同じである．

そこで，この問題を解決するために考え出された方法で現在広く受け入れられている方法に公開鍵暗号がある．以下，これを説明する．

公開鍵暗号

公開鍵暗号（public-key cryptography）という概念は，1976 年にディフィー（W. Diffie）とヘルマン（M.E. Hellman）が考案した．それまで暗号鍵と復号鍵は共通していたが（それらを秘密にしなければならないという意味で，秘密鍵暗号あるいは共通鍵暗号という．シーザー暗号もしかり），それらは異なってもよいとすれば，暗号鍵を「公開できる」と発想したことに飛躍があった．

公開鍵暗号は，鍵生成アルゴリズム，暗号化アルゴリズム，復号アルゴリズムからなる．送信者からのメッセージを暗号文として受信したいと欲する受信者は，鍵生成アルゴリズムを動かし，セキュリティパラメタ（暗号の強度を指定するパラメタ）を入力すると，暗号化のための公開鍵と復号のための秘密鍵の対（pair）を出力として得る．続いて，受信者は「公開鍵と送信者が使用するべき暗号化アルゴリズムを共に公開する」．それを受けて，送信者は，公開された暗号化アルゴリズムと公開鍵を暗号鍵として用いてメッセージを暗号化して受信者に送る．受信者は復号アルゴリズムと復号鍵としての秘密鍵を使って，受信した暗号文を復号して平文を得る．悪意のある第三者が暗号文を受信しても，秘密鍵を持っていないから復号できない．よしんば，公開されている暗号化アルゴリズムと公開鍵から秘密鍵を作り出そうとしても，それはできないほどに暗号が安全である，すなわち暗号の強度があることが前提である．

RSA 暗号

具体的な公開鍵暗号アルゴリズムとしては，1977 年に MIT（マサチューセッツ工科大学）で考案された**RSA 暗号**が代表的である．RSA はこの暗号を考案した 3 人，リベスト，シャミア，エーデルマン（R. Rivest，A. Shamir and L. Adleman）の名前の頭文字に因（ちな）む．RSA 暗号は，処理速度は高くないが，暗号の強度はそれなりにある（すなわち，そう簡単には解読されない）ので，現在広く使われている．公開鍵暗号のための暗号化及び復号アルゴリズムには，RC2/RC4（米国の RSA データセキュリティ（RSA Data Security, Inc.）が作成），MISTY1（三菱電機が作成）など ISO の標準規格として認められたものが幾つかある．図 14.4 に公開鍵暗号の仕組みを示す．公開鍵暗号の一般的な利点として，相手先ごとに鍵を作成する必要がない，相手に安全な方法で鍵を渡すことを考える必要がないことを挙げられる．しかし，公開鍵暗号には，受信者に成りすました悪意のある第三者が暗号鍵と暗号化アルゴリズムを公開して文書を不正入手することが可能となるという問題点がある．これを解決するためには信頼できる第三者機関，**認証局**と呼ばれる，を設けて，そこで公開鍵と受信者の対応関係を認証する必要がある．しかし，その認証局に成りすます悪意のある第三者の出現が可能であるので，送信者には十分に慎重な対応が必要であるし，成りすまされていないかにも十分注意を払う必要がある．

ここで，暗号の強度，換言すれば暗号の安全性について更に少しく補足をすると，公開鍵から秘密鍵を作成できるかという問題に対しては，RSA 暗号ではその問題解決の困難さは，ちょうど大きな整数（数百桁）の素因数分解が現在のコンピュータでは困難であることに対応しているという．しかし，RSA 暗号とて安全ではなく，1999 年に RSA データセキュリティより，同社が主催した素因数分解コンテストで，オランダ，カナダ，イギリス，フランス，オーストラリア，米国などからなる国際チームが，世界

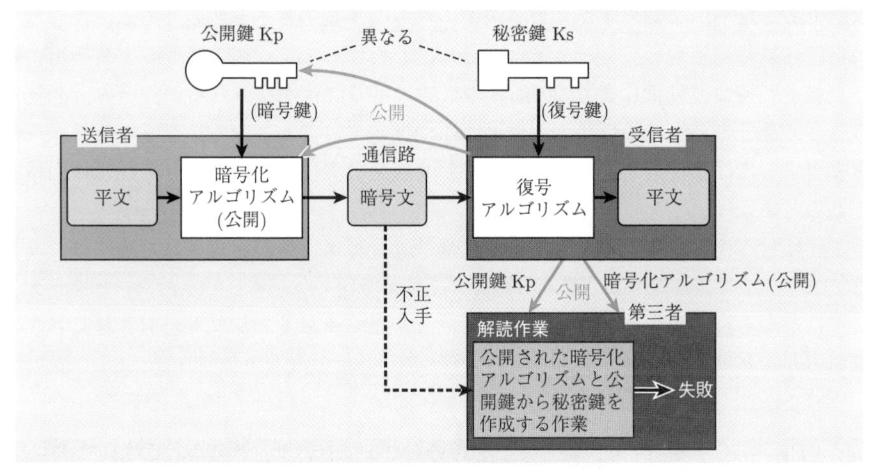

図 14.4　公開鍵暗号の仕組み

11 箇所に散らばる 292 台のワークステーションや PC（合計すると約 8,000 MIPS 年（MIPS-year）の CPU 力（CPU effort）に相当）を 5.2 ヶ月稼動させて，512 ビット（10 進法では 155 桁）公開鍵の素因数分解に成功したと報告があり，より安全とされる 1,024 ビット公開鍵や 2,048 ビット公開鍵の使用が推奨されることとなった．他に RSA 暗号より安全性の高いといわれる楕円曲線暗号が 1985 年に考案されている．

なお，このような議論は量子コンピュータが実現された暁には見直しが必須となることは次に示す通りである．

■ 量子コンピュータと暗号解読

末筆ながら，暗号解読に絡めて**量子コンピュータ**（quantum computer）の可能性について言及しておく．量子コンピュータは 1980 年代中頃から注目され出したが，その注目度は，1994 年にショア（P.W. Shor）が「量子コンピュータを使えば素因数分解を多項式時間で行える」ことを理論的に証明して一気に高まったという．つまり，量子コンピュータを使えば強力な公開鍵暗号として知られている RSA 暗号が容易に解読されてしまうということである．

量子コンピュータは量子力学における量子の「重ね合わせ」と「量子もつれ」という特有の現象に基づいて計算を行わせようとする．従来のコンピュータでは情報の単位はビット（bit）で 1 か 0 かどちらかの状態しかとれないが，量子コンピュータでの情報の単位は**量子ビット**（Qubit，quantum bit，キュービット）で，測定するまでは 0 と 1 のどちらの状態にもあり，決まった状態とはなっていない．これを**重ね合わせ**（superposition）という．一方，**量子もつれ**（entanglement）とは，重ね合わせ状態にある量子が2個以上あるとき，そのうちの1個の量子を測定すると，他の量子の状態も瞬時に確定してしまうことをいう．したがって，n 個の量子ビットを用いると，量子の持つ波動性により 2^n 通りの状態の下で計算がなされるが，一方，測定することで量子の持つ粒子性により結果が1つ確定することとなる．量子コンピュータを実現するには，安定した量子の重ね合わせ状態の実現が必須となり，課題は山積しているという[71]．

これは言うまでもないことであるが，量子コンピュータが実現された暁には，コンピュータサイエンスのさまざまな分野で，これまで我々が信奉してきたコンピューティングにかかる諸概念を根底から見直すべき大きなパラダイムシフトが引き起こされるであろうことは間違いない．

第14章の章末問題

問題1 個人情報保護法において，個人情報とはどのように定められているか述べなさい（100〜150字程度）．

問題2 インターネットには実に多様な人々がアクセスしており，それらの中には，意図的に通信を傍受・盗聴して不正をして利益を得たり嫌がらせをしようとする者がいる．このような者を何と呼ぶか，答えなさい．

問題3 サイバー犯罪の手口としてマルウェアからの攻撃がある．次の問いに答えなさい．

(問1) ウイルスについて説明しなさい（200字程度）．

(問2) ランサムウェアについて説明しなさい（100字程度）．

問題4 公開鍵暗号は，鍵生成アルゴリズム，暗号化アルゴリズム，復号アルゴリズムからなる．次の問いに答えなさい．

(問1) メッセージの受信者の行うべき作業は何か説明しなさい（100字程度）．

(問2) メッセージの送信者が行うべき作業は何か説明しなさい（50字程度）．

(問3) 悪意のある第三者が暗号文を受信しても安全とされる理由を述べなさい（100字程度）．

章末問題解答

第1章

問題1 (問1) ENIACのことを記述していること．(問2) プログラム内蔵方式であることとその意味合いが明記され，また現代のコンピュータはノイマン型であることが明記されていること．(問3) 各世代を特徴付ける演算素子のこと，加えて各世代の先駆けとなったコンピュータのことが記述されていること．

問題2 マイクロコントローラとは1つのIC（集積回路）チップにコンピュータの基本機能一式を搭載した電子部品のことで，略してマイコンということも多い．現在，家庭用，産業用を問わず電子制御を必要とするあらゆる機器に組み込まれている．

問題3 (問1) What you see is what you get. (問2) ウィジーウィッグ．(問3) ゼロックスパロアルト研究所（PARC）が開発したワークステーション Alto.

問題4 (問1) CUIはcharacter user interfaceの略, GUIはgraphical user interfaceの略である．(問2) GUI. (問3) (ア) コンピュータグラフィックス，(イ) プロンプト，(ウ) コマンド，(エ) アイコン，(オ) GUI.

第2章

問題1 基幹系システムは，企業の主たる業務の情報処理を支えるためのコンピュータシステムであり，銀行業では勘定系システム，製造業では受注・生産・配送計画システムや会計システム，運輸では運行管理システムなどを指す．

情報系システムは，主たる業務に付随した情報処理を行うためのコンピュータシステムであり，経営判断をサポートする目的で基幹系システム内部や別途構築したデータベースを分析して報告書を作成するシステムや人事管理システムなどを指す．

問題2 (問1) 図2.3の構成が描かれていればよい．(問2) プレゼンテーションロジック，アプリケーションロジック，データ管理ロジックの3つで，それぞれクライアント，アプリケーションサーバ，データベースサーバに割り振られる．

問題3 ハウジングとは自社のサーバや関連機器をデータセンタ内にあるサーバの収納ラックや機器の設置スペースを借りて，そこに設置することをいう．新規にサーバなどの機器を購入する必要がないので初期投資を抑えることができるが，機器の運用・保守は自社で行う．ホスティングとはデータセンタで用意しているサーバ及びネットワーク機器を有償で借りて自社の業務を行うことをいう．すぐに利用を開始することができ，運用・保守はデータセンタ側で行うため自社で行う管理業務などの負担が少ないが自由度は低い．

問題 4 Software as a Service の略で，インターネット経由でさまざまなアプリケーションソフトウェアを提供する．ユーザアカウントを持っていれば常時そのサービスを利用できる．ソフトウェア自体を購入する必要はなく，その機能を買うということである．

第 3 章

問題 1 (問 1) 1101. (問 2) 1111011. (問 3) 10001000. (問 4) 最上位ビットが 1 なので答えが正であることを表しており，$(1000)_2 = (8)_{10}$，すなわち 8 である．

問題 2 1010.0001

問題 3 (問 1) X NAND $Y = Z$ として，その真理値表は次の通り．

X	Y	Z
0	0	1
0	1	1
1	0	1
1	1	0

(問 2)

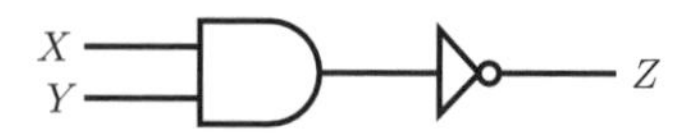

問題 4

X	Y	Z
0	0	0
0	1	0
1	0	1
1	1	0

第 4 章

問題 1 (問 1) AND ゲート．(問 2) この回路では，X と Y の両方，あるいは少なくとも一方の電位が 0 ボルトならば，2 つあるいは一方のダイオードに電流が流れて，その結果 Z の電位は（ほぼ）0 ボルトになる．しかし，X と Y の電位が，共に回路に掛けられている電位，つまり電源電圧 E（たとえば，+5 ボルト）と同じなら，電流は流れないから，Z の電位はその電位である．したがって，この回路は $Z = X$ AND Y を実現していることが分かる．

問題 2 (問 1) OR ゲート．(問 2) この回路では，X にも Y にも電位が掛かっていないとき（すなわち 0 ボルト），Z も 0 ボルトであるが，X か Y どちらかに，正電位が掛かると通電して，Z もほぼその電位となるから，$Z = X \ \mathrm{OR}\ Y$ を実現していることが分かる．

問題 3 (問 1) NOT ゲート．(問 2) トランジスタのベースに入力として正電位が掛かるとトランジスタは導通状態になり，トランジスタの両端の電圧がほぼ 0 ボルトになることで，出力の電位がほぼ 0 ボルトになる（OFF の状態）．一方，トランジスタのベースの入力の電位が 0 ボルトでは導通状態でなくなることからトランジスタの両端に電圧が掛かり出力は電源電圧 E とほぼ同じとなる（ON の状態）．つまり，出力 $Z = \mathrm{NOT}\ X$ となり NOT ゲートが実現されている．

問題 4 (問 1) 0.18 ミクロンプロセス技術というのは半導体上に 0.18 ミクロン幅の線を描ける技術をいう．(問 2) 同じ面積のシリコンウェハを使って 0.13 ミクロンプロセス技術で製造した場合は 0.18 ミクロンプロセス技術で製造した場合に比べて製造量は約 2 倍（=(18 ÷ 13) の 2 乗）となる．(問 3) もしシリコンウェハの直径を 20 cm から 30 cm にして，かつ 0.18 ミクロンから 0.13 ミクロンプロセス技術を使って製造すれば製造量は約 4.3 倍になる．

第 5 章

問題 1 (a) 中央処理装置（CPU），(b) 制御装置，(c) 演算装置，(d) 主記憶装置，(e) 2 次記憶装置，(f) 記憶装置

問題 2 32 ビットアドレッシングでは最大 $2^{32}-1$ 番地のアドレス空間しか張れないから．ちなみに，$2^{32}\,(=4,294,967,296) =$ 約 43 億 で，$1\,\mathrm{G} = 10^9 = 1,000,000,000$ であるから．

問題 3 CPU 内部に設けられた高速な記憶装置をいう．キャッシュメモリに使用頻度の高いデータを蓄積しておくことにより，（それに比べれば）低速な主記憶へのアクセスを減らすことができ，処理を高速化することができる．

問題 4 (問 1) 8．(問 2) 31．(問 3) ⑦ → ① → ④ → ⑧ → ② → ⑤ → ③ → ⑥．

第 6 章

問題 1 (問 1) 複数のユーザにプロセッサやメモリといった限りあるコンピュータ資源をあたかも自分ひとりが専有して仕事をしているかのように見せかける技術である．(問 2) 物理的な記憶装置を仮想化してファイルという論理的な単位をプログラマに提供し，ファイルにプログラムやデータを読み書きするというファイルレベルのインタフェー

スを用意することで仮想的な入出力装置を提供する技術である.

問題 2 (問 1)

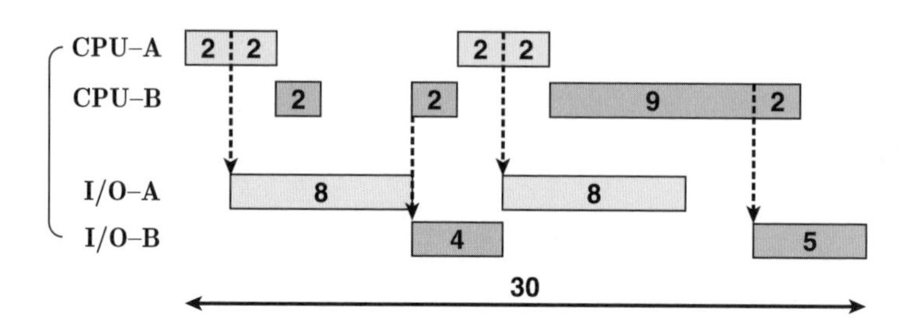

(問 2) 30

問題 3 (問 1) ジョブ 1 の第 1 ステップである Load 6500 の命令が格納されているページは，それが指しているページテーブルの項目を見ると (1, 0) とページフォールトビットが 0 なので，主記憶内に存在していて，そのページ枠は 1 番であることが分かる. (問 2) ジョブ 1 の第 2 ステップであるデータ 12345 をアクセスしようとすると，そのページテーブルの項目は $(\alpha, 1)$ なので，このページは主記憶内に存在していないことが分かる．そこで，2 次記憶から当該ページ α を主記憶に読み込んで，それが格納されたページ枠番（それを p とする）を使ってページテーブルの項目を $(\alpha, 1)$ から $(p, 0)$ と書き換えてジョブ 1 の実行を進める.

問題 4 (a)–(ウ)，(b)–(ア)，(c)–(イ).

第 7 章

問題 1 問題を解決可能なレベルまで分解すること (decomposition，分解)，規則性を見抜くこと (pattern recognition，パターン認識)，枝葉を切り落として問題を抽象化すること (abstraction，抽象化)，ステップバイステップで問題解決の手順を明らかにすること (algorithm design，アルゴリズム設計).

問題 2 選択ソート法によるソーティングの様子は次のようである.

第 1 パス：$\min\{8, 3, 5, 2\} = 2$ なので，数列は 2, 8, 3, 5 と置き換わる．この数列の整列済部分は 2，未整列部分は 8, 3, 5 である.

第 2 パス：$\min\{8, 3, 5\} = 3$ なので，数列は 3, 8, 5 となり，未整列部分は 8, 5 となる.

第 3 パス：$\min\{8, 5\} = 5$ なので，数列は 5, 8 となり，未整列部分は 8 となるがもはや整列の必要はなく，整列作業は終了．その結果，出力として 2, 3, 5, 8 を得る.

問題 3 バブルソート法によるソーティングの様子は次のようである.

第 1 回比較交換：8, 3, 5, 2 の 8, 3 を交換して，3, 8, 5, 2 を得る．

第 2 回比較交換：3, 8, 5, 2 の 8, 5 を交換して，3, 5, 8, 2 を得る．

第 3 回比較交換：3, 5, 8, 2 の 8, 2 を交換して，3, 5, 2, 8 を得る．

第 4 回比較交換：3, 5, 2, 8 の 5, 2 を交換して，3, 2, 5, 8 を得る．

第 5 回比較交換：3, 2, 5, 8 の 3, 2 を交換して，2, 3, 5, 8 を得る．

問題 4　(問 1) 10 の冪乗倍を表す接頭語. (問 2) 2 の冪乗倍を表す接頭辞. (問 3) 466 GB.

第 8 章

問題 1　(問 1) ((学生 [住所 = '池袋'])[大学名 = '令和大学'])[学生名]. (問 2) ((学生 [学生名 = 学生名] アルバイト)[学生.大学名 = '令和大学'])[アルバイト.会社名]. (問 3) (((学生 [学生名 = 学生名] アルバイト)[アルバイト.会社名 = 'A 商事'])[アルバイト.給与 >= 50])[学生.学生名, 学生.大学名].

問題 2　(問 1) SELECT 学生名 FROM 学生 WHERE 大学名 = '令和大学'. (問 2) SELECT アルバイト.会社名 FROM 学生, アルバイト WHERE 学生.学生名 = アルバイト.学生名 AND 学生.大学名 = '令和大学'. (問 3) SELECT 学生. 学生名, 学生. 大学名 FROM 学生, アルバイト WHERE 学生.学生名 = アルバイト.学生名 AND アルバイト.会社名 = 'A 商事' AND アルバイト.給与 >= 50.

問題 3　(問 1) SELECT 製品番号, 製品名 FROM 製品 WHERE 単価 >= 100. (問 2) SELECT 工場. 工場番号, 工場. 所在地 FROM 製品, 工場 WHERE 製品.製品番号 = 工場.製品番号 AND 製品.製品名 = 'テレビ' AND 工場.生産量 >= 10. (問 3) SELECT 製品. 製品名, 工場. 工場番号 FROM 製品, 工場, 在庫 WHERE 製品.製品番号 = 工場. 製品番号 AND 工場.製品番号 = 在庫.製品番号 AND 在庫.所在地 = '札幌' AND 在庫.在庫量 < 5.

問題 4　(問 1) 学生 (学籍番号, 氏名, 学部)，ここに，アンダーラインは主キーを表す. (問 2) 履修 (学籍番号, 科目名, 得点)，ここに，アンダーラインは主キーを表す.

第 9 章

問題 1　(1) データ資源はコピーできる．コピーにほとんどお金が掛からない．加えて，コピーされた（すなわち，盗まれた）痕跡が残らないことが多い．(2) データ資源は暗号化できる．(3) データ資源量は単調に増加する．天然資源が単調に減少するのとは真逆である．

問題 2　**Volume**：データ量のことをいう．扱わないといけないデータ量が膨大であるが，どれぐらいのデータ量でもって big というかについてはさまざまである．絶対的な量もさることながら，外れ値として排除されてしまうようなデータも網羅的に収集されていることに意味がある．**Velocity**：データの速度をいう．e-コマースでは顧客とのやり取りのスピードが競争優位の決め手となってきていることから分かるように，それを支えるために使われたりそのやり取りの中で発生するデータのペース（pace）は増大している．**Variety**：データの多様性をいう．ビッグデータを構成するデータの種類は実にさまざまということである．つまり，リレーショナルデータベースのような構造化データのみならず，半構造化データ，非構造化データ，あるいは時系列データなど実にさまざまである．

問題 3 たとえば，顧客の山田太郎と鈴木花子（同姓同名はいないとする）が，山田太郎はテレビと洗濯機をそれぞれ 1 台，そして鈴木花子はパソコンを 1 台注文したとしよう．もし，リレーショナルデータベースで「注文」を記録しようとすると，まずリレーション 注文 (顧客名, 商品名$_1$, 商品名$_2$, ..., 商品名$_{10000000}$) を作成して，それに タップル (山田太郎, —, ..., —, テレビ, —, ..., —, 洗濯機, —, ..., —) と (鈴木花子, —, ..., —, パソコン, —, ..., —) を挿入することとなろう（ここに — は空で値がないことを表す）．したがって，このようなタップル多数からなるリレーション 注文 は大変「疎」(sparse) な状態になり，多くの記憶領域が無駄に使われていることが分かる．一方，注文データをキー・バリューデータモデルに基づきファイル 注文 (顧客名, 商品名) に格納すると，そこには (山田太郎, {テレビ, 洗濯機}), (鈴木花子, パソコン) が記憶領域を無駄にすることなく最大限に有効に利用できていることが分かる．

問題 4 (問 1) $A_3 > A_2 > A_4 > A_1$．(問 2) $A_2 = A_3 > A_1 = A_4$．(問 3) A$_3$．なぜならば，A$_3$ が確信度，支持率共に順位がトップだから．

第 10 章

問題 1 (ア) 分類，または classification，(イ) 回帰分析，または regression analysis，(ウ) 決定木，または decision tree，(エ) 単回帰分析，または simple regression analysis，(オ) クラスタリング，または clustering，(カ) k-平均法，または k-means 法．

問題 2 (問 1) 単回帰分析を行うので回帰モデルを $y = ax + b$ として，a, b を推定していく．ここに y は体重（kg）を x は身長（cm）を表す．Excel の LINEST 関数を用いて $y = 0.5 \times x - 20$ の結果を得る．(問 2) $0.5 \times 175 - 20 = 67.5$．67.5 kg.

問題 3 (問 1)

		予測結果	
		スパム	スパムでない
正解	スパム	40	10
	スパムでない	5	45

(問 2) 正解率 = (TP + TF)/(TP + TN + FP + FN) = 0.85．85%．

(問 3) 適合率 = TP/(TP + TN) = 40/85 ≒ 0.47．約 47%．

(問 4) 再現率 = TP/(TP + FN) = 40/50 = 0.8．80%．

(問 5) F 値 = TP/(TP + ((TN + FN)/2)) = 40/(40 + (55/2)) ≒ 0.59．約 59%．

問題 4　(a) 手順 (1) に従いランダムに選ばれた 2 点を $d_5 = (3, 5)$ と $d_7 = (5, 1)$ とする．(b) 2 点間の距離をユークリッド距離，つまり $\sqrt{(x_i - x_j)^2 + (y_i - y_j)^2}$ とするとき，d_1，d_3，d_8 は d_5 に近く，d_2，d_4，d_9 は d_7 に近いが，d_6 は d_5 と d_7 に等距離である．そこで，手順 (2) に従い，d_5 を中心とした仮クラスタを D_{11}，d_7 を中心とした仮クラスタを D_{12} とし，ランダム選択により d_6 は d_7 に近いとする．すると，d_5 の仮クラスタは $D_{11} = \{d_1, d_3, d_5, d_8\}$ となり，その重心は (2.75, 4) と計算される．これに一番近いデータは $d_3 = (2, 3)$ と $d_5 = (3, 5)$ であるが，ランダム選択により d_5 とする．一方，$D_{12} = \{d_2, d_4, d_6, d_7, d_9\}$ の重心は (4, 1.8) と計算される．これに一番近いデータは $d_4 = (3, 2)$ である．(c) そこで，$d_5 = (3, 5)$ と $d_4 = (3, 2)$ を中心としてクラスタを再編すると $D_{21} = \{d_1, d_5, d_8\}$ と $D_{22} = \{d_2, d_3, d_4, d_6, d_7, d_9\}$ となる．続けて，新たな重心を計算すると，D_{21} の重心は (3, 4.3)，D_{22} の重心は (3.7, 2) なので，新たな中心は，D_{21} については d_5，D_{22} については d_4 となる．(d) そうすると，手順は (c) に戻ることになるが，処理は収束していることが分かり，得られたクラスタは $\{d_1, d_5, d_8\}$ と $\{d_2, d_3, d_4, d_6, d_7, d_9\}$ のようになる．

第 11 章

問題 1　IoT は Internet of Things の略で，直訳すればモノのインターネットとなるが，モノとは IP アドレスを有する機器のことをいい，IoT とはそのような機器がすべてインターネットに繋がった状況を指す言葉である．

問題 2　(問 1) 10000101 01000011 11000001 01001000．(問 2) 2^{32} 個，約 43 億個と答えてもよい．(問 3) B．(問 4) 133.67.0.0．

問題 3　(問 1) https．(問 2) www.reiwa.ac.jp．(問 3) セキュアなプロトコル HTTPS を用いて，ドメイン名が www.reiwa.ac.jp であるウェブサーバとデフォルトの 443 番ポートで接続し，ディレクトリパス /research/laboratory/informatics/を辿って，informatics フォルダにある index.html ファイルをウェブブラウザに送信して欲しい．

問題 4　(ア) .is.ocha.ac.jp，　(イ) www.reiwa.ac.jp，　(ウ) ルート，　(エ) .jp，(オ) .ac.jp

第 12 章

問題 1 (問 1) report.html ファイルを次のように作成する．

```
<h1>コンピュータサイエンスレポート</h1>
<i><b>山田太郎 (Taro Yamada)</b></i><br>
20xx 年 yy 月 zz 日
```

(問 2) report.html ファイルをウェブブラウザ（のアイコン）にドラッグすれば表示される．

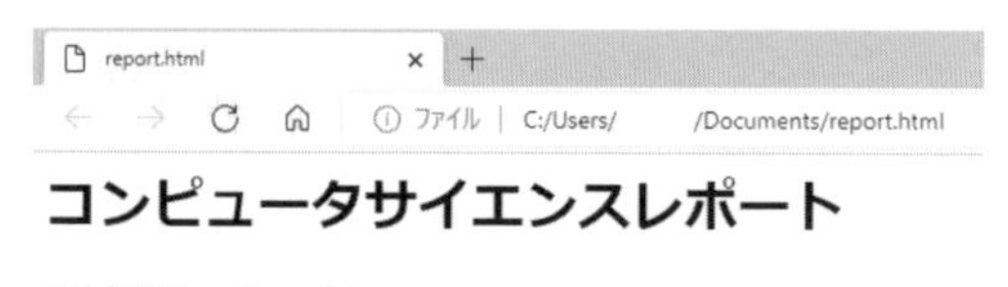

問題 2 (問 1) ウェブサービスの基本概念を示した図 12.4 をのように描ければよい．(問 2) ウェブサービスをウェブアプリケーション（を開発している企業やプログラマ）が利用する．開発されたウェブアプリケーションをウェブクライアントが享受する．ウェブクライアントが直接ウェブサービスの恩恵にあずかることはない．

問題 3

反復回数	$PR(A)$	$PR(B)$	$PR(C)$	$PR(D)$
1	1	0.15	1	0.15
2	0.2775	**0.5 ← 最終値**	0.2775	**0.15 ← 最終値**
3	**0.5775 ← 最終値**	0.15	**0.2775 ← 最終値**	0.15

問題 4 (問 1) $d = 0.5$ として $PR(A)$, $PR(B)$, $PR(C)$, $PR(D)$ を反復計算した結果を表示する．

反復回数	$PR(A)$	$PR(B)$	$PR(C)$	$PR(D)$
1	1.4165	0.6665	0.9165	0.5
2	1.2082	0.5833	0.7499	**0.5 ← 最終値**
3	1.1041	**0.5833 ← 最終値**	0.7291	0.5
4	1.0937	0.5833	**0.7291 ← 最終値**	0.5
5	**1.0937 ← 最終値**	0.5833	0.7291	0.5

(問 2) $d = 0$ なので，$PR(A) = PR(B) = PR(C) = PR(D) = 1 + 0 = 1$ である．

(問 3) $d = 1$ なので，$PR(A) = \sum_{B \in S(A)}(PR(B)/L(B))$ である．$PR(B)$, $PR(C)$, $PR(D)$ についても同じ．そこで，それらを反復計算して，その結果を表示してみる．ここ

に，$PR(A)$，$PR(B)$，$PR(C)$，$PR(D)$ の初期値は 0，$L(A)=0$，$L(B)=2$，$L(C)=1$，$L(D)=3$，$S(A)=\{B,C,D\}$，$S(B)=\{D\}$，$S(C)=\{B,D\}$，$S(D)=\phi$ である．

反復回数	$PR(A)$	$PR(B)$	$PR(C)$	$PR(D)$
1	$1/2+1+1/3 \fallingdotseq 1.833$	$1/3 \fallingdotseq 0.333$	$1/2+1/3 \fallingdotseq 0.833$	0
2	$0.333 \times 1/2 + 0.833 \times 1 \fallingdotseq 0.9995$	0	$0.333 \times 1/2 \fallingdotseq 0.1665$	0
3	0.1665	0	0	0
4	0	0	0	0

第 13 章

問題 1　PageRank は「ウェブページが多数のバックリンクを有している場合や数は少なくても高いランクを持ったウェブページからバックリンクを有している場合の方が重要なウェブページであることを示す尺度」として導入されたが，バックリンクは大衆からの支持であるから PageRank はまさしく集合知である．

問題 2　企業のウェブアプリケーションの価値を自分の時間を割いてまで高めようというユーザは少ない．そこで，Web 2.0 企業は，ユーザがアプリケーションを利用したときに副次的にユーザのデータを収集し，アプリケーションの価値が高まる仕組みを構築した．つまり，Web 2.0 企業のシステムは，利用者が増えるほど，改善されるようになっている．この仕組みを「参加のアーキテクチャ」という．

問題 3　見知らぬ他人と，自分の知合いの，知合いの，$\cdots$ と辿っていくと 6 人目にはその他人を直接知っている人と繋がっている．

問題 4　ウェブは社会的表象空間であると考えると，ウェブに情報発信していない主体は実世界に存在していないし，更に，ウェブに情報発信している場合，ウェブサイトに記載されていること及びそれのみがその主体ということになる．したがって，ウェブをマイニングすることにより得られた結果を表象構造と見なして，それを読み解くことで実世界の実態を調査できたと考えられる．

第 14 章

問題 1　個人情報とは，生存する個人に関する情報であって，当該情報に含まれる氏名，生年月日その他の記述等により特定の個人を識別することができるもの（他の情報と容易に照合することができ，それにより特定の個人を識別することができることとなるものを含む）をいう．

問題 2　悪意のある第三者，または悪意の第三者．

問題 3　(問 1) ウイルスは侵入したコンピュータのプログラムやファイルを書き換えて「寄生」し，それらが起動すると発症するように仕組まれたソフトウェアである．プログラムやファイルの動作を妨げたり，ユーザの意図に反する有害な作用を及ぼさせる．自分を複製して，それをファイルやメールの交換などを通して，他のコンピュータに拡散させる「感染」能力を有する．ウイルスの感染経路には，メール（添付ファイル），ファイルのダウンロード，ウェブアクセス，LAN 経由，USB メモリなどが挙げられる．(問 2) ランサムウェアは ransom（身代金）と software を繋げた造語で，たとえば，コンピュータに侵入してデータを暗号化し利用不可能とさせ，復号鍵と引き換えに身代金を要求する．ランサムウェアによるサイバー攻撃が国内外のさまざまな組織で確認されている．

問題 4 (問 1) 受信者は，鍵生成アルゴリズムを動かし暗号化のための公開鍵と復号のための秘密鍵の対を得る．続いて，公開鍵と送信者が使用するべき暗号化アルゴリズムを共に公開する．受信した暗号文を復号アルゴリズムと秘密鍵を用いて平文を得る．(問 2) 送信者は，公開された暗号化アルゴリズムと公開鍵を暗号鍵として用いてメッセージを暗号化して受信者に送る．(問 3) 秘密鍵を持っていないから復号できない．よしんば，公開されている暗号化アルゴリズムと公開鍵から秘密鍵を作り出そうとしても，それはできないほどに暗号の強度がある．

参 考 文 献

● 第 1 章　コンピュータの誕生と発展

[1] Alan M. Turing. On Computable Numbers, with an Application to the Entscheidungsproblem. Proceedings of the London Mathematical Society, Series 2, Vol.42 (1936–37), pp.230–265, with corrections from Proceedings of the London Mathematical Society, Series 2, Vol.43 (1937), pp.544–546.

[2] BIPROGY. BIPROGY グループの歴史 ENIAC 誕生 50 周年記念～その歴史を追って～. https://www.biprogy.com/com/eniac/（2022）

[3] COMPUSEUM. A Modern Look At Computing's Past, ENIAC Memento: Mounted Vacuum Tubes from ENIAC.
https://thecompuseum.org/news（2022）

[4] Intel Corporation. インテル・ミュージアム.
https://www.intel.co.jp/content/www/jp/ja/innovation/museum.html（2022）

[5] ウィキペディア．Alto.
https://ja.wikipedia.org/wiki/Alto（2022）

[6] Wikipedia. IBM Personal Computer.
https://en.wikipedia.org/wiki/IBM_Personal_Computer（2022）

[7] Wikimedia Commons. File:Macintosh_128k_transparency.png.
http://commons.wikimedia.org/wiki/Image:Macintosh 128k transparency.png（2022）

[8] 佐藤一郎．コンピュータのしくみ—情報活用能力とは何かを考える．Computer and Web Sciences Library 第 1 巻，サイエンス社，2021.

[9] 情報処理学会. コンピュータ博物館.
https://museum.ipsj.or.jp（2022）

● 第 2 章　情報システム

[10] 昭和四十五年法律第九十号 情報処理の促進に関する法律.
https://elaws.e-gov.go.jp/document?lawid=345AC0000000090（2022）

[11] 経済産業省．「情報処理の促進に関する法律の一部を改正する法律」（令和元年法律第 67 号）が施行されました.
https://www.meti.go.jp/press/2020/05/20200515001/20200515001.html（2022）

[12] 日立製作所．「ミドルウエア・プラットフォームソフトウェア 事例紹介 鉄道情報システム株式会社」．日経コンピュータ，2003 年 3 月 24 日号.
https://www.hitachi.co.jp/Prod/comp/soft1/casestudy/contents/jr/index.html（2022）

[13] Robert Orfali, Dan Harkey and Jeri Edwards. Client/Server Survival Guide, Third Edition, Jhon Wiley & Sons, Inc., 1999.

[14] 日本データセンター協会．データセンターとは．
https://www.jdcc.or.jp/activity/datacenter/（2022）

● 第 4 章　マイクロプロセッサ

[15] 電子情報通信学会（編）．エンサイクロペディア電子情報通信ハンドブック．オーム社，1998.

[16] Intel Corporation. 第 12 世代インテル ® Core™ モバイル・プロセッサー．
https://www.intel.co.jp/content/www/jp/ja/products/docs/processors/core/12th-gen-core-mobile-processors-brief.html（2022）

● 第 5 章　コンピュータの基本構成と動作原理

[17] 西尾出（監修）．教養のためのコンピュータ概論．東海大学出版会，1986.

● 第 6 章　オペレーティングシステム

[18] 並木美太郎．オペレーティングシステム入門．サイエンス社，2012.

[19] 馬場敬信．コンピュータアーキテクチャ．オーム社，1994.

[20] 情報処理学会（編）．新版情報処理ハンドブック．オーム社，1995.

● 第 7 章　プログラミング

[21] Alfred Aho, John Hopcroft and Jeffrey Ullman. The Design and Analysis of Computer Algorithms. Addison-Wesley Publishing Company, 1974.

[22] Aman Yadav, Chris Stephenson and Hai Hong. Computational Thinking for Teacher Education. Communications of the ACM, Vol.60, No.4, pp.55–62, April 2017.

[23] 浅井健一．コンピュータを操る—プログラミングを通して「情報科学的なものの考え方」を学ぶ．Computer and Web Sciences Library 第 2 巻，サイエンス社，2020.

[24] 山下義行．コンパイラ入門．サイエンス社，2008.

● 第 8 章　データベース

[25] 増永良文．リレーショナルデータベース入門 [第 3 版]—データモデル・SQL・管理システム・NoSQL—．サイエンス社，2017.

[26] 増永良文．データベース入門 [第 2 版]．サイエンス社，2021.

[27] 増永良文. コンピュータに問い合せる—データベースリテラシ入門．Computer and Web Sciences Library 第 4 巻，サイエンス社，2018.

● 第 9 章　データ資源とビッグデータ

[28] 内閣府．Society 5.0.
https://www8.cao.go.jp/cstp/society5_0/（2022）

[29] A.S. Szalay and J.A. Blakeley. Gray's laws: database-centric computing in science. The Fourth Paradigm – Data-Intensive Scientific Discovery. pp.5–12, Microsoft Re-

search, 2009.

[30] ACM Data Science Task Force. Computing Competencies for Undergraduate Data Science Curricula, Draft 2. ACM, December 2019.
https://dstf.acm.org/DSReportDraft2Full.pdf（2022）

[31] D. Laney. 3D Data Management: Controlling Data Volume, Velocity, and Variety. File:949, META Group, 6 February 2001.

[32] ビクター・マイヤー＝ショーンベルガー（著），ケネス・クキエ（著），斎藤栄一郎（翻訳）. ビッグデータの正体 情報の産業革命が世界のすべてを変える. 講談社, 2013.（原著. V. Mayer-Schonberger and K. Cukier. Big Data: A Revolution That Will Transform How We Live, Work, and Think. Eamon Dolan/Houghton Mifflin Harcourt, 2013）

[33] G. DeCandia, D. Hastorun, M. Jampani, G. Kakulapati, A. Lakshman, A. Pilchin, S. Sivasubramanian, P. Vosshall and W. Vogels. Dynamo: Amazon's Highly Available Key-value Store. Proceedings of the 21st ACM Symposium on Operating Systems Principles (SOSP'07), pp.205-220, October 14–17, 2007.

[34] W. Vogels. Eventually Consistent. Communications of the ACM, Vol.52, No.1, pp.40–44, 2009.

[35] R. Agrawal and R. Srikant. Fast Algorithms for Mining Association Rules in Large Databases. Proceedings of the 20th International Conference on Very Large Data Bases, pp.487–499, 1994.

[36] ISO/IEC 9075-1:2016. Information technology – Database languages – SQL – Part 1: Framework (SQL/Framework).
https://www.iso.org/standard/63555.html（2022）

[37] 柴原一友，築地毅，古宮嘉那子，宮武孝尚，小谷善行．機械学習教本．森北出版，2019.

● 第 10 章　機械学習

[38] 小林一郎．コンピュータが考える―人工知能とはなにか．Computer and Web Sciences Library 第 5 巻，サイエンス社，2022.

[39] J.R. Quinlan. Induction of decision trees. Machine learning 1, pp.81–106, 1986.

[40] 吉冨康成．ニューラルネットワーク．朝倉書店，2002.

[41] 植田佳明．畳み込みネットワークの「基礎の基礎」を理解する～ディープラーニング入門｜第 2 回．2018.
https://www.imagazine.co.jp/畳み込みネットワークの「基礎の基礎」を理解す/（2022）

[42] F. Rosenblatt. THE PERCEPTRON: A PROBABILISTIC MODEL FOR INFORMATION STORAGE AND ORGANIZATION IN THE BRAIN. Psychological Review, Vol. 65, No. 6, pp.386–408, 1958.

● 第 11 章　インターネット

[43] JPNIC.
https://www.nic.ad.jp/ja/ip/ipv4pool/（2022）

[44] 小口正人．コンピュータネットワーク入門―TCP/IP プロトコル群とセキュリティ―．サイエンス社，2007.

[45] 小口正人．コンピュータで広がる―インターネットリテラシ入門．Computer and Web Sciences Library 第 3 巻，サイエンス社，2020.

● 第 12 章　ウェブ

[46] S. Brin and L. Page. The Anatomy of a Large-Scale Hypertextual Web Search Engine. Proceedings of the Seventh International World Wide Web Conference, Vol. 30, Issues 1–7, pp.107–117, April 1998.

[47] G. Linden, B. Smith and J. York. Amazon.com Recommendations – Item-to-Item Collaborative Filtering. IEEE Internet Computing, pp.76–80, 2003.

[48] 矢吹太朗．Web のしくみ―Web をいかすための 12 の道具．Computer and Web Sciences Library 第 6 巻，サイエンス社，2020.

[49] 角谷和俊．Web で知る―Web 情報検索入門．Computer and Web Sciences Library 第 7 巻，サイエンス社，2020.

[50] Tim Berners-Lee with Mark Fischetti. Weaving the Web: The Original Design and Ultimate Destiny of the World Wide Web. HarperBusiness, 2000.（邦訳，Web の創成．高橋徹（監訳）．毎日コミュニケーションズ，2001）

[51] Tim Berners-Lee. Hearing on the "Digital Future of the United States: Part I – The Future of the World Wide Web."
http://dig.csail.mit.edu/2007/03/01-ushouse-future-of-the-web.html（2022）

● 第 13 章　ウェブと社会

[52] ジェームズ・スロウィッキー（著），小高尚子（著）．「みんなの意見」は案外正しい．角川書店，2006.（原著．James Michael Surowiecki. The Wisdom of Crowds: Why the Many Are Smarter Than the Few and How Collective Wisdom Shapes Business, Economies, Societies and Nations. Doubleday, 2004）

[53] Tim O'Reilly. What Is Web 2.0 – Design Patterns and Business Models for the Next Generation of Software –.
https://www.oreilly.com/pub/a/web2/archive/what-is-web-20.html（2022）

[54] 増永良文．ソーシャルコンピューティング入門―新しいコンピューティングパラダイムへの道標―．サイエンス社，2013.

[55] S. Milgram. The Small World Problem. Psychology Today, Vol. 1, No. 1, pp61–67, 1967.

[56] D.J. Watts and S.H. Strogatz. Collective dynamics of 'small-world' networks. Nature, Vol. 393, pp.440–442, 1998.

[57] アルバート=ラズロ・バラバシ（著），青木薫（訳）．新ネットワーク思考：世界の仕組を読み解く．日本放送出版協会，2002．（原著．Albert-Laszlo Barabasi, LINKED: The New Science of Networks. Basic Books, 2002）

[58] 土方嘉徳．Web でつながる—ソーシャルメディアと社会／心理分析．Computer and Web Sciences Library 第 8 巻，サイエンス社，2018.

[59] 土方嘉徳．ソーシャルメディア論—行動データが解き明かす人間社会と心理．サイエンス社，2020.

[60] Naoko Oyama, Yoshifumi Masunaga and Kaoru Tachi. A Diachronic Analysis of Gender-related Web Communities using a HITS-based Mining Tool. Frontiers of WWW Research and Development – APWeb 2006, LNCS3841, Springer, pp.355–366, January 2006.

[61] Masashi Toyoda and Masaru Kitsuregawa. Creating a Web Community Chart for Navigating Related Communities. Proceedings of Hypertext 2001, pp.103–112, 2001.

● 第 14 章　情報倫理とセキュリティ

[62] 個人情報の保護に関する法律（平成十五年法律第五十七号）．
https://elaws.e-gov.go.jp/document?lawid=415AC0000000057（2022）．

[63] 個人情報の保護に関する法律等の一部を改正する法律（個人情報の保護に関する法律の一部改正）．
https://www.ppc.go.jp/personalinfo/legal/kaiseihogohou/（2022）

[64] 内閣府国民生活局．
http://www5.cao.go.jp/seikatsu/kojin/index.html（2007）

[65] 新保史生．ネットワーク社会における個人情報・プライバシー保護のあり方．IEICE Fundamentals Review, Vol.6, No.3, pp.199–209, 2013.

[66] 個人情報保護法改正～知っておくべき 2 つのポイント（個人編）．
https://nettv.gov-online.go.jp/prg/prg23912.html（2022）

[67] 特許庁．知的財産権について．
https://www.jpo.go.jp/system/patent/gaiyo/seidogaiyo/chizai02.html（2022）

[68] 著作権法（昭和四十五年法律第四十八号）．
https://elaws.e-gov.go.jp/document?lawid=345AC0000000048（2022）

[69] 文化庁．令和 3 年通常国会 著作権法改正について．
https://www.bunka.go.jp/seisaku/chosakuken/hokaisei/r03_hokaisei/（2022）

[70] 平成 30 年版警察白書．警察庁．
https://www.npa.go.jp/hakusyo/h30/pdf/07_dai3sho.pdf（2022）

[71] 古澤明．光の量子コンピュータ．集英社インターナショナル，2019.

索　引

あ　行

か　行

さ　行

た　行

な 行

は 行

わ 行

A

B

C

D

E

F

G

R

S

T

U

V

W

X

数字・記号

著者略歴

増永良文
ますながよしふみ

1970年　東北大学大学院工学研究科博士課程
電気及通信工学専攻修了，工学博士
情報処理学会データベースシステム研究会主査，
情報処理学会監事, ACM SIGMOD 日本支部長,
日本データベース学会会長，図書館情報大学教授，お茶の水女子大学教授，青山学院大学教授を歴任，情報処理学会フェロー，電子情報通信学会フェロー
日本データベース学会名誉会長（創設者）
お茶の水女子大学名誉教授

主要著書

リレーショナルデータベースの基礎—データモデル編—(オーム社，1990)，オブジェクト指向データベース入門(共同監訳，共立出版，1996)，ソーシャルコンピューティング入門 (サイエンス社，2013)，リレーショナルデータベース入門 [第 3 版](サイエンス社，2017)，コンピュータに問い合せる (サイエンス社，2018)，データベース入門 [第 2 版](サイエンス社，2021)

Computer Science Library-1
コンピュータサイエンス入門［第 2 版］
—コンピュータ・ウェブ・社会—

2008 年 1 月 25 日© 初版発行
2023 年 1 月 25 日© 第 2 版発行

著　者　増永良文　　発行者　森平敏孝
印刷者　小宮山恒敏

発行所　株式会社　サイエンス社
〒 151–0051　東京都渋谷区千駄ヶ谷1丁目3番25号
営業 ☎ (03)5474–8500(代) 振替 00170–7–2387
編集 ☎ (03)5474–8600(代)
FAX ☎ (03)5474–8900

印刷・製本　小宮山印刷工業(株)

サイエンス社のホームページのご案内
https://www.saiensu.co.jp
ご意見・ご要望は
rikei@saiensu.co.jp　まで.

ISBN 978-4-7819-1561-6

PRINTED IN JAPAN